STATISTIQUE INTERNATIONALE

PUBLIÉE SUR L'ORDRE

DU

CONGRÈS INTERNATIONAL DE STATISTIQUE.

STATISTIQUE INTERNATIONALE

DES

GRANDES VILLES.

RÉDIGÉE PAR

RICHARD BŒCKH,

DIRECTEUR DU BUREAU DE STATISTIQUE DE LA VLLE DE BERLIN,
MEMBRE DE LA COMMISSION PERMANENTE DU CONGRÈS INTERNATIONAL
DE STATISTIQUE.

JOSEPH KÖRÖSI,

DIRECTEUR DU BUREAU DE STATISTIQUE DE LA VILLE DE BUDAPEST,
MEMBRE DE LA COMMISSION PERMANENTE DU CONGRÈS INTERNATIONAL
DE STATISTIQUE.

BUDAPEST, 1877.

MAURICE RÁTH.

PARIS.
GUILLAUMIN & COMP.

BERLIN.
BUREAU ROYAL DE STATISTIQUE
(DR. ENGEL.)

STATISTIQUE INTERNATIONALE

DES

GRANDES VILLES.

DEUXIÈME SECTION:
STATISTIQUE DES FINANCES.

TOME I.

Rédigé par

JOSEPH KŐRÖSI

DIRECTEUR DU BUREAU DE STATISTIQUE DE LA VILLE DE BUDAPEST, MEMBRE DE LA COMMISSION PERMANENTE DU CONGRÈS INTERNATIONAL DE STATISTIQUE.

OUVRAGE PUBLIÉ PAR LA COMMUNE DE BUDAPEST.

———×———

BUDAPEST, 1877.

MAURICE RÁTH.

PARIS.
GUILLAUMIN & COMP.

BERLIN.
BUREAU ROYAL DE STATISTIQUE.
(DR. ENGEL.)

STATISTIQUE INTERNATIONALE

DES

FINANCES DES GRANDES VILLES.

Ouvrages du même auteur.

Statistique internationale des Grandes Villes.
   Première Section: Mouvement de la population. Budapest, Paris, Berlin 1876.
   Deuxième Section: Finances. Budapest, Paris, Berlin 1877.

De l'influence de l'habitation sur la cause de décès et la durée de la vie. (Dans le premier volume des Annales internationales de démographie. Paris 1877.)

Bankkrisis és pénzkalamitások. (La crise financière de 1869.) Pest 1870.

Feuerversicherung und Statistik. Pest 1868.

A magyar kormány nagy vasuti szerződésének birálata. (Examen du grand projet du gouvernement hongrois concernant les chemins de fer à établir.) Pest 1872.

Die Organisation der Mortalitäts-Statistik in Budapest. Publié dans l'année 1872 du Journal »Vierteljahrschrift für öffentliche Gesundheitspflege«.

Plan einer Mortalitätsstatistik für Grosstädte. Wien 1873.

Az emberi élettartam és halandóság kiszámitásáról. Du calcul de la mortalité et de la durée de la vie. Dans les mémoires de l'Académie des Sciences de Budapest. Budapest 1874.

Welche Unterlagen hat die Statistik zu beschaffen, um richtige Mortalitätstafeln zu gewinnen. Mémoire publié sur l'ordre du Congrès international de Statistique Berlin 1874.

Ueber die Einrichtung communalstatistischer Bureaux. Publié dans l'année 1874 du Journal statistique du bureau de Statistique de la Prusse.

Budapest gabnakereskedésének hanyatlása. (De la décadence du commerce des grains de Budapest) Budapest 1873.

Mittheilungen über individuale Mortalitätsbeobachtungen. (Berlin 1876.)

Einige Bemerkungen über die Berechnung des durchschnittlichen Lebensalters der in den ersten fünf Lebensjahren Verstorbenen. Publié dans l'année 1876 du Journal statistique du bureau de Statistique de la Prusse.

<table>
<tr>
<td rowspan="11" style="writing-mode: vertical-rl">Publications du bureau communal de statistique de Budapest *)</td>
<td>

Die kön. Freistadt Pest. Ergebnisse der Volkszählung und Volksbeschreibung vom Jahre 1871.

Die Bauthätigkeit der Stadt Pest im Jahre 1870 und 1871; idem pour 1872; idem pour 1873 et 1874.

Untersuchungen über die Einkommensteuer vom Jahre 1870, idem pour 1871 et 1872; idem pour 1873 et 1874.

Statistisches Jahrbuch der Stadt Pest.

Bewegung der Bevölkerung der Stadt Pest.

Die Finanzen der Stadt Pest.

Beiträge zur Geschichte der Preise.

Die Sterblichkeit der Stadt Pest und deren Ursachen in den Jahren 1872 und 1873.

Die Choleraepidemie in den Jahren 1872 und 1873 in Pest.

Die Sterblichkeit der Stadt Budapest und deren Ursachen in den Jahren 1874 und 1875.

</td>
</tr>
</table>

---

*) Citées d'aprés les titres des traductions qui en ont paru en allemand. (Berlin, Librairie Stuhr).

PRÉFACE.

Chargé par le IX. Congrès international de statistique de la rédaction d'une statistique internationale des grandes villes, que j'avais à entreprendre en collaboration avec M. Richard Boeckh, Directeur du bureau communal de statistique de Berlin, je me suis vu à même de publier l'année dernière le premier volume de la première section comprenant le mouvement de la population, et je présente maintenant le premier volume de la seconde section relatif aux finances des grandes villes.

Cette publication sera suivie d'un volume contenant les résultats comparés des données de cette statistique. Dans le même volume trouveront aussi place, les matériaux relatifs aux finances des grandes villes qui m'auront été envoyés jusqu'alors.

J'expose au commencement de ce volume les principes qui ont présidé à la rédaction du plan de cette statistique des finances. Vu les grandes difficultés qu'il y a à présenter dans un même cadre l'état financier si peu homogène des diverses grandes villes, j'ai éprouvé une bien vive satisfaction de voir que le IX. Congrès international de statistique, après avoir soumis à un examen profondi le plan que j'avais arrêté, lui avait accordé sa sanction, et que mis en pratique, ce plan s'adaptait en effet aux divers systèmes financiers si hétérogènes, en usage dans les grandes villes.

La réalisation de ce plan international n'a, jusqu'à présent, rencontré de difficulté de principe qu'à l'égard de l'Angleterre. Les circonstances si exceptionnelles qui caractérisent les institutions

administratives de ce pays ont, comme on sait, eu pour conséquence
que la sphère de l'administration communale y a été confiée à plusieurs
autorités tout à fait indépendantes, de manière que ce qui restait
comme étant du ressort de l'autorité communale proprement dite se
trouve à tel point restreint et tellement différent de ce que l'on considère généralement sur le continent comme étant de leur compétence,
que la comparaison des finances des villes de ce pays avec celles des
autres villes est, pour ainsi dire, impossible. M. Valpy, chef du département statistique du Board of Trade a eu, dans l'intérêt de cet
ouvrage, l'extrême obligeance de faire le dépouillement des finances
des divers corps indépendants entre lesquels se trouvent réparties
les fonctions communales de Londres ; les résultats de son travail se
trouvent consignés aux pages 301 et 302 de ce volume.

Conformément aux résolutions du même Congrès, il a été décidé
qu'il paraîtrait à l'avenir, chaque année, un Bulletin financier de
natura à donner de prompts renseignements sur l'état et le mouvement des finances des grandes villes. Le choix de la personne qui
devait être chargée de la rédaction de ce Bulletin étant tombé sur moi,
je considère comme mon devoir de ne pas tarder à m'acquitter de
cette honorable mission.

Budapest, juillet 1877.

Joseph Körösi.

Table des matières.

Page

INTRODUCTION. Sur les bases d'une Statistique internationale des finances des Grandes Villes 1

Statistique des Finances des Villes dont les noms vont suivre,

Budapest.

	Page
Remarques générales	35
Recettes 1866—1875 . . (Tableau 1) .	36
Dépenses » . . (Tableau 2)	37
Bilan des recettes et des dépenses . 1866—1875 . . . . . (Tableau 3) .	38
Détails des recettes 1871—75 (Tabl. 4) .	39
» » dépenses » (Tabl. 5) .	40
Annexe aux comptes annuels :	
Impôts directs	41
» indirects	42
Produit de la fortune immobilière . .	43
» » » » mobilière . . .	43
Entreprises indépendantes	43
Dette	43
Dons et subsides	44
Remboursement des frais de justice .	44
Instruction publique	44
Police	45
Assistance publique et hôpitaux . . .	45
Frais des Cultes	45
Fondations pieuses et établissements de bienfaisance	45
Recettes et dépenses des fondations pieuses 1866—1875 . . . (Tabl. 6)	47
Consommation et octroi 1872—1874. (Tabl. 7)	49
État de fortune en 1875 . . . (Tabl. 8)	50
Dette consolidée à la fin de 1875 (Tabl. 9)	51
Annexe à l'exposé de fortune	52
État du personnel	53
Bibliographie	34

Vienne (Wien).

	Page
Recettes 1865—1874 . . . . . (Tabl. 1)	63
Dépenses 1865—1874 . . . . (Tabl. 2)	64
Bilan des recettes et des dépenses 1865 1874 . . . . (Tabl 3)	65
Détails des revenus 1865—1874 (Tabl. 4)	66
Détails des dépenses 1864—1874 (Tabl. 5.)	69
Annexe aux comptes annuels :	
Impôts directs	71
» indirects	72
Vente d'actifs	72
Subsides	72
Instruction publique	73
Hôpitaux	73
Éclairage	73
Impôts directs de l'état et centimes additionnels en 1874 . . . (Tabl. 6)	74
Octroi et consommation en 1874 (Tabl. 7)	75
État de fortune à la fin de 1874 (Tabl. 8)	77
Dette consolidée à la fin de 1874 (Tabl. 9)	78
État du personnel . . . . . . (Tabl. 10)	79
Bibliographie	62

Trieste.

	Page
Recettes et Dépenses 1874 . . (Tabl. 1)	89
Recettes et Dépenses 1865—1874 (Tabl. 2)	90
Bilan des recettes et des dépenses 1865 —1874 . . . . (Tabl. 3)	92
Dépenses de la police pour le service de 1873 et 1874 . . . . . . (Tabl. 4)	93
Dépenses pour l'amortissement et les intérêts des dettes de 1865 à 1874 (Tabl. 5)	94

Page

Exposé de la dette consolidée existant à
la fin de l'année 1874 . . (Tabl. 6) 94
Exposé de l'état de fortune à la fin. de
1874 . . . . (Tabl. 7) 95
Annexe aux comptes annuels:
État du personnel . . . . . (Tabl 8) 96

Leipsig (Leipzig).

Recettes 1865—1874 . . . . (Tabl. 1) 103
Dépenses   »   . . . . (Tabl. 2) 104
Annexe aux comptes annuels:
  Impôts directs et indirects 105
  Entreprises indépendantes 105
  Location des places publiques 107
  Instruction publique 107
  Subsides 108
  Police 108
  Assistance publique 108
  Subsides accordés aux églises 109
État de fortune en 1874 . . . (Tabl. 3) 110
Dette consolidée en 1874 . . . (Tabl. 4) 110
Annexe à l'état de fortune 111
État des fondations, administrées par la
ville de Leipsig à la fin de 1874 (Tabl. 5) 113
Montant des impôts directs de 1865 à
1874 . . . . (Tabl. 6) 114

Stuttgard (Stuttgart).

Recettes 1864—1874 . . . . . (Tabl. 1) 117
Dépenses   »   . . . . (Tabl. 2) 118
Bilan des recettes et des dépenses 1864
—1874 . . . . (Tabl. 3) 119
  Impôts directs de 1864—1872
    (Tabl. 4) 120
  Dépenses principales de 1848—1873
    (Tabl. 5) 121
État de fortune 1873/4 . . . . (Tabl. 6) 122
Dette consolidée . . . . . . (Tabl. 7) 122
  I. Recettes 123
  II. Dépenses 124
Bibliographie 116

Munich (München).

Recettes 1864/5—1874 . . . . (Tabl. 1) 129
Dépenses   »   . . . . (Tabl. 2) 130
Annexe aux comptes annuels:
  Recettes 131
  Dépenses 132
État de fortune en 1874 . . . (Tabl. 3) 133
Dette consolidée en 1874 . . . (Tabl. 4) 133
État du personnel 134, 135, 136
Bibliographie 128

Francfort sur le Mein.

Recettes et Dépenses de la ville de Francfort sur le Mein pour l'année 1874 . 144

Rome (Roma).

Recettes 1871—1875 . . . . . (Tabl. 1) 147
Dépenses   »   . . . . (Tabl. 2) 148
Bilan des recettes et des dépenses (Tabl. 3) 149
Annexe aux comptes annuels:
  Impôts directs et indirects 150
  Location des places publiques 151
  Instruction publique 152
  Subsides 152
  Frais de police 152
  Voies de communication 153
  Assistance publique 154
  Octroi et consommation en 1874
    (Tabl. 4) 156
État de fortune . . . . (Tabl. 5) 157
Dette existante à la fin de 1874 (Tabl. 6) 157
État du personnel . . . . . . (Tabl. 7) 158

Turin (Torino).

Recettes 1865—1874 . . . . . (Tabl. 1) 167
Dépenses 1865—1874 . . . . . (Tabl. 2) 168
Bilan des Recettes et des Dépenses
1865—1874 . . . . (Tabl. 3) 169
Annexe aux comptes annuels:
  Impôts directs 170
  Impôts indirects 172
  Occupation des places publiques . . 174
  Subsides 175
  Frais de Police 176
  Balayage et arrosage de la ville . . 176
  Instruction publique 176
  Voies de communication 178
  Assistance publique et hôpitaux . . . 178
  Éclairage 186
  Corps des pompiers 186
  Produit des impôts généraux . (Tabl. 4) 187
  Octroi et consommation en 1874 (Tabl. 5) 187
  Tarif des Octrois . . . . . . (Tabl. 6) 188
Exposé de l'état de fortune . . (Tabl. 7) 191
Exposé de la dette . . . . . . (Tabl. 8) 191
État du personnel . . . . . . (Tabl. 9) 192
Bibliographie 166

Venise (Venezia).

Recettes 1865—1874 . . . . . (Tabl. 1) 199
Dépenses   »   . . . . (Tabl. 2) 200

Annexes aux comptes annuels :
  Impôts directs et indirects 201
    État du personnel 201
Octroi et consommation en 1874 (Tabl 3) 202
Exposé de l'état de fortune en 1874
                            (Tabl. 4) 202
Exposé de la dette . . . . . (Tabl. 5) 202

Palerme (Palermo).

Recettes 1865—1874 . . . . .(Tabl. 1) 205
Dépenses   »   . . . .(Tabl. 2) 206
Bilan des recettes et des dépenses de
     1865—1874 . . . .(Tabl. 3) 207
Annexe aux comptes annuels :
  Impôts directs et indirects 208
  Location des places publiques . . . 208
  Subsides 208
  Voies de communication 208
  Assistance publique 208
Octroi et consommation en 1874 (Tabl. 4) 209
État du personnel . . . . . (Tabl. 5) 209
Exposé de l'état de fortune . . (Tabl. 6) 210
Exposé de la dette . . . . . (Tabl. 7) 210

Liége (Luik).

Recettes 1865—1874 . . . . . (Tabl. 1) 213
Dépenses   »   . . . . . (Tabl. 2) 214
Bilan des recettes et des dépenses de
     1865—1874 . . . . . . (Tabl. 3) 215
Annexe aux comptes annuels :
  Impôts 216
  Instruction publique 216
Exposé de l'état de fortune . (Tabl. 4) 218
Exposé de la dette . . . . (Tabl. 5) 218

Stockholm.

Recettes et dépenses 1874 . . (Tabl. 1) 221
Exposé de l'état de fortune . (Tabl. 2) 222
Annexe au compte annuel 223

Christiania.

Recettes et dépenses 1874 . . (Tabl. 1) 227
Exposé de l'état de fortune. . (Tabl. 2) 228
Exposé de la dette à la fin de 1874 (Tabl. 3) 229
Supplément à l'exposé de l'état de fortune 230

Copenhague (Kjöbenhavn).

Recettes 1865—1874 . . . . . (Tabl. 1) 233
Dépenses 1865—1874 . . . . . (Tabl. 2) 234
Bilan des recettes et des dépenses de
     1865—1874 . . . . (Tabl. 3) 235
Exposé de la dette existante . (Tabl. 5) 235
Exposé de l'état de fortune en 1875 (Tabl. 4) 236

Anvers.

Recettes 1865—1874 . . . . . (Tabl. 1) 239
Dépenses   »   . . . . (Tabl. 2) 239
Bilan des recettes et des dépenses de
     1865—1874 . . . . . . (Tabl. 3) 240

Boucarest (Bucuresci).

Recettes de 1866—1874 . . . (Tabl. 1) 243
Dépenses   »   . . . (Tabl. 2) 244
Bilan des recettes et des dépenses de 1866
     —1874 . . . . (Tabl. 3) 245
Annexe aux comptes de la dernière année :
  Impôts directs. 246
  Impôts indirects. 247
  Taxes communales. 247
  Location des marchés, halles et places
     publiques. 247
  Subsides 248
  Frais de police 248
  Voirie 248
  Charité publique 248
  Octroi et consommation en 1874
                            (Tabl. 4) 249
Exposé de l'état de fortune en 1874 (Tabl. 5) 250
État du personnel 251

Breslau.

Recettes 1866—1875 . . . . .(Tabl. 1) 255
Dépenses   »   . . . . .(Tabl. 2) 256
Bilan des recettes et des dépenses de
     1866—1875 . . . . . . (Tabl. 3) 257
Annexe aux comptes annuels :
  Impôts 258
Assistance publique 259
Entreprises indépendantes 259
Taxes scolaires 259
Police 259
Exposé de l'état de fortune en 1875 (Tabl. 4) 260

Gênes (Genova).

Recettes de 1866 à 1875 . . . . (Tabl. 1) 263
Dépenses   »   »   . . . (Tabl. 2) 264
Bilan des recettes et des dépenses de 1866
     —1874 . . . . (Tabl. 3) 265
Tarif de l'octroi de la ville de Gênes
                            (Tabl. 4) 266
Produit des impôts de consommation pour
     l'année 1875 . . . . . . (Tabl. 5) 267
Exposé de l'état de fortune . . (Tabl. 6) 268
État de la dette . . . . . . (Tabl. 7) 268

Annexe aux comptes annuels.

I. Impôts de l'état : 269
Impôt sur les bâtiments 269
Impôt foncier 270
Impôt sur le revenu 270
Impôt sur la mouture des céréales . 271

II. Impôts communaux : 271
Impôt sur l'exercice des professions et des arts 271
Impôt sur les voitures et les domestiques 271
Impôt sur les bestiaux 271

III. Entreprises indépendantes 272
Tableau des impôts d'état et de la commune 272

IV. Police municipale et hygiène publique 273

V. Exposé des frais des voies de communication et de l'aqueduc public 273

VI. Instruction publique 274

État du personnel . . . . . ; (Tabl. 8) 275

Florence (Firenze).

Recettes de 1866—1875 . . (Tableau 1) 285
Dépenses de ⸱ ⸱ . . (Tabl. 2) 286
Bilan des recettes et des dépenses de 1866—76 . . . . (Tabl. 3) 287
Annexe : Impôts et taxes dans l'espace de 1866—1875 288
Consommation et octroi en 1876 (Tabl 5) 288
Exposé de l'état de fortune . . . (Tabl 4) 289

Boston.

Recettes et dépenses de la ville de Boston (et Suffolk County) en 1874/5 (Tabl. 1) 293
Tableau de quelques dépenses remarquables . . . . (Tabl. 2) 293
Dépenses pour les écoles . . . (Tabl. 3) 294

St. Louis.

Recettes et dépenses 1865 à 1876 . . . 295
Dettes 296
Taxes et recettes 296
Fortune de la ville 296

San Francisco.

Recettes et dépenses de 1865 à 1874 . . 297
Renseignements sur les recettes et dépenses les plus remarquables de 1874/5 . . 297
Exposé de l'état de fortune 298
Exposé de la dette existante 298

Londres (London).

Comptes des diverses branches des dépenses locales dans la Capitale (y compris la City) 1870/1, 1871/2, 1872/3 . . . 301

Recettes et dépenses de la City of London 1872 302

Berlin.

Recettes de 1869—1875 . . . . (Tabl. 1) 305
Dépenses » » . . . . (Tabl. 2) 308
Bilan des recettes et des dépenses (Tabl. 3) 310
Annexe à l'exposé du budget municipal :
I. Impôts directs et indirects 311
II. Écoles 311
III. Voies de communication 312
IV. Assistance publique 312
V. Entreprises indépendantes 312
VI. Location des places publiques . . . 313
Exposé de l'état de fortune à la clôture de 1873 . . . . (Tabl. 4) 314
Exposé de la dette à la fin de 1875 (Tabl. 5) 315
État du personnel au 1. janvier 1877 (Tabl. 6) 316

Paris.

Remarques préalables sur la statistique des finances de la ville de Paris . . . 319
Recettes en 1873 . . . . (Tabl. 1) 326
Dépenses en 1873 . . . . . . (Tabl. 2) 327
Recettes ordinaires et dépenses ordinaires (Tabl. 3) 329
Annexe aux comptes annuels :
Impôts directs 330
Octroi et consommation 330
Taxes 333
Entreprises 333
Produit des droits sur les ventes en gros dans les halles 333
Emprunts 334
Police 334
Sapeurs-Pompiers 335
Voies publiques et plantations . . . 335
Boues et résidus 336
Instruction publique 336
Assistance publique 338
Tableau des hôpitaux et hospices (Tabl. 4) 339
Recettes et dépenses de l'assistance publique . . . . (Tabl. 5) 342
Mouvement des enfants assistés (Tabl. 6) 343
Éclairage 344
Égouts 345
Travaux de Paris en 1873 345
État général des produits d'octroi pendant 1873 . . . . (Tabl. 7) 348
Exposé de la dette . . . . . . (Tabl. 8) 352

LISTE DES PERSONNES

qui ont bien voulu concourir à la rédaction de cet ouvrage par les données qu'il leur a plu de fournir :

Mr. le Dr. **Richard Böckh**, *directeur du bureau communal de statistique, pour la ville de Berlin.*

Mr. le Dr. **Ernst Bruch**, *directeur du bureau communal de statistique, pour la ville de Breslau.*

Mr. le Comte **Francesco Doria dalle Rose**, *syndic. de la ville de Venise pour ladite ville.*

Mr. **Fabretti**, *directeur du bureau communal de statistique pour la ville de Trieste.*

Mr. le Dr. **Hack**, *Oberbürgermeister de la ville de Stuttgard, pour cette ville.*

Mr. **Ernst Hasse**, *directeur du bureau communal de statistique pour la ville de Leipsig.*

Mr. **Alfred Jenot**, *sous-chef du bureau des finances de la ville de Liége, pour cette ville.*

Mr. **François Josephy**, *Magistratsrath et directeur du bureau communal de statistique, pour la ville de Vienne.*

Mr. **Francesco Maggiore-Perni**, *directeur du bureau de statistique, pour la ville de Palerme.*

Mr *Louis Mussa*, chef du bureau des comptes, pour la ville de T u r i n.

Mr *Hugo Lampl*, chef de la comptabilité de la ville de B u d a p e s t, en
concours de **Mr. J. Zách**, employé de ce bureau et du rédacteur,
pour ladite ville.

M^r *Fr. X. Proebst*, directeur du bureau communal de statistique, pour
la ville de M u n i c h.

Mr *Maurice Rubenson*, secrétaire du conseil municipal de statistique et
Mr. le Dr. O. Printzsköld, membre du bureau de statistique de la
Suède, pour la ville de S t o c k h o l m.

Mr *F. Valpy*, chef du bureau statistique du Board of Trade pour la
ville de L o n d r e s.

---

*Nous adressons en outre nos plus vifs remerciements à toutes les autorités
communales, ainsi qu'à messieurs les maires et chefs des bureaux
de statistique, qui ont bien voulu concourir à nous faciliter
notre travail soit par le recueil des données, soit en nous
faisant parvenir de documents et de publications.*

INTRODUCTION.

SUR LES BASES D'UNE STATISTIQUE INTERNATIONALE

DES

FINANCES DES GRANDES VILLES.

I. La statistique des finances communales aux congrès.

La question des finances communales a occupé les congrès internationalnationaux de statistique à Paris, à Florence et surtout à la Haye, où l'on a adopté un questionnaire détaillé pour la statistique des finances communales. Mais, vu les nombreuses analogies et points de contact qui rattachent la statistique des finances communales à celle des états, il est indispensablement nécessaire de prendre aussi en considération les décisions rendues par les congrès internationaux relativement à la statistique des finances des états. Ceci nous est d'ailleurs imposé par la circonstance que le congrès de la Haye, a, à la vérité, adopté un plan spécial pour les budgets des communes, mais qu'il n'a pas fait mention des principes généraux d'après lesquels ce plan doit être suivi, et que, par conséquent, on peut admettre qu'à cet égard il faut s'en tenir aux décisions relatives à la statistique générale, adoptées par les congrès antérieurs et spécialement par celui de Vienne.

Le congrès a formulé dès sa deuxième session de Paris des décisions relativement à la statistique des finances communales, et le plan qu'il propose pour la statistique des communes en renferme aussi un pour la statistique des finances communales[1]). Mais, dans cette séance le congrès se contenta d'effleurer ce sujet, et sans entrer dans les détails, il ne prit, à cette occasion, que quelques brèves résolutions qui ne forment que quelques lignes. Il en fut de même quant à la statistique des finances en général à l'égard desquelles le congrès de Paris ne prit pas non plus de résolutions, car il se contenta d'exprimer le voeu qu'il serait désirable qu'on travaillât à la rédaction d'un plan international qui serait mis à l'ordre du jour du prochain congrès.

Il était donc réservé au congrès suivant, siégeant à Vienne en 1857, de donner une forme définie à l'idée d'une statistique internationale des finances. Ce fut M. le baron Charles de Hock qui fut chargé du rapport, et c'est à son coup d'oeil pénétrant, aussi bien qu'à ses connaissances approfondies sur cette matière, que l'on dût de voir présenter au congrès le plan mûrement réfléchi et travaillé avec le plus grand soin dans tous ses détails d'une statistique des finances, qui, complété encore par les amendements de M. M. Hermann, de Reden, de Soetbeer et de Hübner, put être adopté par le congrès.

Ce fut à la session de Florence que parut pour la deuxième fois la question des finances communales.

La commission organisatrice de ce congrès n'avait pas eu proprement l'intention d'établir un cadre de la statistique communale. Le rapport, riche d'idées, que la commission présenta au congrès, et qui était dû à la plume de Mr. Correnti, ne se proposait pas d'entrer dans les détails d'une statistique communale, mais se bornait à exposer d'une manière analytique la nature des fonctions municipales dans l'état, et à indiquer en général les grandes voies que la statistique municipale devait suivre. Mais quand la quatrième section du congrès mit en délibération cette étude démographique, elle trouva qu'il fallait proposer au congrès, non-seulement de donner des directions générales, mais encore un questionnaire bien arrêté, dont la réponse pût suffire à fournir la statistique complète de toutes les fonctions d'une commune.

Dans cet état de choses, il semble, qu'il aurait été bien désirable d'ajourner cette question jusqu'à la session suivante du congrès. Qu'on veuille prendre en considération, que dans la statistique des communes on retrouve encore une fois presque toutes les questions de statistique générale qui exposent la situation des états : la statistique des naissances, de la mortalité, des mariages, des finances, de l'instruction publique, du commerce, de l'industrie, la statistique morale, etc. existant autant pour les communes que pour les États, et quoiqu'il y ait plusieurs parties de la statistique générale, qui manquent dans la statistique des communes, il y a d'un autre côté des chapitres, comme p. e. ceux qui traitent de l'état des logements, de la canalisation, de l'éclairage, des aqueducs, des hôpitaux, des grands établissements de bienfaisance, etc. qui sont pour ainsi dire des parties spécifiques de la statistique des communes, et surtout des grandes villes. Tenant compte du vaste champ qu'embrasse la statistique communale, et nous rappelant que le congrès de statistique n'a pu achever dans l'espace de vingt ans l'exploitation d'un terrain aussi étendu de la statistique générale : on nous permettra d'avancer que la quatrième section du congrès de Florence a fait preuve de trop de zèle, en chargeant une sous-commission, créée stante sessione, de la tâche difficile de rédiger dans le court espace de deux jours un programme, dont la rédaction, vu sa vaste extension, aurait exigé autant d'années d'un travail persévérant et continu.

La commission nommée s'efforça, il est vrai, de satisfaire à sa tâche, mais le questionnaire de 34 paragraphes qu'elle proposa dénote la hâte qui lui était imposée, et l'impossibilité où elle était de faire des études préparatoires. On trouvera que cette remarque s'applique aussi aux points qui concernent la statistique des finances, et qui, vu le manque de définition, la défectueuse énumération des rubriques à mentionner, — le plan renferme aussi bien pour les recettes que pour les dépenses les insignifiantes expressions de »par exemple« et de »etc.« — ne sont point de nature à fournir la base d'une statistique internationale des finances communales.[2])

Ce fut à la septième session du congrès tenu à la Haye, qu'on adopta des règles générales d'après lesquelles on devait dresser les budgets communaux et qu'on fixa un questionnaire pour la statistique des finances communales.

On trouvera que nous avons satisfait dans cet ouvrage international au désir exprimé à la Haye, à savoir qu'on fasse précéder les colonnes de chiffres d'explications, relatives aux institutions légales et administratives existantes.

Mais quant au questionnaire, qui forme la base et arrête les limites de la statistique des finances, nous n'avons pas appliqué le schême accepté à la Haye. Nous y étions forcés, parce qu'il ne nous semblait pas convenable, mais aussi, et s u r t o u t, parce que nous sommes convaincu, que nulle autorité communale d'une grande ville n'aurait voulu satisfaire aux nombreuses questions contenues dans ce questionnaire, qui enfin, n'était pas rédigé exactement en vue des grandes villes, mais pour les communes en général. En motivant pourquoi l'étendue de notre questionnaire est si restreinte, nous allons nous occuper plus particulièrement de ce côté de la question si important pour celui qui, essayant d'établir une statistique des grandes villes, doit faire appel à la bienveillance des autorités communales qui ont à remplir le questionnaire qu'il leur a été envoyé. Or, comme à cette occasion on nous a fait entendre partout que la réponse des 24 rubriques, auxquelles se bornait notre questionnaire, exigeait énormément de peine et même de plusieurs côtés, qu'il était i m p o s s i b l e de remplir autant de rubriques : il est facile de prévoir, quel aurait été le sort de cette statistique internationale, si nous avions demandé qu'on acceptât le cadre adopté à la Haye, qui ne contient pas moins de 131 rubriques. *)

II. Les comptes des grandes villes et la statistique des finances.

Quand on se met à extraire un tableau statistique des comptes annuels d'une grande ville, on trouve nombre de recettes et de dépenses

---

*) Pour motiver notre opinion défavorable à l'égard des décisions prises à la Haye, nous appelons l'attention sur quelques-unes des erreurs les plus frappantes. Nous remarquons, quant au système en général, qu'on ne fait pas de distinction entre les positions réelles et celles qui ne sont qu'apparentes. On fait entrer dans le cadre, même les encaissements faits pour le compte d'autrui (ainsi donc aussi les impôts encaissés pour l'état ?), comme aussi l'exploitation des établissements (voir à cet égard pag. 10.) ; mais quoiqu'il faille placer ces positions entre les dépenses, on ne saurait où placer un revenu résultant de ces

d'une nature étrangère qui ne sont en aucun rapport, ou seulement en rapport médiat avec le budget proprement dit de la commune, comme p. ex.

entreprises. — Nous regardons aussi comme une faute et même comme un pas fait en arrière qu'on permette d'établir la statistique d'après le budget, tandis qu'on avait décidé à Vienne de ne travailler que sur les comptes définitifs. Mais c'est surtout quant au détail qu'une foule de remarques s'imposent à nous.

Les impôts forment la troisième partie des recettes et devraient être répartis sous 3 titres : a) Q u o t e - p a r t dans les impôts de l'état; b) C e n - times additionnels de l'impôt de l'état; c) I m p ô t s prélevés par l'administration communale.

Ces derniers, mais seulement ces derniers, doivent être de nouveau répartis sous 3 titres :

1. I m p ô t s d i r e c t s: aa) contributions foncières ; bb) contributions personnelles ; cc) contributions sur les industries ; dd) contributions sur les théâtres, les fêtes publiques et les loteries.

2. O c t r o i s: aa) spiritueux et liqueurs ; bb) vins ; cc) bière et vinaigre ; dd) bestiaux, viande, beurre, fromage, poissons, coquillages ; ee) céréales, légumes secs, farines, pain, pâtes, ff) combustibles: gg) matériaux de construction.

3. P r e s t a t i o n s p e r s o n n e l l e s, telles que service des pompes à feu, gardes de nuit, entretien des chemins vici- naux, des digues et autres corvées d'attelage: aa) évaluations des prestations ; bb) rachats ; cc) amendes.

On remarquera l'absence des rubriques très importantes pour la plu- part des villes : ce sont les douanes, les droits d'entrée, de pavage, etc. Ce ne sont pas les impôts de consommation qu'il faut opposer aux impôts directs, mais bien les impôts indirects, l'impôt de consommation n'étant qu'une subdivision des impôts indirects, comme les douanes, les droits d'entrée et les monopoles. Et même la subdivision des impôts de consommation en sept positions est bien incomplète. Les impôts de consommation sur le thé, le café, le sucre, le tabac et le sel n'y trouveraient place nulle part, tandis qu'on n'avait pas oublié les pâtes, les coquillages et le vinaigre.

Quelle importance peut-il ensuite y avoir à examiner seulement la nature et l'origine des impôts (voir la subdivision du titre 3. c.) qui sont directement prélevés par la commune, si l'on ignore tous ceux dont le pré- lèvement se fait par l'état pour son propre compte et pour celui de la commune. Faire rentrer les impôts d'une manière ou d'une autre ne peut être enfin qu'une question de convenance. Il est absolument nécessaire d'établir une différence entre les impôts directs et les impôts indirects, mais il ne peut être juste de faire cette différence seulement pour les impôts immédiatement prélevés par la commune, sans l'étendre aux impôts communaux additionnels revenant à l'état. Constatons encore qu'une statistique de consommation qui n'enregistre aux recettes provenant des impôts sur la viande et le vin que les

les sommes concernant l'administration des fonds de pension des employés, les dépenses relatives aux matériaux bruts et aux frais nécessités

sommes qui sont prélevées par la commune elle-même, d'après ses propres tarifs, et qui ne tient pas compte des impôts prélevés sur ces objets avec ceux de l'état par centimes additionnels est une statistique qui ne peut conduire qu'à l'erreur, — vu que, pour la plus grande partie des villes, ces octrois se prélèvent sous cette dernière forme. Veut-on savoir de quelles sources proviennent les revenus communaux, la forme de la répartition n'a aucune importance, et il faut aussi en distinguer l'origine quant aux impôts additionnels.

A l'égard des subsides, il est dit qu'il faut les consigner :

1. d'après les administrations qui les paient ;

2. d'après leur destination.

Mais il est incompréhensible que dans un budget dont les diverses positions forment les titres et dont la somme des titres donne la somme totale des recettes ou des dépenses, la même somme puisse être notée deux fois de suite.

Dans le questionnaire des dépenses nous trouvons des points dont la nécessité est au moins douteuse, tandis que nous en cherchons en vain d'importants qui ne s'y trouvent pas. Quelles sont les causes qui peuvent avoir engagé à noter dans deux titres différents les dépenses qui peuvent provenir d'un encaissement de rentes (encaissement de coupons !) ou d'un encaissement éventuel d'une subvention d'état votée (voir l'article II. a. 2. et II. a. 5.) ou d'un legs (voir l'article II. a. 5. b) et à donner dans le budget, à ces quantités impondérables, la même position qui est due aux f r a i s t o t a u x de prélèvement des impôts tant directs qu'indirects, ce qui ne forme également qu'une seule position du budget (voir l'article II. a. 1). Mais, si d'une part on se laisse aller à de telles minuties, pourquoi amalgamer de l'autre les dépenses les plus considérables de l'administration communale avec d'autres qui lui sont plus ou moins étrangères, comme par exemple : le pavage et l'entretien des rues, avec celui des promenades et des canaux ? les frais des aqueducs avec les frais de vaccination et d'épidémies ? les dépenses des chambres de commerce et les bourses avec des abattoirs ? la surveillance des denrées avec la prostitution ?

Et à qui peut-il servir enfin de répartir le budget des dépenses d'après les 3 principales rubriques suivantes :

I. administation civile ;

II. administration financière ;

III. service public. (?)

Tout cela est trop arbitraire pour pouvoir être recommandé comme règle générale.

Mais, comme nous l'avons dit, la faute la plus générale réside dans le détail excessif des choses demandées. Il n'y aura guère de commune qui soit disposée à refaire son budget d'après 131 rubriques et pour un espace de 10 ans, — comme ce devait être requis pour cette statistique internationale — en 1310 rubriques ! !

pour les établissements industriels appartenant à la commune ou pour les aqueducs, les avances des banques municipales, des caisses d'épargne, des monts-de-piété, des entrepôts, qui figurent comme dépenses, — et, d'un autre côté, les recettes provenant de l'exploitation des dites entreprises, de la vente des produits ou des remboursements d'avances etc.

Il s'agit donc de savoir quels articles composent le véritable compte de la commune et d'éliminer les dépenses et les recettes qui ne sont qu'apparentes ou étrangères.

Nous pensons, qu'on pourrait s'en tenir à cet égard aux vues suivantes :

1. Quant aux sommes transitoires (»durchlaufende Posten«) qui proviennent des règlements de compte entre les fonds et les divers établissements de la même ville, comme aussi quant aux positions provisoires (comme le placement des valeurs dans les banques et les remboursements de pareils dépôts), nous pensons que le mieux est de ne les prendre nullement en considération.

2. Peuvent être aussi considérées comme »sommes transitoires« celles qui, reçues pour le compte d'un tiers, seront plus tard restituées, comme c'est le cas pour les impôts perçus par les communes pour le compte de l'Etat, les sommes encaissées pour le compte des orphelins, les collectes faites par la commune, attendu que, dans la plupart des cas, il ne peut y avoir la moindre doute que les sommes perçues par la commune pour le compte d'un tiers ne soient pas remises aux ayants-droit respectifs, (soit, pour l'exemple qui nous occupe, à l'état, ou aux orphelins majeurs, ou aux indigents.)

3. Les sommes sorties, mais ultérieurement restituées, devront figurer à leur sortie comme dépenses, à leur rentrée, comme recettes : la rentrée des dettes actives de la commune étant toujours d'une nature problématique. Comme l'expérience l'apprend, il n'est probablement jamais arrivé que les sommes déposées dans les caisses de la commune n'aient pas été rendues à leur destination ; tandis que, au contraire, une bonne partie du total des créances de la commune,

et non-seulement de celles dont des particuliers sont débiteurs, mais aussi de celles qui sont entre les mains des autorités de districts ou même de l'état, sont en grande partie perdues ; — qu'il nous suffise de rappeler ici les nombreuses querelles administratives qui mettent les communes dans la nécessité d'avoir recours à la justice contre l'état. Un autre motif en faveur du mode que nous recommandons gît dans l'état administratif des communes qui fait qu'une partie des besoins communaux ne figurent pas sous le titre d'impôts, mais se présentent sous forme de remboursement de dépenses faites en vue d'utilité publique, mais dont jouissent surtout quelques-uns. C'est sous ce titre que se prélèvent des sommes avancées pour le pavage des rues, ou pour l'entretien des chaussées, des canaux. Or, il nous semble beaucoup plus simple et plus juste, de considérer ces sommes comme recettes, que de les déduire des dépenses cor respondantes : car autrement il faudrait conséquemment déduire de toutes les dépenses administratives les recettes obtenues sous le même titre, comme, par exemple, des frais de police : les taxes des licences, les amendes, les dépenses nécessitées par les sergents de ville, les taxes des passeport ; des dépenses d'administration: toutes les taxes administratives ; des dépenses pour les écoles : les recettes des écoles ; des dépenses concernant la salubrité publique : les recettes des cimetières, et ainsi de suite. Il est bien évident qu'une pareille manière de traiter le budget communal ne serait ni simple, ni conforme au but.*) Ce système ne souffre de restriction que :

4. pour les établissements et entreprises qui sont plus ou moins en dehors de la sphère proprement dite de la commune,

---

*) Cette manière de faire s'applique dans les comptes, qui ne présentent pas un compte général de l'entière administration communale, mais des comptes spéciaux pour chacun des fonds existants. Dans ce système, on n'enregistre pas les recettes d'après leur origine, et les dépenses d'après leur but, mais on bouleverse cet état de choses raisonnable et enregistre les recettes d'après leur destination future et les dépenses selon l'origine des sommes en question. [Voir pour plus de détails l'ouvrage intitulé: »Finanzen der Stadt Pest« par Kőrösi. (Pest 1872.), où nous avons combattu ce système appliqué alors, mais changé depuis ce temps pour les comptes de la ville de Pest.]

ou encore pour ceux qui, si même ils peuvent être considérés comme des branches proprement dites de l'administration communale, peuvent cependant faire désirer d'être détachés du budget communal, parce qu'ils sont traités comme des entreprises commerciales. Il serait en effet bien difficile de motiver suffisamment pourquoi on devrait faire rentrer dans le cadre du budget c o m m u n a l la dépense pour coaks et pour salaires des fabriques de gaz appartenant à la ville ; mais certes il serait bien plus étrange encore de retrouver par exemple dans le budget de la ville de Breslau, toutes les recettes et toutes les dépenses de la banque de cette ville, et d'y voir figurer comme destinés à couvrir le budget communal les dépôts des capitalistes, les versements des actionnaires, et, dans les dépenses, l'escompte des lettres de change et les avances hypothécaires de la même banque. Il en est de même des exploitations forestières ou rurales, des chemins de fer, des dépôts des monts-de-piété, des théâtres, des bourses, des mines, des fabriques, bref de toutes les branches de la fortune communale qui sont traitées d'une manière commerciale et indépendante. Si l'on ne veut pas, dans de pareils cas, rendre encore plus difficile la compréhension des finances communales, il ne nous reste d'autre moyen que d'éliminer du budget communal ces établissements indépendants, de renvoyer leur budgets spéciaux à un supplément indépendant, et de n'en faire rentrer dans le compte communal que le résultat final, et selon qu'il constate un bénéfice ou une perte, soit dans les recettes, soit dans les dépenses communales.*)

---

*) Qu'il nous soit permis de remarquer en passant que nous serions disposé à maintenir la même manière de voir, même à l'égard de la statistique des finances de l'état. Faire rentrer l'exploitation des chemins de fer de l'état, des domaines de l'état, etc., dans le budget brut, peut — p e u t - ê t r e — paraître désirable pour des motifs d'administration, — bien qu'on ne comprenne pas pourquoi il serait moins convenable de recourir à l'adjonction de budgets spéciaux, — mais au point de vue de la s t a t i s t i q u e des finances, nous ne pourrions approuver une pareille manière de voir, attendu qu'elle est en flagrante contradiction avec ce qu'exige avant tout la statistique des finances, à savoir: la c l a r t é et la possibilité d'un a p e r ç u g é n é r a l. En outre, toute accumulation de matériaux, pareille à celle à laquelle nous faisions ici allusion, ne rend pas seulement très difficiles les comparaisons que l'on voudrait établir avec les autres états, mais même

Cette manière de procéder nous semble surtout s'imposer par la force même des choses, si nous considérons, au point de vue de la statistique internationale comparée, les incompatibilités qui surviendraient en suivant le procédé contraire, lorsqu'il s'agirait, non de préciser le revenu net des entreprises indépendantes, mais bien de mentionner dans le budget communal toutes les recettes et toutes les dépenses auxquelles elles donnent lieu. Par ce système, toutes les comparaisons et toutes les conclusions concernant le chiffre total des recettes ou des dépenses entre les différentes villes sont purement illusoires. Les communes qui sont en possession d'un grand nombre d'entreprises commerciales présenteront un chiffre incroyable de recettes et de dépenses *), et non-seulement vis-à-vis de celles qui n'ont pas de pareilles entreprises, mais encore vis-à-vis de celles qui, bien qu'elles en aient tout autant, se contentent de les affermer pour ne faire figurer dans les recettes de leur budget que le chiffre des baux. Tout aussi erronnées seraient d'ailleurs les conclusions si chères et si indispensablement nécessaires, qui reposent sur la proportion en pour cent d'une dépense particulière à la dépense totale. Si deux villes d'une richesse et d'une grandeur égale vouent à leurs écoles des sommes également grandes, le pour cent des dépenses faites pour les écoles par l'une d'elles, qui aura amalgamé ces frais d'exploitation au budget total, sera infiniment moindre que celui de l'autre de ces villes, où il n'y a

---

celles qui se rapporteraient à diverses périodes du même état. Le montant des recettes et des dépenses n'oscille plus alors proportionnellement aux ressources et aux besoins de l'état, mais il subit l'influence de diverses circonstances accessoires, comme la vente ou même le fermage des biens de l'état. Fait-on, par exemple, rentrer dans le budget de l'Autriche de 1850 les frais d'exploitation des chemins de fer de l'État, les dépenses surpasseront de 20¹/₂ millions celles de 1857 où ces lignes étaient déjà vendues.

*) Les recettes de la ville de Breslau s'élevaient en 1864 à 1.061,000 écus, les dépenses à 1.030,000 écus; au nombre des recettes figure aussi le produit de la banque de la ville pour le chiffre de 86,000 écus. Mais ce produit est le résultat d'un mouvement de caisse qui s'élève, pour les entrées et les sorties, au chiffre de 23 millions d'écus! Où aboutirait-on si l'on allait confondre les recettes et les dépenses communales avec les recettes et les dépenses 20 fois plus considérables d'une banque?!

peut-être pas du tout de pareilles entreprises. Nous croyons que cet argument seul nous conduit déjà à n e p a s f a i r e e n t r e r les recettes et les dépenses, provenant d'une exploitation commerciale dans. le cadre d'une statistique c o m p a r é e internationale des finances com· muuales. Le but d'une statistique internationale ne peut être de créer une statistique comparée des m o u v e m e n t s d e c a i s s e s, mais bien une s t a t i s t i q u e d u r e v e n u et des b e s o i n s communaux. Mais pour y parvenir, nous ne devons point charger abusivement les budgets réels des communes de recettes et de dépenses inadmissibles, de manière à en faire de grotesques monstruosités.

Nous croyons qu'il suffira de ce que nous venons de dire pour répondre au reproche qu'on pourrait nous adresser de rompre avec le budget brut. A notre avis, le principe du budget brut ne peut être rationnellement adopté que pour le budget v r a i de la commune, et nous n'y pouvons faire rentrer les entreprises dont la commune peut être par hasard propriétaire. Et enfin, il ne s'agit pas pour nous de la question, comment d r e s s e r les budgets, mais comment en e x t r a i r e un résumé statistique. Ce n'est pas au point de vue administratif du ministre des finances ou du parlement que nous avons à nous placer, mais à celui de la statistique, et surtout de la statistique comparative.

Il faut nous en rapporter, à cette occasion aussi, aux résolutions prises à Vienne, où l'on a accepté des principes généraux sur la statistique des finances des états. Ces principes sont de la plus haute signification pour tout ouvrage s'occupant de la statistique des finances et devaient donc aussi être acceptés dans le présent ouvrage.

Ces décisions sont les suivantes :

1. Ne pas donner seulement les chiffres du compte annuel, mais encore l'état de la fortune.

2. Ne pas travailler sur la base des budgets, mais sur celle des comptes définitifs.

3. Ne pas admettre dans le tableau du compte annuel les virements d'une caisse à une autre, ni les fonds qui n'y sont confiés que temporairement (p. e. cautions, dépôts).

4. Prendre en considération les recettes et les dépenses extra-ordinaires occasionnées par des circonstances extraordinaires.

Il n'y a qu'une des résolutions générales de Vienne à laquelle nous avons pensé pouvoir nous soustraire, c'est celle qui se rapporte au traitement des recettes et des dépenses apparentes. Pour celles-ci, le congrès a adopté la proposition du rapporteur, Mr. Hock, qui a proposé d'établir trois rubriques, d'après lesquelles il faudrait distinguer: 1) les recettes et les dépenses dans le sens le plus large du mot, 2) celles qui ne sont que des recettes ou des dépenses apparentes, et, après déduction de ces dernières, 3) les recettes réelles.

Cette triple répartition étant de rigueur pour chacun des titres des recettes et des dépenses, il faut s'en figurer l'exécution de manière que le formulaire du budget consiste en quatre rubriques, dont la première contienne le nom du titre, et que la somme, au lieu d'être indiquée en un chiffre l'est en trois (remplissant les trois rubriques restantes qui correspondent à la triple répartition proposée).

On voit par là que le matériel de la statistique des finances, ainsi que la somme de travail qu'exige la réponse des formulaires se serait t r i-p l é e. C'est une des raisons pour lesquelles nous avons trouvé plus simple de traiter les recettes (et les dépenses) apparentes de la manière indiquée.

Considère-t-on, à ce point de vue là, les trois rubriques de Hock, il faut reconnaître que la première qui renferme toutes les recettes et toutes les dépenses, donc aussi les sommes apparentes et transitoires, est sans aucune utilité pour le statisticien*); que la deuxième n'existe que parce que la première est considérée comme nécessaire**), ce qui fait

---

*) On pourrait alléguer, en faveur de la première de ces rubriques, qu'elle pourrait servir de contrôle: la somme des chiffres que s'y trouvent devant coïncider avec celle du livre de caisse, et que, par là, elle fournirait le point de départ le plus sûr pour le maniement subséquent des données. Mais il n'en est point ainsi; cette rubrique ne renferme pas même les recettes totales, attendu que parmi celles-ci se trouvent aussi les virements d'autres caisses qui, conformément aux propositions de Hock lui-même (voir pag. 11. 3), devraent manquer dans cette rubrique.

**) Il n'est pas sans intérêt de suivre l'historique de cette répartition en 3 rubriques. A la séance de la III. Section du congrès de statistique de

que toute la répartition en trois rubriques n'est pas de rigueur, et que nous pouvons nous contenter d'une seule d'entre elles. Il est certain qu'il faut par conséquent préciser exactement ce qui peut rentrer dans cette

---

Vienne, il s'engagea un vif débat sur la question de savoir si c'étaient les recettes brutes, ou seulement les recettes nettes, qui devaient être admises dans le budget, et surtout, ce qu'on ferait des frais d'exploitation et de fabrication. Mr. Soetbeer pensait qu'il ne fallait mentionner que les excédants d'exploitation et réserver les détails spéciaux pour le supplément, — et c'est cette idée qui nous a aussi guidé dans notre ouvrage international. Mr. Hubner était à peu près du même avis, tandis que M. M. Schubert, de Reden, d'Hermann et surtout Hock ne voulaient accepter que le budget strictement brut. Hock, du reste, déclara à la séance suivante, que l'importante minorité, qui avait voté, à la dernière séance, contre le budget strictement brut, avait éveillé en lui des doutes, en conséquence de quoi il avait résolu de proposer un moyen qui répondrait aussi bien aux vues de ceux qui tenaient au budget brut, qu'à celles de ceux qui s'étaient déclarés pour le budget net. — On voit que ce n'était pas là une solution de la question, mais seulement un moyen de tourner la difficulté. Aujourd'hui, nous nous trouvons en présence de la même question que celle dont s'est occupée la III. section, le 2 septembre 1857, et nous demandons encore : quel est proprement le mode le plus juste : celui des chiffres bruts ou l'autre? et cela d'autant plus que tous les deux ne peuvent en même temps être justes. Pour nous, nous croyons que les chiffres de la troisième rubrique sont ceux dont on peut tirer le meilleur parti, bien que ce ne soient pas les plus justes (voyez à cet égard la note, plus bas) : d'autres s'en tiendront à la 1re rubrique, d'où l'on voit que le principal but des décisions du congrès, à savoir de mettre de l'unité et de la comparabilité dans la statistique, n'a pas été entièrement atteint par la décision de Vienne touchant la triple répartition. — Le grand ouvrage du président du congrès de statistique de Vienne, le Baron Czörnig, se propose d'offrir, sur la base des décisions du congrès, une statistique comparée des finances basée sur les comptes de plusieurs états européens. Il est vraiment instructif de remarquer que Mr. Czörnig mentionne lui-même dans la préface »qu'il n'a pas été possible de s'en tenir exactement aux formulaires de Vienne«, bien qu'il soutienne à cet égard, — et cela à bon droit, — »qu'ils laissent à peine quelque chose à désirer«. Mais, dans la question qui nous intéresse relativement à la répartition en 3 rubriques, nous trouvons que Mr. Czörnig sépare naturellement aussi les »positions apparentes« mais qu'il ne recourt aux rubriques de Hock que pour l'Autriche et la France (et même à l'égard de ce dernier pays, seulement pour le budget des recettes), tandis que, quand il s'agit d'établir des comparaisons internationales, il ne s'en tient absolument qu'à la troisième rubrique, — nouvelle preuve que la statistique i n t e r n a t i o n a l e peut se passer des deux premières.

rubrique ou non*), et comme les décisions du congrès de Vienne ne disent rien à cet égard de concluant, force nous était de nous en tenir à une manière de voir indépendante.

III. Le questionnaire relatif aux comptes annuels.

Quant il s'agit d'établir le questionnaire dont la réponse devrait fournir les matériaux de la statistique des finances, il faut ne pas perdre de vue ce point principal, que le but d'une statistique des finances ne peut pas être de donner des renseignements sur toutes les branches si différentes entre elles de l'administration d'une grande ville, ni non plus sur le mouvement des entreprises de la commune. Le but principal et immédiat d'une statistique des finances ne peut être que d'ex-poser l'état financier d'une ville, de montrer la source de ses revenus, et de caractériser les buts pour lesquels on les emploie. Comme toutes les affaires de l'administration ont aussi un côté financier, il sera bon de s'en tenir rigoureusement à ce principe, si l'on ne veut pas courir risque de voir naître un compte général d'administration sous le titre d'étude financière.

---

*) Il n'est peut-être pas superflu de remarquer que les chiffres que nous admettons dans la statistique des finances ne sont point identiques avec ceux que Hock a renvoyés à la 3e rubrique, parce qu'il fait rentrer toutes les positions des recettes et des dépenses apparentes à la deuxième rubrique, tandis que nous suivons à leur égard un procédé différent.

L'analyse du sixième point du rapport de Hock fait encore mieux ressortir la nature vraiment disparate des objets qui devraient être séparés dans la 2° rubrique, car on y trouve désignés comme articles exigeant une évidence spéciale, les suivants ;

1°· les sommes qu'une caisse générale de l'état perçoit pour le compte de circonscriptions administratives, communes, établissements publics, de parti-culiers remplissant une fonction publique.

2°· les sommes qui, payées par les contribuables, leur sont rendues sous la forme de remises et de remboursements.

3° idem sous la forme de provisions d'escompte.

4°· idem sous la forme de primes d'exportation.

5°· idem sous la forme de gains de loteries.

6°· les sommes perçues en échange de matières fournies ou

7°· de services rendus aux contribuables.

Il faut donc se borner à ne demander que des choses : 1) qui ont un intérêt spécialement financier, comme : les revenus provenant a) de la fortune de la ville, b) des impôts, c) des mutations de fortune, d) de subsides et de dons, e) d'emprunts — et les titres correspondants des dépenses (amortissement de dettes, augmentation de fortune); puis 2) des choses qui jouent, comme on le sait, un grand rôle dans l'administration des villes, telles que : taxes de place, dépenses de police, nettoyage des rues, frais pour écoles, voies de communication et assistance publique.

En conséquence de cela, nous avons renoncé à l'idée de rédiger un plan qui contienne tous les détails de toutes les recettes et de toutes

Les alinéa 6 et 7 sont nécessairement peu clairs, vu le sens général que leur est donné. Par le premier, on ne peut guère entendre autre chose que la vente de matériaux ou de produits, et, par le dernier, les recettes des entreprises d'état (comme chemins de fer, télégraphes, poste, etc). Ici, nous avons donc affaire à des établissements d'état, exploités commercialement dans le vrai sens du mot, dont nous ne désirerions faire entrer dans le budget que l'excédant ou le déficit résultant de leur exploitation. Ce qui est compris dans le 1er alinéa rentre dans notre rubrique des sommes payées pour le compte d'un tiers. L'article 3, comprenant les provisions d'escompte (intérêts des emprunts de l'état, remboursement d'intérêts pour impôts perçus) et l'article 4, relatif aux primes d'exportation peuvent être considérés comme des dépenses régulières de l'État et figurer par conséquent comme dépenses. Ce qui est dit des sommes payées par les contribuables et restituées sous la forme de gains de loteries ne nous est pas clair. S'il faut entendre par là les lots gagnés par des particuliers dans les loteries de l'état, le produit de ces loteries devrait, à notre avis, figurer dans le budget des recettes. Plus délicate est encore la question des remises et restitutions d'impôts; la manière la plus correcte serait peut-être de faire figurer, à l'égard des impôts directs, les restitutions au chapitre des dépenses; mais à l'égard des impôts de consommation, il faudrait cependant considérer comme dépôts : a) les sommes déposées à l'entrée des marchandises de transit et restituées à leur sortie; b) les impôts de consommation, déposés d'avance par les fabricants pour être ensuite restitués, comme c'est le cas pour les villes où se trouvent des brasseries ou des distilleries dont les produits sont soumis à l'impôt. Si l'on procède d'une manière contraire, les villes qui ont de pareils établissements fourniraient un impôt de consommation dont le chiffre serait entaché d'erreur. — Quant aux sommes provenant des impôts de consommation qui sont restitués par suite de réclamation, elles devraient selon nous, rentrer dans les dépenses.

les dépenses. Mais il y avait encore une autre raison qui nous forçait à resteindre notre questionnaire autant que possible : c'était la crainte que ce premier essai d'une statistique internationale courût d'autant plus risque d'échouer, que nous en aurions élargi le cadre, de manière à y faire rentrer des objets moins importants. Nous ne pouvions pas oublier, que les renseignements à donner ne peuvent être puisés dans des matières tout à fait préparées, comme c'est le cas par exemple pour les questions relatives à la population, mais qu'ils doivent être extraits point par point des matériaux bruts, et non-seulement pour un an, mais encore pour les dix dernières années. Dans de telles circonstances, chaque rubrique que nous ne mentionnions pas équivalait à une sensible éco-nomie de peine et de travail, et comme la réussite de cette entreprise ne dépendait, après tout, que de la bonne volonté et du bon accueil que lui réserveraient les autorités communales, il nous a semblé qu'il valait mieux, ne pas trop exiger de cette bonne volonté et passer sous silence des détails insignifiants, plutôt que de nous exposer à subir un échec formel.

C'est pour ce motif que nous nous sommes borné à ne demander que :

9 titres dans le tableau des recettes, et

11 » » » » des dépenses ;

en tout, par conséquent, pour un espace de 10 ans, 200 [1]); tandis que le projet de budget communal, arrêté à la Haye, comprend 131 articles, soit, pour 10 ans, 1310, et que, en appliquant la triple division proposée par Hock, il renfermerait au moins 2000 positions, dont il serait bien difficile d'obtenir les données de quelque grande ville que ce fût.[*]

---

*) L'exemple de la statistique des finances des communes italiennes et danoises nous semble être une preuve de plus, qu'à l'égard d'une statistique comparée des finances des communes, il ne peut, après tout, être question que des parties les plus importantes et qu'un examen qui s'aventurerait dans tous les détails ne serait guère réalisable. L'excellente statistique que public chaque année le Bureau royal de statistique de l'Italie, sur les finances des communes, renferme dans le budget ordinaire 15 points pour les recettes et 17 pour les dépenses, en outre 26 autres pour le budget extraordinaire. Le résumé

Les rubriques auxquelles nous nous sommes borné dans ce plan des comptes communaux annuels sont, — outre les principales rubriques relatives aux recettes et aux dépenses totales (avec annotation des positions extraordinaires) les suivantes : *)

I. Recettes.

1. Impôts directs.
2. Impôts indirects (avec ceux de luxe, de consommation, de douanes et les monopoles).
3. Produit de la fortune immobilière.
4. Produit de la fortune mobilière.
5. Produit d'entreprises indépendantes.
6. Produit provenant de la location des places publiques et des eaux.
7. Recettes provenant de la vente d'actifs.
8. Recettes provenant d'emprunts.
9. Recettes provenant de subsides et de dons.

II. Dépenses.

1. Police.
2. Nettoyage et arrosage des rues.
3. Entretien des écoles.
4. Voies de communication.
5. Assistance publique.
6. Frais des hôpitaux.
7. Éclairage public.
8. Déficit des entreprises indépendantes.
9. Acquisition d'actifs.
10. Intérêts et amortissement de dettes.
11. Frais du personnel (avec indication détaillée de l'état du personnel.

de la statistique danoise relatif aux finances de Copenhague et des autres communes du Danemark ne renferme que trois articles pour les recettes et quatre pour les dépenses du budget.

*) Il nous faut remarquer que nous avons encore adopté pour le cadre de compte annuel quatre rubriques, savoir : le revenu des écoles et les dépenses

Il ne se trouve pas dans les dépenses de rubrique spéciale relative aux frais d'administration. Nous nous sommes décidé à cette omission, parce que les dépenses administratives les plus importantes se trouvent dans d'autres rubriques. Comme une grande partie de ces dépenses sont occasionnées par les traitements du personnel et les pensions, et que nous en donnons un exposé très détaillé, nous avons cru pouvoir passer sous silence les autres dépenses moins importantes comprises sous le titre de »frais d'administration« comme p. e. les frais de bureau, de recensement, de recrutement, etc.

Il nous semble que les rubriques proposées suffiraient à présenter un tableau assez clair et assez compréhensible du budget communal.*) Toutefois, vu la diversité actuellement encore peu connue des budgets communaux, il pourrait y avoir divers points importants des budgets de l'une ou de l'autre des grandes villes, qui ne pourraient pas être placés dans les 20 rubriques établies, et c'est par égard à cette éventualité, que nous avons ajouté, autant pour les recettes que pour les dépenses, une rubrique destinée à renfermer tous les points s'élevant à plus de 2% des recettes et des dépenses ordinaires.

Ou nous avons extrait nous-même la statistique des comptes

---

pour cultes, pour le corps des pompiers et pour les parcs. Mais quelque grand que soit l'intérêt que présente ces articles, nous les avons néanmoins rayés plus tard du cadre obligatoire de la statistique des finances, nous en tenant plus rigoureusement au principe qu'il n'y avait que l'intérêt exclusivement f i n a n c i e r qui pût décider de l'adoption d'une rubrique de plus dans la statistique des finances. C'est ainsi que ces articles se trouvent dans nos tableaux à la fin du cadre, ou sont aussi mentionnés différents titres que les autorités communales trouvaient bon de communiquer outre les réponses demandées.

*) L'expérience a justifié cette espérance : Nous avons trouvé que le petit nombre de rubriques que nous avons établies, embrassaient presque partout la majeure partie du budget, comme on le voit dans l'énumération des villes suivantes choisies à l'hazard : B u d a p e s t (1875) 74% des recettes, 55% des dépenses ; V i e n n e (1874) 94% des recettes, 85% des dépenses ; S t o c k h o l m (1874) 89% des recettes, 80% des dépenses ; R o m e (1875) 91% des recettes ; C o p e n - h a g u e (1874) 90% des recettes, 65% des dépenses.

annuels nous avons suivi, quant à la définition des divers titres, les principes suivants *) :

a) En général.

Nous avons déjà donné plus haut l'explication de ce que nous considérons comme composant le véritable compte d'une grande ville, et comment nous pensons qu'il faut traiter les titres étrangers ou passagers.

b) A l'égard des recettes.

Impôts directs et indirects. Doivent être considérés comme impôts directs : tous ceux qui sont directement prélevés par les autorités sur les individus en vue de satisfaire aux besoins de la commune. — Les impôts concernant les habitations (impôts de location, de fenêtres etc.) sont directs. Les impôts sur le luxe (chiens, livrées, équipages, instruments de musique, billards, domestiques, etc.) rentrent, même s'ils sont prélevés directement, dans la rubrique des impôts indirects. De même, le revenu des monopoles.

Parmi les sommes payées par les individus en vue de couvrir les besoins communaux, il n'y a que celles qui servent immédiatement à subvenir aux besoins d'établissements communaux, comme les taxes scolaires ou autres, qui ne puissent être considérées comme impôts ; la circonstance que certains impôts servent à certains buts particuliers (comme ceux qui, prélevés comme centimes additionnels sur les locations ou sur les impôts, sont exclusivement destinés aux besoins des écoles ou au cantonnement des soldats) n'empêche pas qu'ils ne soient considérés comme impôts.

Quand l'état ne perçoit pas lui-même les impôts, mais les fait encaisser par la ville, la quote encaissée pour le compte de l'état doit être déduite, même au cas où ce serait une somme ronde que la commune payât à l'état pour le rachat des impôts généraux Tous les droits d'entrée doivent être considérés comme impôts indirects, sans avoir égard au cas que, en conséquence des titres sous lesquels ils sont compris, (comme

---

*) Ce sont presque les mêmes que ceux que nous avons suivis pour d'autres villes dans »l'instruction« qui a été adjointe à notre questionnaire.

p. ex. droits de pavage, d'arrosage, de chambre de commerce, etc.), ces impôts puissent paraître n'être que des taxes.

Il est à remarquer qu'on a coutume de percevoir une partie des impôts de consommation et de douanes par des établissements communaux, comme par ex. les marchés de bestiaux, les entrepôts, les halles. Les sommes perçues par ces établissements, sous ces titres, doivent être retranchées de leurs recettes et notées ici.

Produits d'immeubles. La location des locaux occupés par l'administration communale dans les bâtiments communaux doit aussi être évaluée et mentionnée.

3) A l'égard des dépenses.

Police. Comme les fonctions des autorités communales qui sont comprises sous cette dénomination sont extrêmement diverses et qu'il serait difficile d'établir une ligne de démarcation à l'égard des fonctions qui sont de ce ressort, parce que ce ne serait que dans des cas très rares qu'il serait possible de séparer les frais personnels des diverses branches, il faut se contenter de réunir ici tous les frais qui sont considérés comme frais de police dans le sens des institutions existantes. Mais en conséquence de cela, il est' indispensablement nécessaire de donner une spécification détaillée de la sphère d'activité de l'administration de la police. Dans les villes où les frais de nettoyage des rues se trouvent au budget de la police, on voudra bien séparer tous les frais de matériel, et, — autant qu'il sera possible, — aussi les frais personnels et les faire rentrer sous le point 2.

Assistance publique. Il faut faire rentrer ici les frais d'assistance publique accidentelle et permanente, ainsi que les actes de bienfaisance en faveur des mendiants, pour l'entretien des maisons de charité, des asiles pour infirmes, des orphelinats, des maisons des enfants-trouvés; ensuite les frais des médecins et des médicaments (mais sans y comprendre les hôpitaux.)

Éclairage public. Il ne faut pas tenir compte de l'éclairage à l'intérieur des édifices communaux. Au cas que l'éclairage soit une entreprise communale, inutile de remplir cette rubrique. (Voir position 5 des recettes ou 8 des dépenses.)

A c q u i s i t i o n d'a c t i f s. Il ne doit se trouver dans cette rubrique que les acquisitions qui peuvent être considérées comme rentrant dans l'actif. Quant à ce point, il faut établir, — conformément aux résolutions de Vienne sur les finances générales, — la différence entre la fortune publique et la fortune communale proprement dite. Au nombre des objets qui rentrent dans la première de ces catégories, n o u s c o m p t o n s c e u x q u i, v u l e u r n a t u r e, n e p e u v e n t p a s s e r à l a p o s s e s s i o n e x c l u s i v e d e s p a r t i c u l i e r s, c o m m e l e s r u e s, l e s c h a u s s é e s e t l e s p o n t s, l e s q u a i s, l e s f o r t i f i - c a t i o n s. D e s e m b l a b l e s o b j e t s n e d o i v e n t p a s f i g u r e r à l'a c t i f, et leur aquisition ou construction ne peut être considérée comme aquisition d'actifs, aussi peu que les dépenses concernant les collections, les musées, les galeries de tableaux, où l'acquisition de tous les objets qui ne peuvent être soumis qu'à une évaluation purement arbitraire.

Néanmoins, les recettes provenant de la vente de pareils objets, — par le fait même qu'il n'y a plus d'évaluation arbitraire, — rentrent dans le chapitre des recettes.

IV. Exposé de l'état de fortune.

L'exposé des recettes et des dépenses d'une commune ne suffit pas pour en faire connaître exactement la situation financière. Il est encore indispensablement nécessaire d'en connaître l'état de fortune, c'est-à-dire le montant de son actif et de son passif.

Quelque désagréable qu'il soit au statisticien d'opérer avec des chiffres qui reposent sur l'évaluation, impossible d'éviter le cas, à l'égard de cette partie de la statistique des finances communales. Avant tout, ce sont les édifices et les bâtiments de la commune qui, — bien qu'ils aient souvent été élevés à grands frais, — ne peuvent souvent être admis dans l'actif que pour une valeur approximative bien inférieure.

Puis, il y a encore à évaluer les créances et les objets constituant la fortune mobiliaire.

Comme pour l'état, il faudra aussi pour les communes, distinguer entre ce qui rentre dans la fortune publique et ce qui constitue la fortune purement communale. Nous regardons comme rentrant dans la première catégorie les objets qui ne peuvent de leur nature devenir la propriété d'individus, — comme nous l'avons exposé plus haut, — et qui ne peuvent pas être considérés comme parties de l'actif d'une ville.

En général: ne peuvent être admis à l'actif que les objets qui ont une valeur d'échange, et ceux-ci avec cette valeur.

Quant aux musées, aux galeries de tableaux, aux archives et autres objets semblables qui ne peuvent être soumis qu'à une appréciation purement arbitraire, nous les mentionnons bien à la vérité, mais, — conformément aux résolutions de Vienne, — sans aucune indication de leur valeur.

Les créances forment bien une partie de l'actif, mais quant aux arrérages d'impôts, nous ne croyons pouvoir mieux faire que de les mettre de côté, vu le caractère très hypothétique qu'ils affectent.

Il est d'usage dans plusieurs villes de faire figurer à l'actif la somme capitalisée des droits produisant des revenus. Mais alors, pour être conséquent, il faudrait aussi capitaliser les recettes des droits régaliens, les impôts de consommation et de douanes, et, en continuant ainsi, même les recettes provenant des impôts directs; se former par conséquent un capital d'impôts idéal, et considérer les recettes annuelles des contributions comme l'intérêt de ce capital fictif. Mais par de pareilles fictions, on obtient des chiffres qui sont beaucoup plus le produit de l'imagination que l'expression de la vérité. Comme nous ne voulons, autant que possible, ne nous mouvoir que sur un terrain bien réel, nous avons considéré comme plus conforme à la vérité de ne pas faire rentrer des valeurs aussi fictives dans la statistique internationale.

NOTES.

Décisions des Congrès sur la statistique des finances communales.

[1] **Paris 1855.** — Budget municipal. Régime financier. — Nombre et nature des taxes locales, leur assiette et produit. — Nombre et nature des dépenses et leur montant pour les dix dernières années.

Situation financière pour la même période au point de vue de l'équilibre des recettes et des dépenses. Nombre, montant, intérêts et mode de réalisation des emprunts contractés dans cette période.

Part de l'état dans les dépenses de la ville qui ont un caractère d'utilité générale. Part de la ville dans les produits total des taxes générales.

---

[2] **Florence 1867.** Statistique communale.

14. Quant aux finances, indiquer la somme totale des revenus de la Commune, ainsi que les principales sources de ses revenus, p. ex. produit de propriétés mobilières; rentes sur l'état; rentes particulières etc.; centimes additionnels, autres impôts directs, taxes perçues aux portes de la commune (octrois) — taxes pour services rendus (places dans les marchés) — prestations en nature (travail).

15. Tous les produits du patrimoine communal sont-ils versés dans la caisse communale? Les habitants en ont-ils la jouissance en nature, en totalité ou en partie? Nombre et nature des propriétés non productives de revenu. Superficie des terres incultes, usage qu'on en fait.

16. Indiquer les dépenses par catégories: administration, sûreté, éclairage, instruction, etc. Montant des dépenses obligatoires, montant des dépenses facultatives. Quel est le chiffre de la dette communale et quel est son amortissement, etc.

17. Subventions accordées par l'état, par les provinces, districts, etc., par des associations, par des particuliers (on donnera la subdivision des sommes par services communaux subventionnés).

18. Quels sont les services auxquels il est pourvu uniquement sur les fonds municipaux et ceux qui sont entretenus par l'État, par les provinces, par l'État et les provinces ensemble ou simplement par des associations.

19. La commune intervient-elle dans la perception des revenus de l'État? Ce dernier est-il aussi chargé de percevoir les revenus de la commune?

---

[3]) **La Haye 1869.** Finances des communes, des circonscriptions territoriales, des seigneuries, des corporations, etc.

Le Congrès, vu la grande utilité que, à côté des budgets de l'État, on puisse étudier distinctement les budgets des communes, des provinces et autres circonscriptions administratives et institutions publiques, émet le voeu:

1. Que dans tous les pays on publie, autant que possible, tous les ans ces budgets, suivant un système statistique qui f a c i l i t e l e u r c o m p a r a i s o n a v e c c e u x d e l'É t a t, a f i n d'o b t e n i r l'e n s e m b l e g é n é r a l d e s r e c e t t e s e t d e s d é p e n s e s p u b l i q u e s.

2. Que ces budgets soient publiés, s'il est possible, tant d'après les comptes de prévision que d'après les comptes-clos; qu'on ait soin d'éliminer les doubles emplois, ou de les éclaircir s'ils sont inévitables, et que tout en reproduisant les budgets d'après leur état réel, on classe les articles du budget d'après les divisions et subdivisions tracées dans un tableau uniforme. (Voir Annexe.)

3. Que dans le rapport, dont on fera précéder ces publications, on ait soin d'insérer, pour la première fois, les dispositions législatives et réglementaires, les registres et les bulletins concernant le système d'administration, la compétence et l'organisation financière en cette matière; et que, pour les publications suivantes, on se borne à mentionner les modifications survenues depuis.

4. Que dans ce rapport, on étudie aussi les résultats statistiques de chaque budget, tout en le comparant avec les budgets de l'État pour chacune des branches du service public, en admettant ou en omettant la distinction entre dépenses et recettes ordinaires et extraordinaires, et en se servant de la nomenclature adoptée pour la statistique financière générale.

5. Qu'un chapitre spécial soit destiné aux budgets et aux comptes-clos de la capitale et des grandes villes.

A n n e x e.

RECETTES.

I. *Revenus de biens-fonds et d'autres propriétés non destinés au service public :*
  a) Produits des biens-fonds cultivés ou exploités par l'administration
    (bois, pâturages, mines, salines, tourbières). Coupe de bois. Vente
    d'autres produits. Chasse et pêche. (Dép. II *a* 1.)
  b) Fermage, rentes féodales, dîmes. Loyers de bâtiments. (Dép. II *a* 2.)
  c) Produit de rentes et autres dettes actives. (Dép. II *a* 3.)
II. *Produits de travaux publics et autres institutions publiques, payement de*
  services rendus par l'administration, droits réguliers. Remboursements :
  a) Administration générale (Dép. I *b* c.)
    1. Remboursement de frais de bureau. Taxes pour des actes de
      l'administration (inscription dans les registres, passeports,
      permis de chasse, délivrance de copies).
    2. Produit de publications de l'imprimerie.
    3. Produit des magasins et chantiers publics.
  b) Administration financière (Dép. II *a b.*)
    1. Remboursement de frais de perception, amendes pour con-
      traventions en matière d'impôts, confiscations, remboursement
      d'impôts payés à la charge de fermiers ou de locataires,
      (à spécifier d'après les distinctions du No. II *a* des dépenses).
    2. Remboursement de rentes et de pensions. (Dép. II *b.*)
  c) Service militaire. Remboursements. Amendes. (Dép. III *a.*)
  d) Justice. Remboursements. Actes judiciaires. (Dép. III *b.*)
  e) Police. (Dép. III *c.*)
    1. Remboursements. Amendes, confiscations. Droits d'inspection
      de voitures publiques.
    2. Revenus du service des pompiers.
    3. Revenus de la fabrique de gaz. Remboursement de frais
      d'éclairage.
  f) Travaux publics (Dép. III *d.*)
    1. Rétributions pour l'emploi d'une partie du terrain public (voie
      publique, canaux, etc.) (*Precario.*)
    2. Péage sur les routes et les ponts. Remboursement de frais
      de payage.
    3. Droit de navigation, d'écluse, de port. Remboursements.
    4. Remboursement de frais d'entretien des digues etc.
  g) Instruction. Sciences et beaux-arts (Dép. III *e*).
    Rétributions scolaires. Remboursement de frais (d'après les
    distinctions du §).

4*

h) Cultes. Remboursements (Dép. III *f*).

i) Assistance des pauvres (Dép. III *g*).

    1. Remboursements. Revenus des hôpitaux.

    2. Revenus des monts-de-piété.

k) Service sanitaire (Dép. III *h*).

    1. Revenus des fontaines, citernes, bains publics, etc. Rétribution pour l'inspection des boissons et denrées alimentaires. Remboursements.

    2. Provenu des cendres et des immondices.

    3. Revenus des cimetières, dépositoires, etc.

l) Agriculture, commerce, industrie (Dép. III *i*).

    1. Revenus des haras, des étables de taureaux. Remboursements.

    2. Droits d'étalage et de marché : droits de poids ; droits d'étalonnage et de jaugeage.

    3. Revenus des moyens de transport.

III. *Impôts.* (Dép. II *a* 4.)

a) Quote-part dans les impôts de l'État.

b) Centimes additionnels aux impôts de l'État.

c) Impôts levés par l'administration, divisés en :

    1. Impôts directs.

        aa) Contribution foncière.

        bb) Contributions personnelles :

            1) Sur les dépenses, telles que :

                sur l'habitation, portes, fenêtres, cheminées ;

                sur les meubles, les serviteurs, chevaux et voitures ;

                sur les chiens.

            2) Sur le revenu.

            3) Par captation.

        cc) Contribution sur les industries.

        dd) Contribution sur les théâtres, les fêtes publiques, les loteries.

    2. Octrois.

        aa) Spiritueux et liqueurs.

        bb) Vin.

        cc) Bière et vinaigre.

        dd) Bestiaux, viandes, beurre, fromage, poissons, coquillages.

        ee) Céréales, légumes secs, farine, pain, pâtes.

        ff) Combustibles.

        gg) Matériaux de construction.

    3. Prestations personnelles, telles que service des pompes à feu, garde de nuit, entretien des chemins vicinaux, des digues et autres. Corvées d'attelage.

    aa) Évaluation des prestations.
    bb) Rachats, amendes.

IV. *Subsides. Dons et Legs.* (Dép. II *a* 5.)
    a) Subsides d'une autre administration publique, en les distinguant :
        1. d'après les administrations qui les paient (l'État, les provinces, les communes, etc.)
        2. d'après leur destination.
    b) Dons et legs (par destination).

V. *Recettes obtenues par la diminution actuelle ou ultérieure de l'actif ou par l'augmentation du passif* (Dép. II *a b*).
    a) Vente de biens-fonds, de capitaux et d'autres possessions :
        1. Non destinés au service public ;
        2. Destinés au service public (terrains publics, démolition de bâtiments publics, vente de matériaux inutiles, etc.).
    b) Provenu d'emprunts.
    c) Remboursement d'avances, d'hypothèques.
    d) Rachat de dîmes et de rentes dues à l'administration.
    e) Rachat de prestations obligatoires pour l'entretien de travaux publics.
    f) Versement pour des pensions, achat de rentes viagères.
    g) Provenu d'objets trouvés, non réclamés.

VI. *Encaissements pour le compte d'autrui.* (Dép. II *d*.)

VII. *Excédants des exercices antérieurs.*

DÉPENSES.

I. *Administration générale.*
    a) Subsides et contributions à d'autres administrations financières publiques.
    b) Administration centrale. (Rec. II, *a* 1, 2.)
        1. Salaires, frais de voyage et de séjour des préposés ou de la direction administrative, (présidents, préfets, gouverneurs, maires, bourgmestres échevins, conseils), des secrétaires, des caissiers-généraux et des employés dans les bureaux.
        2. Frais de construction, d'entretien, ou de loyer des bureaux. Chauffage et éclairage, entretien du mobilier.
        3. Archives, frais de bureau.
        4. Imprimerie, publications.
        5. Élections.
        6. Cadastre.
        7. Registres de population, de l'état civil et autres. Recensements.
        8. Frais de procédures.

c) Administration générale des travaux publics (Rec. II *a* 3).
1. Architectes. Ingénieurs.
2. Magasins et chantiers publics. Salaires des ouvriers. Achat de matériaux sans destination immédiate.

II. *Administration financière.*

a) Frais de perception.
1. Frais d'exploitation de forêts, champs arables, pâturages, mines, salines, tourbières, etc., y compris les frais de transport et de vente des produits (Rec. I *a.*)
2. Frais d'entretien d'immeubles affermés ou donnés en louage. Impôts fonciers; primes d'assurance contre l'incendie; frais de location; frais de perception; restitution de baux perçus (Rec. I *b*).
3. Frais de perception des rentes d'obligations, d'hypothèques (Rec. I *c*).
4. Frais de perception des impôts (Rec. III).
   aa) Remboursements à l'État ou à quelqu'autre administration publique pour la perception des:
   α) impôts directs;
   β) impôts indirects.
   bb) Autres frais de perception. Receveurs, douanes, portes et barrières, frais de poursuite.
   α) Impôts directs.
   β) Impôts indirects.
   cc) Restitution d'impôts perçus. Primes d'exportation, non-valeurs.
   α) Impôts directs.
   β) Impôts indirects.
5. Frais de perception des recettes mentionnées au No. IV des recettes (à spécifier d'après les distinctions du §).
6. Frais de perception des recettes mentionnées au No. V des recettes (à spécifier d'après les distinctions du §).

b) Rentes et pensions.
1. Rentes.
2. Rentes viagères.
3. Pensions de retraite. Traitements de réforme.

c) Dépenses, dont le but est d'augmenter les revenus ou de diminuer les dépenses futures.
1. Amortissement de dette publique.
2. Achat de biens-fonds, de rentes, etc.
3. Avances. Hypothèques. Prêts sur gage.
4. Rachat de dîmes et de rentes dues par l'administration.

    5. Rachat de prestations obligatoires pour l'entretien de travaux publics.

d) Remboursement d'encaissements faits pour le compte d'autrui (Rec. VI).

e) Reliquats de comptes antérieurs.

III. *Service public. Institutions et travaux d'utilité publique.*

    a) Armée. Milice. Garde civique. Casernement et transport des troupes.

    b) Justice.

    c) Police de sûreté.

        1. Salaires des commissaires et des agents de police, gardes champêtres, gardes de nuit, bureaux de police. Prisons.

        2. Pompes à feu. Service des pompiers.

        3. Éclairage des rues et des places publiques. Fabriques de gaz. Cloches. Horloges.

    d) Travaux publics.

        1. Chaussées. Chemins vicinaux. Pavage. Ponts. Gabelles. Places publiques. Promenades publiques. Comblement de canaux, égouts, bacs et bateaux.

        2. Rivières, canaux, écluses, ports, embarcadères, docks.

        3. Digues, dessèchement de lacs et de marais, écoulement des eaux, irrigations.

    e) Instruction publique. Éducation. Sciences et beaux-arts, fêtes publiques.

        1. Universités et autres institutions d'instruction supérieure.

        2. Écoles moyennes ou secondaires.

        3. Écoles élémentaires ou primaires.

        4. Écoles normales de professeurs ou d'instituteurs.

        5. Enseignement spécial :

            aa) médical ;

            bb) agricole, industriel ou commercial ;

            cc) *dd*) etc. matières spéciales.

        6. Encouragements aux sciences :

            aa) Sociétés et institutions scientifiques.

            bb) Bibliothèques et autres collections scientifiques.

            cc) Dépenses pour des buts scientifiques (expérimentations, publications, voyages).

        7. Encouragements aux beaux-arts :

            aa) Peinture, sculpture, architecture (écoles, statues, monuments).

            bb) Art musical.

            cc) Théâtres.

        8. Fêtes publiques.

    f) Cultes.

    g) Assistance des pauvres.

1. Assistance des pauvres; bureaux de bienfaisance, maisons
   d'orphelins, d'enfants trouvés et délaissés, hospices pour les
   pauvres et les vieillards, fourneaux économiques, crèches,
   dépôts de mendicité.
2. Hôpitaux. Service médical des pauvres.
3. Hospices pour les aliénés.
4. Établissements d'aveugles, de sourds-muets, d'idiots, de cré-
   tins, etc.
5. Monts-de-piété, caisses d'épargne, de secours et d'assurance.

h) Frais relatifs à la salubrité.

1. Inspection sanitaire, quarantaine. Surveillance des boissons et
   des denrées allimentaires, surveillance de la prostitution.
       Aqueducs, fontaines, citernes, bains publics.
       Vaccine. Sauvetage.
       Dépenses causées par des épidémies.
2. Balayage des rues. Transport de cendres et d'immondices.
3. Cimetières. Dépositoires. Enterrements.

i) Agriculture. Commerce. Industrie.

1. Police vétérinaire, dépenses causées par des épizooties. Entretien d'étalons, de taureaux, etc.
2. Chambres de commerce, bourses, marchés, halles, abattoirs,
   poids. Inspection des poids et mesures, étalonnage et jaugeage.
3. Moyens de transport, bateaux, barques, voitures publiques,
   poste aux lettres, télégraphes.

STATISTIQUE DES FINANCES

DE LA VILLE DE

BUDAPEST

de 1866 à 1875.

POPULATION. 1870 (Pest): 200,476. — 1875 (Budapest): 295,254.

Table des matières.

Remarques générales		35
Recettes 1866—1875	*(Tableau 1)*	36
Dépenses „	*(Tableau 2)*	37
Bilan des recettes et des dépenses 1871—1875	*(Tableau 3)*	38
Détails des recettes 1861—1875	*(Tableau 4)*	39
„ „ *dépenses* „	*(Tableau 5)*	40
Annexe aux comptes annuels :		
Impôts directs		41
„ *indirects*		42
Produit de la fortune immobilière		43
„ „ „ „ *mobilière*		43
Emprunts		43
Dons et subsides		44
Remboursement des frais de justice		44
Instruction publique		44
Police		45
Assistance publique et hôpitaux		45
Frais des Cultes		45
Fondations pieuses et établissements de bienfaisance		45
Recettes et dépenses des établissements de bienfaisance 1866—1875	*(Tableau 6)*	47
Octroi et consommation 1872—1874	*(Tableau 7)*	49
État de fortune en 1875	*(Tableau 8)*	50
Dette consolidée à la fin de 1875	*(Tableau 9)*	51
Annexe à l'exposé de la fortune	*(Tableau 10)*	52
État du personnel		53

Bibliographie.

JOSEPH KŐRÖSI. Die Finanzen der Stadt Pest *) (Pest 1873).

    „ Untersuchungen über die Einkommensteuer der Stadt Pest v. J. 1870 *) (Pest 1873).

    „ Untersuchungen über die Einkommen- und Hauszins-Steuer der Stadt Pest v. J. 1871 und 1872 *) (Budapest 1875).

    „ Untersuchungen über die Einkommen- und Hauszins-Steuer der Stadt Pest v. J. 1872 und 1873 *) (Berlin 1876). [Encor sous la presse.]

    „ Consommation de la ville de Budapest et revenue de l'octroi (dans Nr. 31, des bulletins mensuels publiés du bureau communal de statistique).

---

*) Traduction allemande de l'ouvrage hongrois.

Il n'a pas été possible d'établir la statistique rétrospective des finances de la ville de Budapest pour une dixaine d'années, attendu que cette ville n'existe sous sa forme actuelle que depuis 1873, c'est-à-dire depuis le moment où les trois villes de Pest, de Bude et de Vieux-Bude ont été réunies pour former la capitale de Budapest. Il aurait donc fallu reconstruire 30 budgets distincts, établis sur les bases les plus différentes, et alors même que cet énorme travail aurait été entrepris, il n'aurait abouti qu'à un résultat privé de toute homogénité.

En conséquence, c'est seulement à partir de l'année 1874, que les données communiquées concernent la ville de Budapest, tandis que pour les années 1865—1873 il nous a fallu nous borner aux finances de la plus importante des trois villes, à savoir de Pest. Et même pour cette ville, il nous a été extrêmement difficile d'établir les données qui correspondent aux principes arrêtés pour la statistique internationale. Le constant changement de système des comptes, le groupement arbitraire des données les plus diverses, dont il fallait cependant rechercher le détail dans d'autres documents, la dissémination des recettes ou dépenses homogènes, dans les diverses fonds existants, tout cela nous a occasionné des grandes difficultés.

Il faut remarquer que les recettes et les dépenses strictement affectées à la commune regardent la caisse communale tandis que l'administration des fondations, telles que: hôpitaux, orphelinats, maisons de retraite etc., est du ressort de la caisse des dépôts. Ces établissements couvrent leurs besoins de leur propre fortune, et ce n'est qu'à l'égard du déficit, que la caisse communale intervient. Aussi ces déficits sont-ils les seuls qui figurent dans la statistique proprement municipale, mais il s'ensuit que pour bien apprécier l'état des affaires communales, il faudrait aussi tenir compte des comptes de ces fondations. C'est pourquoi nous en donnons un bref aperçu.

1. Recettes de la ville de BUDAPEST

de 1866 à 1875.

	1866	1867	1868	1869	1870	1871	1872	1873	1874	1875
	Francs									
Total des recettes	4.189,660	4.836,570	7.776,850	11.489,120	10.419,190	14.976,193	15.189,908	11.453,303	21.288,248	15.547,735
dont recettes extraordinaires	117,358	742,788	2.995,765	5.854,175	3.155,190	6.896,498	5.316,700	30,000	7.055,948	1.258,068
Spécification des recettes										
1. Impôts directs	878,733	901,513	1.044,683	1.460,248	1.754,235	1.970,518	2.539,678	4.163,512	5.457,913	5.319,456
2. Impôts indirects	1.551,470	1.533,030	1.961,330	1.607,465	2.605,690	2.381,663	2.441,388	2.763,400	3.281,705	3.515,195
3. Produit de la fortune immobilière	246,958	455,320	454,163	339,063	376,348	512,903	556,100	489,128	517,230	500,750
4. Produit de la fortune mobilière	244,423	263,630	156,525	191,863	159,288	201,515	344,420	262,800	522,728	360,693
5. Excédant des entreprises indépendantes	—	—	—	26,503	23,163	21,043	158,295	407,948	740,730	820,954
6. Recettes provenant de la location des places publiques et des eaux . . .	?	?	?	390,180	431,948	518,893	418,333	423,088	446,945	348,363
7. Recettes provenant de la vente d'actifs	203,730	830,540	1.393,068	1.390,218	807,083	1.104,575	783,213	388,745	550,322	543,899
8. Recettes provenant d'emprunts	179,723	—	50,000	5.506,900	2.580,600	5.688,900	5.330,225	—	—	—
9. Recettes provenant de subsides et de dons . .	—	17,443	—	—	—	31,500	66,000	62,500	117,000	117,000
10. Taxes administratives .	246,793	319,135	492,310	620,143	595,988	633,630	822,453	1.014,040	612,675	526,460
11. Contributions de particuliers pour la constructions des égouts	24,915	30,345	38,678	23,128	121,760	147,920	108,940	113,233	187,675	237,270
12. De même pour la construction du pavage . .	17,298	11,400	10,135	12,760	14,198	21,940	33,575	64,835	91,975	159,720
13. Dédommagement des frais de justice	250,000	320,000	303,020	334,268	460,830	496,298	2,190	—	—	—
14. Taxes scolaires	43,338	37,600	42,500	50,538	58,473	89,795	90,658	102,593	132,473	173,896

2. Dépenses de la ville de BUDAPEST

de 1866 à 1875.

	1866	1867	1868	1869	1870	1871	1872	1873	1874	1875
	Francs									
Total des dépenses	4.070,365	4.374,453	5.183,258	9.645,468	14.982,168	13.256,315	13.764,608	14.120,613	17.740,828	16.309,955
dont dépenses extraordinaires	591,155	582,425	1.170,850	4.805,025	7.020,933	4.459,720	5.344,523	4.297,310	5.284,125	3.801,838

Spécification des dépenses

	1866	1867	1868	1869	1870	1871	1872	1873	1874	1875
1. Police	398,463	489,838	415,428	477,885	685,373	766,108	890,098	802,688	946,900	946,900
2. Nettoyage et arrosage des rues	86,963	95,893	113,738	197,281	242,675	279,968	258,985	288,700	447,220	531,043
3. Entretien des écoles (sans les frais de construction)	136,593	160,688	161,175	314,370	369,955	584,730	745,930	829,058	1.209,325	1.759,878
4. Voies de Communication (chaussées, ponts, etc.)	345,570	392,433	520,083	786,398	1.916,778	1.817,468	1.972,435	2.245,403	2.529,965	1.513,618
5. Assistance publique	—	—	—	—	—	179,987	—	—	95,712	12,862
6. Frais des hôpitaux (subsides accordés aux fondations)	64,552	90,262	49,755	49,722	48,805	45,265	83,128	92,375	161,725	214,015
7. Eclairage	228,260	205,570	224,540	231,250	213,445	204,373	267,643	223.563	383.873	384.208
8. Déficit des entreprises indépendantes	—	—	—	—	—	—	—	—	—	—
9. Acquisition d'actifs	116,475	65,840	312,763	1.100,572	459,925	2.665,278	3.349,160	2.467,518	1.904,840	1.492,185
10. Intérêts des dettes et amortissement	360,080	370,600	357,728	322,400	316,158	1.064,170	1.681,093	1.770,570	2.073,075	1.962,365
11. Frais de justice	246,930	303,928	323,663	479,213	693,273	809,500	—	—	—	—
12. Parcs	71,708	115,475	138,453	95,283	104,983	120,275	221,888	230,135	269,198	240,623
13. Corps des pompiers	5,540	5,753	6,100	12,015	92,340	115,575	117,898	162,825	20,808	267,205
14. Frais des cultes (sans ceux de construction)	41,710	49,910	36,550	42,558	56,345	55,660	59,012	59,155	92,940	95,790

3. Bilan des recettes et des dépenses de 1866—1875.

	1866	1867	1868	1869	1870	1871	1872	1873	1874	1875
Compte ordinaire.										
Recettes ordinaires . . .	4.072,302	4.093,783	4.781,085	5.634,945	7.236,000	8.079,695	9.873,208	11.423,303	14.232,300	14.289,668
Dépenses ordinaires . . .	3.479,210	3.792,030	4.012,408	4.840,443	7.961,235	8.796,595	8.420,085	9.823,303	12.456,703	12.508,118
Surplus (+) ou déficit (—) .	+ 593,092	+ 301,753	+ 768,677	+ 794,502	— 698,325	— 716,900	+1.453.123	+1.600,000	+1.775,597	+1.781,550
Compte extraordinaire.										
Recettes extraordinaires. .	117,358	742,788	2.995,765	5.854,175	3.155,190	6.896,498	5.316,700	30,000	7.055,948	1.250,068
Dépenses extraordinaires .	591,155	582,423	1.170,850	4.805,025	7.020,933	4.459,720	5.344,523	4.297,310	5.284,125	3.801,838
Surplus (+) ou déficit (—) .	— 473,797	+ 160,365	+1.824,915	+1.049,150	— 3.865.743	+2.436,778	— 27,823	—4.267,310	+1.771,823	—2.543,770
Compte général.										
Recettes totales	4.189,660	4.836,570	7.776,850	11.489,120	10.419,190	14.976,193	15.189,908	11.453,302	21.288,248	15.547,735
Dépenses totales	4.070,365	4.374,453	5.183,258	9.645,468	14.982,168	13.256,315	13.764,608	14.120,673	17.740,828	16.309,955
Surplus (+) ou déficit (—) .	+ 119,295	+ 462,117	+2.593,592	+1.843,652	—4.562,978	+1.719,878	+1.425,300	—2.667,310	+3.547,420	— 762,220

*) Les actifs des villes de Bude et de Vieux-Bude ont été versés dans la caisse de Budapest cette année.

4. Détail des Recettes.

(En florins d'Autriche.)

	1871	1872	1873	1874	1875
Ad 2) Impôts indirects.					
Octroi	482,780	494,483	482,952	564,541	627,855
Droit de pavage	413,628	427,064	559,921	661,746	601,192
Droit de vente des spiritueux . . .	44,729	45,099	48,250	64,358	74,793
Ad 3) Produit de la fortune immobilière.					
Fermage des terrains	51,752	49,869	48,406	94,760	69,783
Location des maisons	140,567	134,637	86,997	90,203	91,286
Ad 5) Excédant des entreprises indépendantes.					
Aqueducs	—	13,666	34,241	136,325	150,466
Abattoir et marché aux bestiaux . . .	—	44,058	122,616	107,728	77,600
Bains chauds dit »Rudasfürdő« . . .	—*)	—*)	—*)	33,614	48,531
Ad 6) Location des places.					
Location des places	127,102	91,353	108,341	108,341	75,721
Taxe pour le passage du bétail et pour les places du marché aux chevaux . .	37,300	30,425	12,500	12,000	14,830
Taxe d'abordage	35,590	39,061	43,268	53,612	44,135
Ad 7) Vente d'actifs.					
Vente des terrains	415,434	294,146	148,819	208,295	209,840
Ad 10) Taxes administratives.					
Taxe sur la transcription des immeubles	203,160	255,243	355,796	181,777	163,333
Taxes administratives et licences . . .	36,915	40,193	64,553	45,946	20,777
Ad 14) Taxes scolaires.					
Écoles primaires et de dessein . . .	20,393	21,876	25,690	34,302	37,050
Écoles normales supérieures	1,062	1,861	2,149	5,732	8,110
Écoles réales	14,553	12,530	13,198	16,055	24,398

*) Ces bains ayant appartenu à l'ancienne Bude jusqu'en 1873 ne peuvent prendre place ici que depuis 1873. (Voir l'introduction.)

5. Détail des Dépenses.

(En florins d'Autriche.)

	1871	1872	1873	1874	1875
Ad 3) Entretien des écoles.					
Pour les écoles primaires	171,599	232,911	277,942	331,028	481,489
» » » normales supérieures .	16,969	27,460	40,283	72,185	94,573
» v » réales	58,944	71,219	75,821	82,342	127,886
Ad 4) Voies de communication.					
Chemins de la banlieue	183,433	223,301	243,213	291,180	114,042
Pavage des rues	505,299	429,198	651,739	716,961	431,403
Ad 5) Assistance publique.					
Entretien des orphelins et nourrissons .	3,626	3,493	4,434	7,816	22,087
Médicaments pour les pauvres . . .	3,250	3,309	2,565	5,778	5,919
Dons à des fondations pieuses . . .	11,243	26,354	29,445	41,141	23,133
Ad 9) Acquisition d'actifs.					
Construction de la Redoute (1866—70 : 45,501)	1,613	262,955	885,202	101,563	51,503
Bâtiments d'administration (1866—70 : 109,683)	209,248	259,475	184,121	141,373	428,936
Écoles (1866—70 : 352,866)	137,047	254,990	462,623	466,330	60,862
Achat de terrains (1866—70 : 279,942)	—	10,826	64	—	—
» de maisons (1866—70 : 1,743,390)	33,058	—	1,200	1,200	20,395
Abattoir et marché aux bestiaux . . .	637,977	549,067	147,010	—	22,053
Maison d'orphelins (1866—70 : 47,550) .	47,637	1,191	195	17,694	113
Kiosque à la place Élisabeth	—	1,157	103,192	33,776	12,312
Ad 14) Cultes.					
Dépenses pour l'église catholique . .	15,614	15,705	15,812	27,379	27,716

Annexe aux comptes annuels.

A) Recettes.

Impôts directs.

Le corps législatif de la Hongrie a accepté en 1868, provisoirement le système financier de l'Autriche, appliqué à la Hongrie sous le régime absolu. Les impôts directs sont les suivants : impôt foncier, házadó (correspondant au Haussteuer de l'Autriche), személyes kereseti adó (correspondant au Personalsteuer de l'Autriche), jövedelmi adó (correspondant au Einkommensteuer de l'Autriche) et l'impôt de la corvée rachetable en argent.

Les impôts directs sont fondés sur les principes suivants : L'impôt foncier est prélevé sur le revenu net des terres cultivées, constaté par le cadastre provisoire en 1825 ; il monte à $29^{76}/_{100}$ pour cent du revenu net en Hongrie, et à 22 pour cent en Transylvanie. Nous rappelons que cette contribution contient en Hongrie 9, en Transylvanie 6% pour le dégrèvement des terres des servitudes féodales. — Le »házadó« est prélevé sur le revenu net des bâtiments ; dans tous les lieux où le nombre des maisons louées ne représente pas la moitié du chiffre total des maisons, l'impôt et fixé à 16 florins ; dans tous les autres lieux, et naturellement aussi dans la capitale, il s'impose sur le revenu net. Il s'élève à Budapest à 24, dans d'autres villes à 16 pour cent du revenu net. Le revenu net est établi après avoir fait déduction de 15% à Budapest, dans les autres communes de 30% pour frais généraux d'entretien et d'amortissement. — Le »személyes kereseti adó« est une capitation, et se prélève sur chaque habitant au-dessus de 16 ans. Le tarif diffère selon l'occupation des individus qui sont divisés en trois classes.

Le »jövedelmi adó« se prélève sur tous les revenus qui ne sont pas soumis à l'impôt foncier ou au »házadó«. Cet impôt est divisé en trois classes dont la première et la troisième contribuent pour 10 pour cent du revenu net ; les contributions de la seconde classe (traitements publics et privés) varient selon une échelle.

Les contributions directes communales proviennent des centimes additionnels sur tous les impôts directs de l'État, excepté la corvée. Le montant des centimes additionnels faisait jusqu'en 1873, 20 pour cent de l'impôt de l'État, depuis 1873, 25 pour cent. En outre, la commune a fixé en 1873 un impôt de 3 pour cent sur le loyer annuel (házbér krajczár).

Voici le produit des impôts directs à Budapest en 1874:

	Impôt d'état	Centimes additionnels communaux
Impôt foncier	71,458·15 fl.	17,933·56 fl.
házbéradó	3.173,031·07 »	1.138,141·39 »
jövedelmi adó	2.497,519·28½ »	613.487·89 »
személyes kereseti adó	525,105·85½ »	131,276·46 »
házbérkrajczár	- »	663,345·56 »
corvée	77,576·80 »	- -
surcroît survenu pendant l'année	442,580·89½ »	136,547·39 »
Total	6.787,272·06½ fl.	2.700,732·25 fl.

Le chiffre des contribuables était en 1874 pour le jövedelmi adó de 16,489, pour le házbér adó de 5,770.

A partir de l'année 1876, le système des impôts a changé, mais comme cela ne regarde pas la période de notre statistique internationale, nous n'y touchons pas.

Impôts indirects.

Ces revenus se composent ou des centimes additionnels ajoutés aux impôts indirects de l'État, ou d'impôts prélevés seulement par la commune.

Dans la première catégorie rentre l'octroi général, dont nous communiquons plus bas le tarif et les résultats.

Il y a trois impôts indirects prélevés seulement par la commune, savoir:

1. *Le droit de pavage:* sur toute marchandise qui, entrant dans la ville, fait usage du pavé. Ce droit, qui a été la cause de nombreuses plaintes de la part des commerçants, et qui en vérité imposait d'une manière trop rigoureuse diverses branches du commerce, en a paralysé plusieurs. Mais une grande enquête commerciale, convoquée en 1874 s'étant occupé de ce tarif, l'abaissa de manière qu'on n'entend plus de plaintes. *)

L'autre droit qui a toute la forme d'un privilège, et qui, sous le nom de

2. *»Régale«* se rapporte à la vente des spiritueux, est un reste de l'ancien monopole des seigneuries, qui accordait exclusivement le droit d'en vendre. L'impôt régal, qui est payé par les marchands de vins, de bière et de liqueurs représente une espèce de fermage, payé pour la cession partiale de ce monopole.**)

3. *Impôts sur les chiens:* pour un chien de luxe 5 florins par an, pour les autres 2 florins.

---

*) Les taxes varient, de 1 kr. jusqu'à 5 kr. par 50 kilos (p. e. bois de construction, houille, fer 1 kr., céréales 1½, métaux, sel 2 kr., animaux, cuir, farine 4 kr., articles d'industrie 5 kr.).

**) Les marchands de vin paient (selon l'étendue de leur commerce) 20, 15, 10, 7 et 5 florins par an, les hôteliers 55, 35, 25 fl., les cafétiers 42, 31½. 21, 20, 15, 10, ou 5 fl., les débitants d'eau-de-vie 100, 30, 20, 10 5 florins.

Produit de la fortune immobilière.

Les sommes indiquées sous cette rubrique se composent des revenus des propriétés affermées, et du droit de pêche et de chasse, qui est aussi inhérent à la propriété des terres.

Pour la petite partie des terrains, qui est directemement exploitée par la commune, nous avons fait rentrer sous titre 7 les recettes provenant de la vente d'objets mobiliers et les revenus provenant de la vente des produits agricoles.

Produit de la fortune mobilière.

Sous cette rubrique se trouvent compris les interêts des capitaux placés à l'exception des revenus des capitaux des fondations, dont l'intérêt constitue le revenu de la fondation respective.

Entreprises indépendantes.

Doivent être regardées comme telles : les aqueducs, les abattoirs, et le bain d'eau minérale dit : »Rudas fürdő«.

Il est bien regrettable qu'on ne charge pas ces établissements des intérêts des capitaux qu'ils réprésentent. Mais comme cela ne se fait pas dans la tenue régulière des livres, nous n'avons rien pu y changer, de sorte que le revenu indiqué sous la rubrique V ne représente pas la vraie rente de l'entreprise, après déduction des intérêts, payables en faveur de la Caisse communale, mais seulement l'excédant brut du revenu de ces établissements, après déduction de leur frais d'exploitation.

Nous donnons ici les recettes et les dépenses les plus remarquables des entreprises indépendantes en 1875.

Aqueduc: *Recettes:* Taxe de l'eau consommé 222,059 fl., pour l'arrosage des rues 36,000. *Dépenses :* Personnel 37,422 fl., frais de bureau 4,711, frais d'exploitation 66,800 fl. (houille 37,700, journaliers 18,200).

Abattoir et marché au bétail: Taxes de tuerie 66,054 fl., taxes de mardi 73,181 fl. *Dépenses:* Personnel 17,761 fl., entretien des bâtiments et des machines 41,600, éclairage 3,893, journaliers 6,613, glâce 6512.

Bains chauds »Rudasfürdö«: *Recettes:* Taxes de bains 53,840 fl. *Dépenses:* Personnel 6,484 fl., Blanchissage 2,900, Chauffage 2,501, Entretien de la maison et des machines 2,857 fl.

Dette.

Il y en a deux sortes : la dette consolidée et les sommes déposées dans la caisse communale (cautions, etc.), dans le but d'en retirer des intérêts. Nous publions plus bas l'état des dettes.

Dons et subsides.

Comme les dons et les legs se rapportent en majeure partie à des fondations pieuses, ils sont versés dans la caisse des dépôts, de sorte que la caisse municipale n'en accuse que très peu de chose.

L'État accorde bien rarement des subsides. C'est ainsi qu'il a donné pour les écoles primaires, en 1872 : 25,000 florins, en 1873 autant, en 1874 : 46,800 en 1875 : 46,800 ; pour la triangulation : 12,000 (1871) ; pour le bureau de statistique 600 (en 1871) et 1,400 (en 1872) ; pour les frais du couronnement 6977 (1867).

Remboursement des frais de justice.

Jusqu'en 1872, la justice était exercée en Hongrie par les municipalités, mais les frais en étaient en majeure partie remboursés par l'État. A partir de cette année, la justice fut entièrement remise aux soins de l'État.

Instruction publique.

Les taxes scolaires montent à 35 kr. = 87 cent. par mois (et 1 fr. taxe d'inscriptions par an) dans les écoles primaires ; à 6 fl. par mois (1 fl. d'inscr.) dans les écoles normales supérieures ; à 20—50 kr. par an dans les écoles de dessein ; à 20 florins par an (et 4 fl. d'inscription) dans les écoles réales.

Pour être libéré de la taxe scolaire pour les écoles primaires il suffit d'en adresser la prière au président du conseil de l'école respective ; pour les écoles normales supérieures et pour les écoles réales, il faute faire aussi la demande par écrit et y ajouter un témoignage d'indigence. Les écoles des adultes sont gratuites et on pourrait dire le même des coles de dessein.

Ont été inscrits dans les écoles primaires en 1871/2 : 9846, en 1872/3 : 10,547, en 1874/5 : . . . . 17,111 écoliers.

dans les écoles normales supérieures	.	.	957	»
»	»	»	d'adultes .	.	.	.	4,053	»
»	»	»	de dessein	.	.	.	1,404	»
»	»	»	réales	.	.	.	.	1,200	»

Total   23,925 écoliers.

B) Dépenses.

Police.

Jusqu'en 1873, la police était du ressort de la commune, et l'état ne remboursait que les frais occasionnés par le renvoi dans leur commune des gens privés de moyens d'existence, et le logement des agents de police. Mais depuis 1873 la police a entièrement passé entre les mains de l'état. La commune est tenue d'en payer les frais, dont le montant s'élevait en 1873 à 378,360 florins, sans que l'état se soit chargé de toutes les obligations qui incombaient auparavant à la police communale, attendu que la sphère d'activité de la police d'état ne s'étend qu'à la police de sûreté, d'ordre public et de prostitution, la commune devant encore entretenir et payer les frais de police des foires, de santé, de construction et le corps des pompiers.

Dans nos tableaux rétrospectifs nous n'avons fait figurer sous la rubrique »Police,« que les sommes qui étaient employées en vue de satisfaire au but que remplit actuellement la police d'état.

Assistance publique.

Sous ce titre se trouvent réunies les dépenses de la c a i s s e c o m m u n a l e pour secours accordés aux pauvres honteux, aux maisons de retraite, aux individus dans le besoin, pour l'alimentation des nourrissons, le traitement à domicile des malades pauvres, pour cuisines populaires et l'allocation des sociétés de bienfaisance.

Frais des cultes.

La commune étant patronne de l'église catholique, a, conformément au droit canonique, accepté pour cette partie en Hongrie, le devoir d'entretenir en bon état les églises et les presbytères et d'en payer les curés. Mais la commune accorde en outre des subsides à d'autres confessions.

C) Fondations pieuses et établissements de bienfaisance.

Nous avons déjà dit qu'on ne peut guère apprécier exactement l'activité de la commune à l'égard de l'assistance publique si l'on ne tient pas compte des services rendus par les établissements administrés par la ville et auxquels elle contribue pour de grandes sommes qui ne rentrent dans le cadre de la statistique des finances communales que pour le déficit à couvrir par la ville. (Les dépenses de ces établissements montaient en 1875 à plus de 500,000 florins.)

C'est pourquoi nous donnons dans le tableau suivant les recettes et les dépenses desdits établissements, en distinguant pour les recettes celles qui proviennent de dons et de leur propre fortune et celles qui proviennent de la Caisse communale.

Nous donnons ici les noms de quelques unes des plus importantes des fondations pieuses administrées par la ville. Il y en a en tout 148 dont le capital s'élevait a la fin de 1875 à 957,000 fl. Les plus remarquables sont :

Fondateur.	Montant de la fondation.		Destination.
L'empereur Joseph II	161,200	francs.	Pour l'assistance des pauvres honteux et des employés communaux appauvris; administré à présent par la maison des pauvres.
Michael Plattschläger	49,015	»	faite en 1724 pour bourses en faveur d'écoliers.
Eva Bello, Anne Szalay, Maurice Pausch, Michel Vieser	189,910	»	faites 1762—1790 pour l'assistance des vieillards pauvres. Cette fondation est remise à la maison des pauvres.
Pintèr	72,800	»	faite en 1775 pour le soutien de 12 bourgeois catholiques.
Joseph Doriàn	65,000	»	faite en 1794 en faveur des orphelins
Jean Boráros	43,790	»	faite en 1804 en faveur des orphelins et
» »	365,000	»	» » 1804 » » » » pour la maison de travail.
Maison de retraite des citoyens appauvris	133,440	»	faite en 1817; elle augmente par dons et amendes.
Société des dames bienfaisantes	38,430	»	Somme remise à la ville en 1839, à l'occasion de la dissolution de cette société. But : assistance des pauvres honteux.
Dr. Jean Schmutzer	67,400	»	faite en 1865, pour la fondation d'un institut de sourds-muets.
Stephan Szilágyi	354,070	»	faite en 1867, en faveur des orphelins et des fils d'industriels pauvres.

6. Recettes et Dépenses des fondations pieuses,

confiées à l'administration de la commune de Budapest.

(En florins d'Autriche.)

	1866	1867	1868	1869	1870	1871	1872	1873	1874	1875
I. Recettes provenant de la caisse communale										
1. Hôpital St. Roch	—	—	—	—	—	71,995	—	—	31,249	—
2. » » Jean *)	—	—	—	—	—	—	—	—	7,020	5,145
3. Maison des pauvres	35,515	32,926	37,816	50,032	40,579	52,823	14,719	36,290	30,210	36,006
4. » » travaux forcés	13,007	17,116	9,306	11,786	10,233	12,812	16,956	18,366	19,471	26,131
5. » d'orphelins	3,249	1,585	550	2,552	10,733	13,753	3,443	3,183	5,485	3,603
6. » d'orphelines	1,246	1,032	560	2,500	952	15	3,577	3,233	5,003	3,174
7. Fondation Mayer pour une maison d'orphelins *)	—	—	—	—	—	—	—	—	133	39
8. Fondation de l'Archiduchesse Albrecht-Hildegarde pour le secour d'industriels	—	—	—	—	—	—	475	—	250	—
9. Cuisine des pauvres	—	—	—	—	—	—	—	—	—	—
Total	53,027	52,659	48,232	71,872	62,487	151,398	39,170	61,072	98,834	74 098
II. Recettes totales (y compris les subsides de la caisse communale)										
1. Hôpital St. Roch	167,213	175,296	146,279	266,640	240,708	304,114	263,977	208,053	188,578	323,310
2. » » Jean *)	—	—	—	—	—	—	—	—	72,631	66,672
3. Maison des pauvres	59,292	55,577	71,593	76,171	68,089	79,238	64,628	87,180	213,251**	85,306
4. » » travaux forcés	25,068	25,904	20,241	24,059	23,116	25,168	38,855	36,994	35,262	37,853
5. » d'orphelins	12,833	16,120	14,093	15,626	30,034	35,325	30,789	29,444	39,421	22,491

*) Jusqu'en 1874 confiée à l'administration de la ville de Bude.
**) En cette année ont été versés dans la caisse de fondations de Budapest, les fondations existant à Bude en faveur des pauvres.

	1866	1867	1868	1869	1870	1871	1872	1873	1874	1875
	II. Recettes totales (y compris les subsides de la caisse communale)									
6. Maison des d'orphelines . .	7,227	12,574	9,445	9,047	6,962	16,659	17,600	16,726	25,111	14,032
7. Fondation Mayer pour une maison d'orphelins *). . . .	—	—	—	—	—	—	—	—	31,113	2,942
8. Fondation de l'Archiduchesse Albrecht-Hildegarde . . .	260	3,257	1,603	1,420	1,002	55,666	1,460	1,610	5,382	4,551
9. Cuisine des pauvres. . . .	—	—	9.682	471	10.241	988	2.789	1,344	2,000	1,931
Total . .	264,893	288,728	273,137	393,428	380,152	517,158	420,089	381,351	512,749*	559,088
	III. Dépenses									
1. Hôpital St. Roch	133,765	130,739	174.004	227,208	312,900	227,099	259,642	241,222	273,859	253,553
2. » » Jean *) . . .	—	—	—	—	—	—	—	—	109,358	78,148
3. Maison des pauvres. . .	50,394	43,987	49,652	44,567	49,765	51,292	51,194	56,526	73,415	87,673
4. » » travaux forcés . .	22,657	20,575	23,357	22,044	22,426	30,464	34,155	34,726	37,037	46,720
5. » d'orphelins . . .	12,873	10,429	15,711	14,046	15,181	16,849	17,428	18,653	17,433	15,808
6. » d'orphelines . . .	7,848	1,741	3,467	3,148	5,662	6,438	7,718	7,636	8,054	10,728
7. Fondation Mayer pour une maison d'orphelins *). . . .	—	—	—	—	—	—	—	—	3.048	10,301
8. Fondation de l'Archiduchesse Albrecht-Hildegarde . . .	271	2.999	2.396	518	20	23	1,077	409	.	651
9. Cuisine des pauvres. . . .	—	—	—	471	—	—	—	—	—	—
Total . .	227,808	210,470	268,597	312,002	405,954	332,165	371,574	359,172	522,204**	503,582

*) Jusqu'en 1874 confiée à l'administration de la ville de Bude.
**) En cette année ont été versés dans la caisse de fondations de Budapest, les fondations existant à Bude en faveur des pauvres.

Consommation et Octroi 1872—1874.

	Mesure	Octroi de l'état (et de la commune)	Consommation			Rendement de l'impôt		
			1872	1873	1874	1872	1873	1874
						florins		
Alcool*)	Eimer	— (0.70 fl.)	96,757	107,268	84,820	67,730	75,088	59,374
Bière*)	»	(1 »)	264.404	238,975	230,171	264,405	238,975	230,172
Vin	»	1.68 fl. (0.21 »)	454,107	419,851	373,407	95,363	88,169	78,416
Absynthe . . .	»	1.68 » (0.42 »)	18	37	29	8	16	12
Vinaigre*) . . .	»	— (0.18 »)	5,857	12,384	6,571	1,055	2,229	1,183
Moût	»	1.26 fl. (0.16 »)	12,426	19,627	8,294	1,988	3,140	1,327
Liqueur *). . .	»	— (1.70 »)	623	441	210	1,059	751	357
Bétaux . . .	Pièce	5.04 fl. (1.10 »	56,315	59,332	58,412	61,947	65,265	64,253
Veaux	»	0.84 » (0.21 »	64,439	70,288	77,627	13,532	14,760	15,712
Brébis . . .	»	0.31⁴/₅ fl. (0.12 »	36,979	36,905	45,196	4,437	4,429	5,424
Agneaux . . .	»	0.21 fl. (0.09 »	59,006	59,506	55,851	5,311	5,355	5,027
Cochons . . .	»	0.63 fl. (0.15 »)	3,625	5,180	3,825	544	777	574
Porcs	»	1.26 fl. (0.40 »)	118,420	109,444	92,177	47,368	43,778	36,871
Levain . . .	Centn.	(2.10 »)	9	90	36	19	188	76
Viande . . .	»	1.05 fl. (0.27 »)	11,305	11,271	9,823	3,051	3,045	2,653
Levain de presse .	»	— (6.30 fl.)	209	224	242	1,319	1,416	1,527
Bois à bruler .	Toise	— (0.32¹/₂ fl.)	155,774	129,110	116,632	42,163	38,765	35,242
Lice de vin . .	Eimer	— (0.30 fl.)	16,327	17,940	19,983	4,896	5,382	5,995
Total (des revenus) .	—		—	—	—	616,195	591,528	534,194
Frais de l'administration douanière			—	—	—	20,472	20,303	24,532

Eimer = 56·60037 litre.
Centner = 56 kilogramm.
Klafter = 6·820,995 mètre cube.

*) L'état prélève l'impôt sur la bière aux brasseries, sur les boissons spiritueux dans les destillations en rapport à la capacité des tonneaux.

7

8. Exposé de l'état de fortune d'après le compte définitif de 1875.

		Francs
I. Actif:		
1	Valeurs effectives	456,287
2	Capitaux placés	1.473,971
3	Valeur des propriétés (valeur évaluée)	
	a) Bâtiments servant à l'administration et aux écoles 10.748,000	
	b) Maisons d'habitation appartenant à la commune 5.685,000	
	c) Terrains communaux 60.297,000	
	d) Domaines avec tout ce qui s'y trouve (fundus instructus) . . . 50,400	
	e) Autres propriétés 10.425,000	87.205,000
4	Papiers de valeur	142,178
5	Valeurs mobilières	1.757,750
6	Créances	9.029,249
7	Autres objets actifs	5.790,000
	Total	105.854,435
II. Passif:		
1	Dette consolidée (emprunts à titres)	25.496,302
2	Capitaux passifs	2.521,809
3	Autres sommes passives	4.117,622
	Total	32.135,733
Bilan:		
	Total de l'actif	105.854,435
	Total du passif	32.135,733
	Fortune active	73.718,702

9. Exposé de la dette consolidée à la fin de l'année 1875.

Année de l'émission	Mode d'emprunt (Souscription publique ou autrement), nom du prêteur	Valeur nominale de l'emprunt	Montant versé aprés déduction de tous les frais	Amortissement et intérêt annuel d'après le budget de 1876	Durée de l'amortissement jusqu'en	État de la dette à la clôture de l'année 1875
			f r a n c s			
1853 Dec. 1.	Caisse d'épargne de Vienne	787,500	787,500	92,960	1878	245,095
1854 »	» » »	525,000	525,000		1879	
1859 Sept. 1.	Maison Schuller à Vienne *) (en lots) . . .	5.000,000	3.750,000	145,750	1909	4.331,200
1864 Nov. 18.	Banque nationale d'Autriche	1.000,000	892,000	70,000	1896	84,092
1865 Sept. 13.	Institut hongr. du crédit foncier	750,000	637,500	50,615	1900	647,960
1865 Août 19.	Banque de crédit à Vienne	1.375,000	125,812	9,085	1917	131,455
1868 Dec. 17.	Caisse d'épargne à Pest	1.000,000	1.000,000	80,775	1903	950,000
1871 Janv. 1.	Souscription publique	7.500,000	6.997,500	525,135	1904	7.127,000
1871 Juillet 1.	Banque anglo-hongroise	12.500,000	10.831,792	875,000	1904	11.979,500
	Total . . .	30.437,500	25.547,104	1.849,320		25.496,302

*) Emprunt de la ville de Bude.

Annexe à l'exposé de la fortune.

L'état de fortune, tel qu'il est exposé dans notre tableau, est d'environ dix millions de francs inférieur à celui qui est constaté par la comptabilité de la ville. La cause en est que nous n'avons pas admis à l'actif la valeur des quais, ni la capitalisation des droits produisant un revenu, ni les arrérages d'impôts.

La valeur des bâtiments et des terrains admise provisoirement par la comptabilité, n'a pas encore été rectifiée par la commune. En conséquence nous avons encore déduit 10% des valeurs provisoires et croyons avoir ainsi atteint la vérité. *)

Entre les bâtiments servant à l'administration et aux écoles se trouvent: l'ancien hôtel de ville évalué à 1.000,000 fr., le nouvel hôtel de ville 1.750,000 fr., deux écoles réales 1.935,000 fr., les écoles primaires 4.374,000 fr., les presbytères 1.000,000 fr.. les douanes 270,000 fr.

Entre les maisons d'habitation la »Redoute« (destinée aux fêtes et aux banquets avec cafés, restaurant et logements loués) est la plus grande; elle coûtait à la ville 4.000,000 fr.; le kiosque de la place Elisabeth a coûté 330,000 fr.; une caserne affermée au ministère de la guerre est évaluée à 580,000 fr.

Entre les autres propriétés se trouvent comprise une arène ou théâtre d'été à 225,000 fr. et un théâtre à 180,000 fr.

*) Nous avons trouvé, que les valeurs de la fortune immobilière proposées par la comptabilité titre pour titre, correspondent au résultat à la somme que nous avons obtenu en faisant un calcul général pour les terrains, qui réprésentent les 2/3 de le fortune immobilière. Les terrains, appartenant à la ville s'élèvent à 14.891,120 □º; en estimant la valeur des terrains en ville (à l'intérieur de la ville bâtie) à 100 fr. le □º (le prix le plus élevé atteint aux enchères a été de 4000 fr.), et les terrains de la banlieue propres à l'agriculture à 400 fr. l'arpent de 1600 □º, nous trouvons que

606,702 □º en ville représentent une valeur de	60.670,000 francs et
8,800 arpents à 400 fr. » » » »	3.520,000 »
	total 64.190,000 francs,

tandis que l'évaluation de la comptabilité donne 66.970,000 francs, et la somme qui figure dans notre tableau 60.500,000 fr.

10. État du Personnel.

Les sommes de la deuxième rubrique donnent le traitement, celles entre parenthèse l'indemnité de logement, etc.
Les positions marquées d'un * jouissent un logement gratis.

Nom de la place occupée	Chiffres des personnes qui occupent la place, leur traitement annuel (et indemnité)	Dépense totale	Nom de la place occupée	Chiffres des personnes qui occupent la place, leur traitement annuel (et indemnité)	Dépense totale
1. Conseil administratif.			**3. Greffe.**		
Bourgmestre	1 à 5000 (1000)	6,000	Chef	1 à 1350 (350)	1,700
Sous-bourgmestre	2 à 3000 (1000)	8,000	Sous-chef	1 à 1050 (250), 1 à 900 (200)	2,400
Tanácsnok (membre du conseil administratif)	8 à 2500 (800)	26,400	Employé	1 à 900 (200), 1 à 800 (180)	2,080
Secrétaire en chef	1 à 2500 (800)	3,300	Écrivains à la journée	3 à 547	1.641
Secrétaires	3 à 1600 (450), 5 à 1400 (400), 5 à 1350 (350)	23,650	Garçon de bureau	1 à 420 (120)	540
Employés	3 à 1000 (220), 3 à 900 (200), 4 à 800 (180). 14 à 600, 1 à 1100 (280), 2 à 600 (150)	22,160	**4. Expédition.**		
			Chef	1 à 1350 (350)	1,700
Écrivain à la journée	1 à 547	547	Sous-chef	1 à 1050 (250)	1,300
Portier	*1 à 600	600	Employé	1 à 900 (200), 1 à 800 (180), 7 à 600 (150)	7,330
Garçons de bureau	2 à 540 (120), 16 à 420 (120)	9,960	Distributeurs	7 à 480 (120) 5 à 365	6,025
2. Arrondissements.			Garçon de bureau	1 à 420 (120)	540
Chefs d'arrondissement	10 à 475	4,750	Chef de la lithographie	1 à 800 (180)	980
Jurés	60 à 237	14,220	Lithographes	3 à 540, 3 à 480.	3,060
Secrétaires	5 à 1600 (450). 2 à 1400 (400), 3 à 1350 (350)	18,950	Garçons lithographes	1 à 420 (120)	540
Employé	1 à 1000 (220), 1 à 900 (200), 1 à 800 (180). 10 à 900 (200), 11 à 600 (150)	22,550	**5. Archives.**		
			Chef	1 à 1800 (500)	2,300
Écrivains à la journée	2 à 547	1,094	Sous-chef	1 à 1350 (350)	1,700
Distributeurs	16 à 480 (120)	9,600	Employé	1 à 900 (200), 2 à 800 (180), 2 à 600 (150)	4,560
Garçons de bureau	10 à 420 (120)	5,400	Garçons de bureau	2 à 420 (120)	1,080

Nom de la place occupée	Chiffres des personnes qui occupent la place, leur traitement annuel (et indemnité)	Dépense totale	Nom de la place occupée	Chiffres des personnes qui occupent la place, leur traitement annuel (et indemnité)	Dépense totale
6. Bureau de litige.			Employés	2 à 1100 (280), 2 à 1050 (250), 2 à 1000 (220), 4 à 900 (200), 10 à 800 (180), 10 à 700 (150)	31,500
Chef	1 à 2500 (800)	3,300			
Sous-chef	2 à 1600 (450), 1 à 1400 (400), 1 à 1350 (350)	7,600	Apprentis	3 à 400	1,200
			Écrivains à la journée .	32 à 547	17,504
Employé	4 à 600 (150)	3,000	Garçons de bureau . .	5 à 420 (120)	2,700
Écrivain à la journée .	1 à 700, 2 à 365	1,430			
Garçons de bureau . .	2 à 420 (120)	1,080	**10. Caisse d'impôt.**		
			Caissier en Chef . .	1 à 1800 (500)	2,300
7. Bureau de statistique.			Contrôleur	1 à 1400 (400)	1,800
Directeur	1 à 2500 (800)	3,300	Caissier	2 à 1300 (300), 2 à 1200 (300)	6,200
Employé	1 à 1200 (300), 1 à 900 (200), 1 à 800 (180)	3,580	Employé	3 à 1100 (280), 4 à 1050 (250)	10,340
			Garçons de bureau . .	5 à 420 (120)	2,700
Apprenti	1 à 400	400			
Garçon de bureau . .	1 à 420 (120)	540	**11. Bureau de l'encaissement des impôts.**		
			Chef	1 à 1800 (500)	2,300
8. Comptabilité.			Contrôleur	1 à 1400 (400)	1,800
Chef	1 à 2500 (800)	3,300	Employé	1 à 1200 (300)	1,500
Sous-chef	1 à 2000 (500)	2,500	Exécuteurs d'impôts .	3 à 1000 (220), 3 à 900 (200), 3 à 800 (180), 4 à 700 (150)	13.300
Chef de division . .	2 à 1800 (500), 2 à 1600 (450)	8,700			
Liquidateurs . . .	3 à 1300 (300), 3 à 1200 (300)	9,300	Sous-exécuteurs . . .	8 à 600 (150)	6,000
Employé	5 à 1100 (280), 4 à 1050 (250), 6 à 1000 (220), 3 à 900 (200), 2 à 800 (180)	24,680	Taxateurs	5 à 480 (120)	3,000
			Commissaires . . .	30 à 480 (120)	18,000
			Écrivains à la journée .	30 à 547	16.410
Apprentis	3 à 400	1,200	Garçons de bureau . .	5 à 420 (120)	2,700
Garçons de bureau . .	3 à 420 (120)	1,620			
			12. Bureau des ingénieurs.		
9. Comptabilité des impôts.			Ingénieur en chef . .	1 à 2500 (800)	3,300
			Chefs de division . .	3 à 2000 (500)	7,500
Chef	1 à 1800 (500)	2.300	Ingénieurs de I. classe	2 à 1600 (450), 3 à 1400 (400)	9,500
Liquidateur . . .	3 à 1300 (300), 3 à 1200 (300)	9.300			

Nom de la place occupée	Chiffres des personnes qui occupent la place, leur traitement annuel (et indemnité)	Dépense totale
Ingénieurs de II. classe	2 à 1350 (300), 2 à 1300 (300)	6,600
Ingénieurs adjoint I. cl.	5 à 1200 (300), 5 à 1100 (280)	14,400
» » II. »	5 à 1050 (250). 5 à 1000 (220)	12,600
Jardinier en Chef	1 à 1300 (300)	1,600
Jardiniers	2 à 600 (150)	1,500
Inspecteurs des chemins	2 à 900 (500). 3 à 600 (150)	5,050
Inspecteurs des pierres de pavage	3 à 540 (120)	1,980
Employé	1 à 1100 (280), 2 à 600 (150)	2,880
Garçons de bureau	2 à 420 (120)	1,080
13. Caisse municipale.		
Caissier en Chef	1 à 2200 (600)	2,800
Sous-caissier	1 à 1200 (300)	1,500
Contrôleur	1 à 1600 (450)	2,050
Liquidateurs	1 à 1400 (400). 1 à 1300 (300), 1 à 1100 (280), 1 à 1050 (250), 1 à 1000 (220)	7,300
Employés	1 à 900 (200), 1 à 800 (180)	2,080
Apprentis	2 à 400	800
Écrivain à la journée	1 à 365	365
Commissaires	2 à 480 (120)	1,200
Garçons de bureau	2 à 420 (120)	1,080
14. Caisse des dépôts.		
Caissier	1 à 1800 (500)	2,300
Contrôleur	1 à 1400 (400)	1,800
Liquidateurs	1 à 1350 (350), 1 à 1000 (220)	2,920
Employé	1 à 800 (180)	980
Apprentis	1 à 400	400
Commissaire	1 à 480 (120)	600
Garçon de bureau	1 à 420 (120)	540

Nom de la place occupée	Chiffres des personnes qui occupent la place, leur traitement annuel (et indemnité)	Dépense totale
15. Caisse des biens d'orphelins.		
Caissier	1 à 1800 (500)	2,300
Contrôleur	1 à 1400 (400)	1,800
Liquidateur	1 à 1350 (350)	1,700
Apprentis	1 à 400	400
Commissaire	1 à 480 (120)	600
Garçon de bureau	1 à 420 (120)	540
16. Bureau de recrutement et de logement de soldats.*)		
Employés	3 à 1350 (350), 3 à 900 (200), 2 à 800 (180), 4 à 600 (150)	13,360
Apprentis	2 à 600	1,200
Écrivains à la journée	11 à 547	6,017
Garçon de bureau	1 à 420 (120)	540
Commissaires	9 à 480 (120)	5,400
17. Bains chauds. (Rudas-fürdő.)		
Directeur	1 à 600 (120)	720
Machiniste	1 à 525 (550)	1,075
Caissiers	1 à 600, 1 à 480	1,080
Chauffeur	1 à 365	365
18. Bureau d'économie.		
Chefs	2 à 1200 (760)	3,920
Sous-chefs	1 à 600 (120), 1 à 400	1,120
Employés	1 à 800 (240), 1 à 500 (200), 2 à 500 (150) 1 à 300	3,540

*) Le chef (membre du conseil administratif) et le secrétaire se trouvent dans l'état dudit conseil.

Nom de la place occupée	Chiffres des personnes qui occupent la place, leur traitement annuel (et indemnité)	Dépense totale
Écrivains à la journée	3 à 547	1,641
Garçons de bureau	2 à 360 (108)	936
Magasiniers	1* à 400	400
Inspecteur de salubrité	1 à 600 (180)	780
Écrivain à la journée du même service	1 à 547	547
Concierge de l'hôtel de ville	1* à 600	600
Inspecteurs des deux casernes communales	1* à 600, 1 à 300 (120)	1,020
Gardien à l'île de Ujpest	1* à 360	360
» au bois de la ville	1* à 400, 1* à 300, 1* à 240	940
Forestier	1* à 1200 (400)	1,600
Inspecteurs dans les montagnes	4 à 400 (80)	1,920
Gardes des vignes	12 à 300 (60)	4,320
Chasseurs (police de montagne)	8 à 300 (60)	2,880
Gardes du vieux-Bude	3 à 300	900
19. Service de santé.		
Médecin en chef	1 à 2500 (800)	3,300
Adjoint	1 à 1400 (400)	1,800
Employé	1 à 600 (150)	750
Garçon de bureau	1 à 400 (120)	540
Médecins officiels des arrondissements	13 à 1400 (400)	23,400
Vétérinaires	6 à 800 (180)	5,880
Vérificateurs de décès	16 à 600 (150)	12,000
Sages-femmes d'arrondissements	26 à 200 (60)	6,760
Chimiste	1 à 600	600

Nom de la place occupée	Chiffres des personnes qui occupent la place, leur traitement annuel (et indemnité)	Dépense totale
20. Écoles réales.		
Directeurs	1* à 1500 (600) et 3%/$_0$ des taux d'inscription, 1* à 1500 (200)	3.800
Professeurs	1 à 1500 (700), 3 à 1500 (500), 3 à 1500 (400), 13 à 1500(300), 1 à 1400 (420)	39,120
» adjoints	7 à 800 (240)	7,280
» extraord.	16 en somme 6375 (1560)	7,935
Chimiste	1* à 600	600
Garçons de bureau	4 à 420 (120), 5 à 420	4,260
» adjoints	3 ensemble	465
Portier	1 à 420	420
21. Écoles normales supérieures. (Polgári iskola).		
Directeurs	3* à 1300 (200), 5 à 1300 (500)	13,500
Professeurs	26 à 1300 (300)	41,600
» adjoints	14 à 800 (240)	14,560
» extraord.	24, ensemble	11,060
Garçons de bureau	3* à 420	1,260
» adjoints	2 à 365, 4 à 360	2,170

Les directeurs, et les professeurs jouissent outre cela une augmentation quinquennale de 100 fl. par an, les professeurs adjoints de 60 fl.
En 1876 seront encore érigées deux écoles normales supérieures.

Nom de la place occupée	Chiffres des personnes qui occupent la place, leur traitement annuel (et indemnité)	Dépense totale
22. Écoles primaires.		
Directeurs	2* à 1000 (240), 21 à 1000 (160), 2 à 1000 (460), 1 à 1000 (100), 1 à 1000 (300), 1* à 350	32,510
Maîtres	3 à 800 (150), 1* à 650 (150), 7 à 650 (250), 1* à 650 (100), 1 à 650 (220), 3* à 650 (70), 26 à 650 (170), 79 à 650 (150), 8* à 650	
» provisoires	1* à 500 (200), 1 à 500 (300), 37 à 500 (200), 2* à 500 (100), 117 à 500 (100), 2* à 500	203,250
Institutrices d'ouvrages manuels	91 à 300	27,300
Garçons	11* à 420, 1 à 420 (120)	5,160
» adjoints	26 à 360, une femme à 63 fl.	9,423
Maîtres de gymnastique	26 maîtres des écoles primaires reçoivent pour l'enseignement de la gymnastique un traitement de 200 fl.	5,200
23. Écoles des adultes.	86 maîtres des écoles primaires reçoivent pour l'enseignement des adultes 160 fl.	13,760
24. Écoles de dessin.		
Professeurs	1* à 1000, 3 à 1000 (300)	4,900
» adjoints	18 à 650 (150)	14,400
» extraord.	1 à 400	400
Garçon	1* à 420	420

Nom de la place occupée	Chiffres des personnes qui occupent la place, leur traitement annuel (et indemnité)	Dépense totale
25. Inspectorat des halles et des foires.		
Directeur	1 à 1800 (500)	2,300
Inspecteurs des foires	3 à 1050 (250), 3 à 1000 (220)	7,710
Employés	3 à 600 (150)	2,250
Écrivain à la journée	1 à 547	547
Commissaires des foires	6 à 480 (120)	3,600
Douaniers	28 à 600 (150)	21,000
Garçon de bureau	1 à 420 (120)	540
26. Abattoir et marché aux bétails.		
Directeur*	1* à 1800	1,800
Contrôleur*	1* à 1400	1,400
Adjoints	1* à 1100, 1 à 1000	2,100
Employé*	1* à 600	600
Vétérinaire*	1* à 1200	1,200
Inspecteur d'abattoir*	3* à 800	2,400
» de maison*	1* à 800	800
Machiniste*	1* à 1200	1,200
Chauffeur	1 à 500	500
Journalier	1 à 365	365
Gardes	1* à 540, 8 à 420	4,900
Garçon de bureau	1 à 420	420
Magasinier	1 à 800	800
Domestiques	2 à 360	720
27. Corps des pompiers.		
Inspecteur	1 à 1200 (200)	1,400
Sergeants	11 à 540	5,940
Machiniste	1 à 540	540
Pompiers	2 à 540, 5 à 480, 40 à 420	20,280
Gardiens de tour	4 à 420, 4 à 300 (210)	3,720

Nom de la place occupée	Chiffres des personnes qui occupent la place, leur traitement annuel (et indemnité)	Dépense totale	Nom de la place occupée	Chiffres des personnes qui occupent la place, leur traitement annuel (et indemnité)	Dépense totale
28. Aqueduc.			Médecins	9* à 500, 7* à 400	7,300
			Curé	1* à 630 (600)	1,230
a) Bureau.			Vicaire	1 à 540	540
Directeur	1 à 2500 (900)	3,400	Sage-femme	1 à 300	300
Teneur de livres	1 à 1400 (210)	1,610	Médecins provisoires	3 à 800, 6 à 550	5,700
Contrôleur	1 à 1000 (150)	1,150			
Inspecteur	1 à 1500 (225)	1,725	b) Bureau.		
Caissier	1 à 800 (120)	920	Intendant	1* à 1200 (300)	1,500
Magasiniers	1* à 800 1 à 980	1,778	Contrôleur	1* à 900 (200)	1,100
Employé	1* à 600 (90)	690	Employés	1 à 900 (150), 2* à 700. 3 à 700 (150), 5 à 600 (150)	8,750
Ecrivains à la journée	3 à 1825	5,475	Magasiniers	1 à 700 (150), 1 à 600 (150)	1,600
Garçon de bureau	1 à 360 (108)	468	Ecrivains à la journée	6 à 550	3,300
b) Établissement.					
Machiniste	1 à 960, 1 à 620 (93)	1,673	c) Domestiques.		
Chauffeurs	2 à 540	1,080	Inspecteur	1* à 450	450
Inspecteur	1 à 793.50, 1 à 657, 1 à 500 (295). 3* à 500, 1 à 500 (75) 2 à 620	5.560	Portier	1* à 360	360
Garçon de bureau	1 à 360 (54)	414	Garçon de bureau	1* à 360	360
			» d'anatomie	2* à 300	600
c) Aqueduc de Bude.			Blanchisseurs	2* à 300	600
Machiniste	1 à 500 (550)	1,050	Garçon de bain	1 à 300	300
Chauffeur	1 à 352.80 (142.20)	493	Domestiques	4* à 240, 7 à 300	3,060
Inspecteur de puits	1 à 360 (72)	432	Gardes-malades	40 à 300. 47 à 240	23,280
29. Hôpitaux.			Hôpital de St. Jean.		
Hôpital de St. Roch.			Directeur	1 à 800 (400)	1,200
a) Médecins.			Médecins de section	1 à 800 (200)	1,000
Directeur	1 à 2400	2,400	Médecins	3 à 400, 1 à 300	1,500
Médecins de section	9 à 800 (240)	9,360	Sage-femme	1 à 200	200
Prosecteur	1 à 800 (240)	1,040			

Nom de la place occupée	Chiffres des personnes qui occupent la place, leur traitement annuel (et indemnité)	Dépense totale
Chef de bureau	1 à 1200 (200)	1,400
Contrôleur	1 à 700 (100)	800
Employé	1 à 500 (75)	575
Ecrivains à la journée	2 à 550	1,100
Garçon de bureau	1 à 240 (96)	336
Portier	1 à 144 (60)	204
Gardes-malades	16 à 144	2,304
Domestiques	2 à 144	288
Blanchisseuses	4 à 360	1,440
Hôpital de Vieux-Bude.		
Chirurgien	1 à 200	200
Intendant	1 à 280 (280)	560
30. Maison des pauvres.		
Intendant	1* à 800 (200)	1,000
Contrôleur	1 à 600 (220)	820
Médecin	1 à 400 (120)	520
Ecrivains à la journée	2 à 550	1,100
Inspecteurs	1* à 400, 1* à 360, 1* à 150 (inspectrice)	760
Catéchistes	1 à 80	80
Organiste	1 à 60	60
Domestique	1 à 48	48
31. Maison des travaux forcés.		
Intendant	1* à 1000 (200)	1,200
Contrôleur	1 à 800 (360)	1,160

Nom de la place occupée	Chiffres des personnes qui occupent la place, leur traitement annuel (et indemnité)	Dépense totale
Médecin	1 à 550	550
Conducteur des travaux	1 à 840	840
Inspecteur de maison	1* à 400	400
» des travaux	1* à 360 (100), 1 à 200 (50) (inspectrice)	750
Employé	1* à 360	360
Domestique	1* à 360	360
Troupe	1 Sergeant à 350 (48), 16 gardes à 300 (60)	4,158
32. Maison d'orphelins.		
Directeur	1 à 900 (220)	1,120
Professeurs	1 de dessin à 200, 1 professeur de gymnastique à 60	280
Inspecteurs	2* à 180, 1* à 160	520
Portier	1* à 50	50
33. Maison d'orphelines.		
Directrice	1* à 500	500
Intendant	1* à 300	300
Maîtres	1* d'ouvrage manuel à 300, 1 catéchiste à 50 (50)	400
Jardinier (portier)	1* à 300	300
34. Bureau d'étalonnement.		
Directeur	1* à 1200 (300)	1,500
Contrôleur	1* à 1000 (300)	1,300
Collaborateurs	1 à 1000 (500), 1 à 800 (340), 1 à 600 (280), 1 à 600 (390), 1 à 400 (200), 1 à 300	5,410
Écrivains à la journée	9 à 547	4,923
Domestiques	1* à 360 (60), 1 à 300	720

Nom de la place occupée	Chiffres des personnes qui occupent la place, leur traitement annuel (et indemnité)	Dépense totale	Nom de la place occupée	Chiffres des personnes qui occupent la place, leur traitement annuel (et indemnité)	Dépense totale
35. Cultes.			Orchestre	16 directeurs et chanteurs 2,661 orchestre 1,150	3,811
			Sacristains	1* à 120, 1* à 104	224
Curés catholiques .	2* à 1260, 1,* à 1050 5* à 630, 1 à 525, 1* à 840, 1* à 945	9,030	**36. Administration d'or-phelins.**		
			Membre du conseil *) . .	4 à 2000 (400)	9,600
			Employé juris consulte . .	2 à 1350 (350), 1 à 900 (200) . . .	5,480
			Apprenti	2 à 600	1,200
Vicaires catholiques .	1* à 500, 23* à 300 (126), 1* à 210 (63), 7* à 210 (168), 2* à 200 (120)	13,857	Bureau	1 à 1050 (250), 2 à 800 (150), 4 à 600 (150) 2 écriv. à la journée	7,534
			Garçon de bureau . . .	2 à 480 (120), 2 à 420 (120)	2,280
Curé réformé . . .	1 à 109	109	*) Le chef, membre du conseil adm., à 2500 (800) et 2 sécretaires à 2000 (400) se trouvent dans l'état dudit conseil.		

Récapitulation.

	Nombre des personnes	Dépense totale en flor. d'Autriche		Nombre des personnes	Dépense totale en flor. d'Autriche
1. Conseil administratif	72	100,617	20. Écoles réales	60	63,880
2. Arrondissements	132	76,564	21. Écoles normales supérieures . .	81	84,150
3. Greffe	10	9,701	22. Écoles primaires	478	282,843
4. Expédition	32	21,475	23. Écoles des adultes	86	13,760
5. Archives	9	9,640	24. Écoles de dessin	24	20,120
6. Bureau de litige	14	16,410	25. Inspection des halles et foires .	46	37,947
7. Bureau de statistique . . .	6	7,820	26. Abattoir et marché au bétail . .	26	19,205
8. Comptabilité	38	51,300	27. Corps de pompiers	68	31,880
9. Comptabilité des impôts . .	77	64,504	28. Aqueduc	29	27,920
10. Caisse d'impôt	18	23,340	29. Hôpitaux	204	86,237
11. Bureau de l'encaissement des im-pôts	94	65,010	30. Maison des pauvres	11	4,308
			31. Maison des travaux forcés . .	26	9,778
12. Bureau des ingénieurs . . .	49	67,990	32. Maison d'orphelins	7	1,970
13. Caisse munipale	17	19,175	33. Maison d'orphelines	5	1,500
14. Caisse des dépôts	8	9,540	34. Bureau d'étalonnement . . .	19	13,853
15. Caisse des biens d'orphelins . .	6	7,340	35. Cultes	64	27,031
16. Bureau de recrutement et de loge-ment de soldat	35	26,517	36. Administration d'orphelins .	23	25,914
17. Bains chauds (Rudasfürdö) . .	5	3,240	Total . .	1,997	1.414,936
18. Bureau d'économie	52	27,427			
19. Service de santé	66	55,030			

Statistique des Finances

de la Ville de

VIENNE (WIEN)

pour les années 1865—1874.

POPULATION. 1865 : 550,241. — 1874 : 670,200.

Dans les comptes annuels se trouvent aussi outre les comptes du service communal proprement dit les comptes des trois grandes fondations : Bürgerspitalfond, Bürgerladfond et Versorgungsfond, parceque, bienque ces fondations soient administrées séparément, ils composent à raison du statut communal une partie intégrante de l'administration de la fortune communale. Dans l'état de fortune nous avons présenté ces trois fondations separément pour qu'on puisse en faire la distinction.

Table des matières.

		P ag.
Recettes 1865 - 1874	(Tableau 1)	63
Dépenses 1865—1874	(Tableau 2)	64
Bilan des recettes et des dépenses 1865—1874	(Tableau 3)	65
Détail des revenus 1865—1874	(Tableau 4)	66
Détail des dépenses 1864—1874	(Tableau 5)	69
Annexe aux comptes annuels:		
Impôts directs		71
„ indirects		72
Vente d'actifs		—
Subsides		--
Instruction publique		73
Hôpitaux		--
Éclairage		--
Impôts directs de l'état et centimes additionnels	(Tableau 6)	74
Octroi et consommation en 1874	(Tableau 7)	75
État de fortune à la fin de 1874	(Tableau 8)	77
Dette consolidée à la fin de 1874	(Tableau 9)	78
État du personnel	(Tableau 10)	79

Bibliographie.

FERDINAND SCHMIDT. Beiträge zur Statistik der Besteuerungs- und Finanz-Verhältnisse der Stadt Wien. (Vienne 1864.)

DR CAJETAN FELDER. Die Gemeindeverwaltung der Reichs-, Haupt- und Residenzstadt Wien in den Jahren 1867—1870. (Vienne 1871.)

» » Die Gemeindeverwaltung der Reichs-, Haupt- und Residenzstadt Wien in den Jahren 1871—1873. (Vienne 1874.)

1. Recettes de la ville de VIENNE

de 1865 à 1874.

	1865	1866	1867	1868	1869	1870	1871	1872	1873	1874
	Francs									
Total des recettes	26.069,622	32.594,825	38.933,486	22.766,687	37.250,206	24.937,921	38.688,835	51.449,932	70.947,945	78.948,519
dont recettes extraordinaires	8.267,303	13.718,661	20.329,410	3.938,576	17.663,636	4.179,672	16.001,342	25.315,333	41.997,914	43.097,207

Spécification des recettes :

	1865	1866	1867	1868	1869	1870	1871	1872	1873	1874
1. Impôts directs	7.659,696	7.498,734	8.445,032	8.437,245	8.091,053	8.560,810	10.187,973	11.825,574	13.662,824	21.748,967
2. Impôts indirects	3.433,799	3.593,486	3.539,248	3.840,059	4.422,630	4.509,887	5.037,747	6.221,182	6.439,572	5.667,257
3. Produit de la fortune immobilière	2.461,153	2.497,632	2.607,881	2.540,209	2.666,642	2.839,686	2.978,355	3.157,533	3.748,660	3.714,304
4. Produit de la fortune mobilière	1.728,095	1.503,488	1.482,336	1.461,018	1.626,460	2.082,718	1.625,879	1.536,350	1.352,292	1.150,734
5. Excédant des entreprises indépendantes	490,668	457,668	455,061	414,265	434,120	98,110	55,028	76,222	90,432	64,287
6. Recettes provenant de la location des places publiques et des eaux.	31,507	29,217	41,098	64,487	133,657	115,808	189,243	396,980	287,953	285,610
7. Recettes provenant de la vente d'actifs	4.778,238	7.253,974	6.311,025	1.517,888	4.180,293	2.704,957	4.451,253	3.537,118	18.786,665	3.161,774
8. Recettes provenant d'emprunts	2.354,615	5.182,357	12.720,641	1.752,500	12.956,575	7,300	10.283,142	20.607,561	21.936,325	38.122,829
9. Recettes provenant de subsides et de dons	459,195	474,346	451,759	457,279	450,442	465,627	537,633	474,350	475,910	427,557
10. Recettes de la police	670,177	768,745	728,942	731,958	846,735	1.025,442	1.184,516	1.299,565	1.404,087	1.593,384
11. Taxes du passage des militaires	48,016	1.297,770	147,761	165,842	94,888	107,074	83,058	79,117	73,717	70,793
12. Amendes	80,720	57,823	58,815	62,305	74,972	78,963	102,627	169,781	177,231	153,924
13. Taxes administratives	123,207	120,516	133,382	143,075	194,376	206,691	207,199	265,412	282,825	299,978
14. Taxes scolaires	205,667	175,262	209,823	211,196	218,127	318,845	151,894	127,372	134,006	121,655

2. Dépenses de la ville de VIENNE

de 1865 à 1874.

	1865	1866	1867	1868	1869	1870	1871	1872	1873	1874
	Francs									
Total des dépenses	27.021,261	29.501,927	34.875,278	22.514,813	26.524,563	30.757,295	40.195,262	51.230,731	76.604,198	67.416,973
dont dépenses extraordinaires	10.534,584	11.290,736	19.108,872	5.671,780	9.506,986	12.349,191	20.216,654	25.180,209	44.448,112	36.425,024

Spécification des dépenses:

	1865	1866	1867	1868	1869	1870	1871	1872	1873	1874
1. Police	2.800,182	2.613,046	2.436,097	2.401,314	2.683,695	7.324,895	15.126,594	15.899,274	18.873,017	9.701,113
dont police de sûreté . . .	615,893	869,468	749,443	773,083	827,340	1.002,105	1.187,543	1.439,323	1.390,735	1.929,630
2. Nettoyage et arrosage des rues	1.203,431	938,220	1.068,827	1.025,519	980,512	1.230,431	1.510,610	1.948,815	2.736,605	2.730,002
3. Entretien des écoles (sans frais de construction).	1.224,966	1.432,631	1.508,819	1.549,939	1.703,276	1.969,030	2.548,052	3.532,991	4.390,820	4.556,464
4. Voies de communication (chaussées, ponts, etc.)	2.899,402	3.316,002	1.084,553	1.387,429	3.050,042	1.391,638	2.799,451	7.023,636	5.667,038	3.017,840
5. Assistance publique . .	3.940,198	4.025,889	4.098,311	4.216,102	4.199,951	4.251,570	4.482,743	4.511,153	4.838,421	5.045,986
6. Frais des hôpitaux (sans frais de construction).	325,869	345,598	315,105	316,495	350,160	366,990	381,518	619,665	899,478	583,924
7. Éclairage	865,109	908,757	920,626	935,188	939,560	966,972	784,345	946,227	1.089,445	1.070,164
8. Déficit des entreprises indépendantes	3,550	23,760	39,160	65,010	43,150	56,350	58,040	101,260	117,100	2,600
9. Acquisition d'actifs . . .	4.753,259	2.628,248	8.891,573	3.865,727	5.384,453	5.265,090	4.645,477	5.151,310	22.492,932	4.752,497
10. Intérêts et amortissement des dettes	3.272,936	4.867,279	9.072,643	1.187,978	1.536,493	1.784,963	1.624,543	3.317,378	5.510,410	26.313,389
11. Frais d'administration .	2.629,647	2.600,239	2.586,863	2.675,786	2.837,145	2.935,740	3.209,095	3.659,548	4.152,245	4.184,258
12. Entretien de la fortune.	946,026	919,688	854,722	862,074	880,784	899,788	869,747	988,109	950,159	994,165
13. Quote-part de la dette pour la régularisation du cours de la Danube	—	—	—	—	—	—	112,475	430,687	512,148	832,125
14. Frais de logement des soldats	140,821	2.892,497	641,928	503,857	189,682	306,198	295,309	281,623	348,767	267,968
15. Mesures prises contre les épidémies.	6,459	76,502	—	1,113	463	—	20,106	212,632	802,292	2,781
16. Parcs	111,852	214,525	130,921	308,255	236,834	167,903	170,955	622,137	304,018	196,061
17. Corps des pompiers . .	272,848	290,184	284,643	277,266	286,601	353,915	353,140	374,662	428,350	443,204
18. Frais de culte (sans frais de construction) . . .	87,882	82,371	89,975	88,834	93,558	94,161	102,868	70,166	70,096	70,871

3. Bilan des recettes et des dépenses de 1865—1874.

	1865	1866	1867	1868	1869	1870	1871	1872	1873	1874
Compte ordinaire.										
Recettes ordinaires	17.802,319	18.876,164	18.604,076	18.828,111	19.586,570	20.758,249	22.687,493	26.134,599	28.950,031	35.851,312
Dépenses ordinaires . . .	16.486,677	18.211,191	15.766,406	16.843.033	17.017,577	18.408,104	19.978,608	26.050,522	32.156,086	30.991,949
Surplus (+) ou déficit (−) .	+1.315,642	+ 664,973	+2.837,670	+1.985,078	+2.568,993	+2.350,145	+2.708,885	+ 084,077	−3.206,055	+4.859,363
Compte extraordinaire.										
Recettes extraordinaires .	8.267,303	13.718,661	20.329,410	3.938,576	17.663,636	4.179,672	16.001,342	25.315,333	41.997,914	43.097,207
Dépenses extraordinaires .	10.534,584	11.290,736	19.108,872	5.671,780	9.506,986	12.349,191	20. 16,654	25.180,209	44.448,112	36.425,024
Surplus (+) ou déficit) (−) .	−2.267,281	+2.427,925	+1.220,538	−1.733,204	+8.156,650	−8.169,519	−4.215,312	+ 135,124	−2.450,198	+6.672.183
Compte général.										
Recettes totales	26.069,622	32.594,825	38.933,486	22.766,687	37.250,206	24.937,921	38.688,835	51.449,932	70.947,945	78.948,519
Dépenses totales	27.021,261	29.501,927	34.875,278	22.514,813	26.524,563	30.757,295	40.195,262	51.230,731	76.604,198	67.416,973
Surplus (+) ou déficit (−) .	− 951,639	+3.092,898	+4.058,208	+ 251,874	+10725643	−5.819,374	−1.506,427	+ 219,201	−5.656,253	+11531546

4. Détails des Revenus.

(En florins d'Autriche = 2¹/₂ francs.)

	1865	1866	1867	1868	1869	1870	1871	1872	1873	1874
ad 1) Impôts directs.										
Centimes additionnels sur le loyer	1.267,004	1.265,086	1.277,420	1.283,481	1.317,992	1.378,481	1.484,856	1.652,169	1.865,479	3.754,196
» » l'impôt des maisons	1.180,596	1.074,271	1.075,604	1.071,820	1.068,380	1.096,768	1.216,120	1.319,082	1.571,706	2.306,564
» » » person.(Pers.-Erw.-St.)	162,350	158,900	164,660	158,100	164,300	170,802	169,342	181,660	200,519	288,270
» » » sur le revenu (Eink.St.)	416,270	464,700	547,920	536,010	514,925	602,383	655,539	962,034	754,574	965,613
» » pour le fonds d'instruction	—	—	—	—	—	—	360,078	405,247	924,693	1.215,113
» » sur le loyer pour le logement des soldats	33,145	32,076	308,143	321,143	166.837	171,122	185,008	205,967	144,468	163,722
ad 2) Impôts indirects.										
Octroi	1.089,623	1.100,041	1.020,970	1.122,239	1.256,830	1.338,795	1.419,837	1.558,768	1.697,978	1.379,005
Cent. add. sur les taxes de transcription d'immeubles	—	10,156	63,441	84,273	112,431	96,723	110,696	272,584	384,060	196,109
Impôts sur les chiens	—	—	—	—	70,262	80,818	81,215	81,063	80,763	78,136
» » l'héritage	170,520	231,082	247,857	229,791	217,673	190,897	285,308	405,673	270,083	482,823
Taxe des voitures publiques	45,786	38,389	39,292	60,208	71,840	68,366	81,477	105,411	108,656	101,682
ad 3) Produit de la fortune immobilière.										
Loyers effectifs	245,617	212,459	246,822	219,604	227,534	267,465	283,732	274,150	305,576	312,285
Loyers fictifs (constants)	270,796	305,487	313,975	318,320	310,656	329,780	350,585	381,542	392,169	418,940
Loyer des maisons du Bürgerlad-Fond	10,457	9,502	10,664	9,898	9,878	10,667	11,730	11,591	14,262	14,738
Loyer des maisons du Bürgerspitalfond	236,215	230,325	252,190	247,681	265,833	271,569	285,100	293,174	452,580	411,318
Fermage des terres du Bürgerspitalfond	55,500	46,474	58,074	56,594	53,683	40,360	40,872	43,524	51,913	48,103

	1865	1866	1867	1868	1869	1870	1871	1872	1873	1874
ad 4) Produit de la fortune mobilière.										
Intérêt des obligations d'état	433,983	328,584	250,023	102,393	127,079	117,385	101,339	87,652	34,603	19.747
Intérêt des capitaux du Versorgungsfond	94,254	96,835	95,934	88,363	77,378	82,715	61,055	18,332	18,723	18.651
Intérêt des capitaux du Bürgerladfonds	13,351	13,829	14,162	13,730	11,829	13,371	13,602	11,310	11,253	11,253
Intérêt des capitaux du Bürgerspitalfond	98,729	100,194	100,129	101,973	73,211	141,881	141,928	170,374	159,317	158,220
ad 5) Excédant des entreprises indépendantes.										
Produit des loteries en faveur des pauvres	37,578	28.803	25,532	34,431	32,785	21,685	19,540	25,443	34,173	20.636
Revenu de la »Fleischcassa«	154,479	150,520	152,221	127,395	136,620	13.691	—	—	—	—
ad 6) Vente d'actifs.										
Vente des terrains achetés pour rues	67,206	201,127	54,360	40,868	71,550	69,046	75,951	103,643	267,863	233,598
Terrains vendus	44,211	873,342	354,537	144,629	74.479	86,630	202,041	32,258	247,909	268,251
Actifs vendus	1.380,047	1.529,027	1.438,878	28,169	11.400	122,560	120,849	691,397	641,631	104,860
Vente des obligations de l'emprunt de 25 mil.	—	—	—	—	185,880	203,880	203,880	113,093	14,761	41,662
» » » du Versorgungsfond	—	—	153,500	60,018	304	465	661,236	1,000	—	71.750
» » terrains » »	—	—	—	—	357,800	—	1,021	100,580	31	—
» » » » Bürgerspitalfond	9,030	15,201	28,994	26,655	629,312	542,752	159,535	214,535	4.854,651	229.888
» » papiers » »	110,000	122,443	255,641	73,520	144.426	93	127	14	—	—
Vente des chèques de banque	300,800	160,450	238,500	233,295	196,965	56,556	355,860	158,325	1.487,820	314,700
ad 7) Emprunts.										
Emprunts de 25 millions	—	—	4.500,000	—	5.097,080	2,920	4.038,090	8.019,410	—	—
» » 10 »	—	—	—	—	—	—	—	—	—	9.500,000
» » 30 »	—	—	—	—	—	—	—	—	—	5.740,800
Dette flottante	900,000	2.060,000	584,500	—	—	—	—	213,639	8.609,800	—
Autres capitaux passifs	41,846	12,943	3,756	701,000	85,550	—	75,167	9,975	164,730	8,331

	1865	1866	1867	1868	1869	1870	1871	1872	1873	1874
ad 8) Subsides.										
Quote-part de la province pour l'entretien des chaussées traversant la ville	68,750	75,000	75,000	81,250	68,750	81,250	68,750	81,250	75,000	75,000
Produit des quêtes en faveur des pauvres . . .	65,145	68,803	64,695	64,101	65,945	65,071	66,523	68,830	70,735	47,074
ad 9) Recettes de la police.										
Revenus de la police des foires	127,845	158,623	152,228	149,468	169,019	219,038	266,604	300,816	338,782	368,427
dont: taxes d'abattoirs	69,440	71,068	63,421	64,947	64,856	66,591	66,350	71,793	79,691	73,470
taxes de marché affermées . . .	14,923	25,619	25,243	29,038	54,751	63,320	66,735	50,664	46,591	42,491
» » » non affermées .	41,166	47,308	45,223	40,504	30,690	68,725	98,656	131,402	159,047	194,017
Revenus de la police de santé	40,667	46,a64	34,335	42,586	57,531	85,530	82,601	89,052	98,644	89,354
dont: taxes des fosses	28,912	34,012	26,544	28,849	47,211	75,997	70,292	77,583	86,364	78,323
Amendes	32,288	23,129	23,526	24,922	29,989	31,585	41,051	67,913	70,892	61,570
ad 10) Taxes scolaires.										
Taxes scolaires des écoles moyennes et du séminaire	10,175	13,559	23,074	20,687	22,473	34,835	46,235	48,899	49,897	48,319
» » » » primaires	72,092	55,346	60,855	63,792	64,778	92,703	14,523	2,050	3,706	348

5. Détails des Dépenses.

(En florins d'Autriche = 2¹/₂ francs.)

	1865	1866	1867	1868	1869	1870	1871	1872	1873	1874
ad 1) Police.										
Dans les dépenses de la police de sûreté sont comprises les sommes suivantes payées à l'état pour le service de police	257,000	337,000	288,564	297,000	318,665	385,333	457,000	557,020	534,690	749,396
En outre sont compris sous cette rubrique :										
Entretien des égouts	63,789	46.795	30,869	43,469	39,259	39,238	44,646	36,563	50,323	56,353
Nettoyage des égouts	49,630	49,112	80,398	93,500	77,082	75,053	75,835	102,696	111,761	111,839
Entretien des abattoirs	58,551	58,986	65,823	58,860	56,179	55,833	57,205	57,419	80,134	75,449
Construction des égouts	246,112	164,919	132,617	95,902	146,095	200,559	364,214	416,079	605,311	487,471
Construction du grande aqueduc	74,092	57,707	40,996	56,399	116,555	1.851,937	4.676,289	4.731,047	5.446,748	1.860,500
Nouvel embranchement de l'aqueduc Ferdinand	86,584	13,824	8,971	11,118	64,193	37,367	7,183	717	—	—
ad 2) Nettoyage et arrosage des rues.										
Nettoyage des rues	339,020	253,660	307,023	282,979	252,879	337,711	446,357	609,162	851,913	894,018
Arrosage » »	142,353	121,628	120,508	127,229	139,326	154,462	157,887	170,364	202,720	177,017
ad 3) Écoles.										
Dépenses pour écoles moyennes	121,705	138,732	146,511	148,869	162,938	174,732	214,260	250,934	305,358	304,927
» » » primaires	368,281	434,321	455,977	464,090	504,098	593,633	780,316	1.134,145	1.419,848	1.479,360
» » séminaires et pour écoles industr. *)	—	—	1.040	7,017	14,274	19,246	24,645	28,117	31,122	38,299
ad 4) Voies de communication.										
Entretien des voies de communication	155,080	142,483	165,745	192,875	140,273	167,336	212,269	506,175	658,944	329,639
Ponts	147,205	57,303	31,695	5,971	3,081	70,283	311,288	734,298	419,877	185,865
Pavage et construction des routes, achat de maisons et de terrains	687,872	1.122,212	234,898	352,254	1.069,777	319,036	596,223	1.568,981	1.187,995	691,632
ad 5) Assistance publique.										
Dépenses propres	36,306	36,789	34,775	37,594	41,181	47,055	51,062	54,076	57,302	48,533
» du Versorgungsfond	1.249,233	1.300,980	1.331,332	1.370,015	1.373,359	1.367,955	1.438,394	1.446,338	1.483,083	1.536,148
dont : Participation des bénéficiers	512,131	534,070	541,189	553,266	555,166	543,026	536,488	539,582	540,427	535,719
Secours aux pauvres	121,349	122,490	118,935	121,359	114,756	117,998	113,990	108,779	109,923	119,095

*) Pour les filles.

	1865	1866	1867	1868	1869	1870	1871	1872	1873	1874
Loyers	58,305	58,605	58,605	68,755	80,505	85,505	85,500	86,500	85,500	91,380
Aumônes	126,275	132,325	133,155	136,750	141,280	141,809	144,404	145,726	144,895	151,741
Distribution de pain	57,067	68,050	91,581	97,737	86,866	83,259	88,138	100,039	109,614	124,556
Dépenses du Bürgerladfond *)	38,561	28,782	29,087	26,662	23,931	21,682	18,933	17,473	13,412	12,130
Dépenses du Bürgerspitalfond	251,979	243,805	244,130	252,169	241,509	263,937	284,708	236,574	381,572	421,583
dont: Participation des bénéficiers hors de l'établissement	108,050	102,743	99,710	102,879	101,057	115,217	134,579	134,715	183,048	201,149
Participation des bénéficiers dans l'établissement	49,077	52,053	51,434	54,577	54,706	59,229	58,769	58,241	77,351	79,387
ad 9) Acquisition d'actifs.										
Construction des édifices communaux	1.011,004	572,151	317,287	133,399	95,679	91,845	98,743	557,082	737,154	274,918
» d'écoles	242,276	85,729	168,401	118,999	132,056	414,585	404,295	428,014	316,631	321,808
» d'églises	2,085	113,866	126,939	104,270	59,120	27,680	73,813	29,439	155,676	27,783
Établissement du cimetière central	—	—	—	—	879	477,409	30,572	89,238	59,356	120,999
Construction du marché centr. aux bestiaux et des halles	1.255,364	771,746	640,573	415,264	309,873	1.068,980	843,013	1.245,197	1.859,904	961,317
Achat d'immeubles	116,100	23,169	971,972	955,625	349,662	134,834	659,094	208,705	5.639,170	301,679
» d'obligations	529,840	256,384	1.944,085	175,402	1.494,246	902,222	356,084	606,622	1.498,098	638,006
ad 11) Frais d'administration.										
Arrondissements	35,750	28,518	28,671	33,778	35,527	37,340	41,737	35,381	83,932	36,587
Traitement des employés	481,936	508,626	518,279	530,114	536,392	576,453	649,689	732,128	783,949	788,163
Frais des bureaux	67,834	72,480	74,020	67,589	75,148	74,166	91,091	108,527	104,154	109,203
Loyer des bureaux	82,855	83,497	86,367	86,809	95,938	105,329	103,090	113,662	113,156	113,819
Supplément de cherté	36,527	11,901	—	40,283	62,363	6,928	5,548	69,264	179,926	193,164
Encaissement des impôts	76,843	77,468	76,267	77,609	80,709	86'807	105,312	114.399	124,453	123,977
Frais pour le logement des soldats et la conscription	48,178	38,691	37,413	32,888	46,774	74,874	56,814	55,110	55,032	55.599
ad 12) Dépenses en vue de la fortune.										
Impôts	199,480	205,969	185,040	185,277	192,431	196,310	213,042	233,466	182,567	245,235
Entretien des immeubles communaux	135,170	99,830	116,439	93,698	100,744	115,426	118,272	156,979	192,697	147,633
» de la fortune mobilière	43,760	62,076	40,409	65,584	59,138	48,179	16,483	4,799	4,799	4,797

*) Presque toute la somme représente la participation des bénéficiers.

Annexe aux comptes annuels.

Impôts directs.

Nous donnons dans le tableau Nr. 6 le montant des impôts directs de l'État, en y ajoutant les impôts additionnels de la commune.

Pour l'impôt foncier le nombre des contribuables était en 1874 de 3501.

Le nombre des maisons assujetties à l'impôt sur le revenu des maisons (Hauszinssteuer) était à la même époque de 10,600.

L'impôt sur le revenu (Einkommensteuer) se divise en 3 catégories:

I. Classe.

(Assiette 10 %/₀ du revenu.)

Montant de l'impôt	Nombre des		Montant de l'impôt	Nombre des	
	contribuables	exemptés		contribuables	exemptés
5 fl. *)	1,944	19,173	200	329	—
10	14,703	1,242	240	1	—
15	1	—	250	3	—
20	3,488	5	300	178	13
30	1,527	1	400	25	—
40	1,500	13	410	1	—
50	1,284	9	500	78	—
60	1,016	6	600	3	—
70	101	1	700	28	
80	311	1	800	1	—
100	1,045	18	1,000	29	—
110	1	—	1,100	—	1
120	18		1,500	110	7
150	346	8			
160	1	—	Total	28,073	20,698
180	1	—			

*) Dans cette catégorie l'impôt ne se paie que si le contribuable exerce encore une autre industrie assujettie à l'impôt.

II. Classe.

Assiette progressive de 1—10% de revenu:
    artistes, littéraires, médecins. . . .   891⎱
    employés . . . . 12,399⎰ 13,290

III. Classe. (Rentes.)

Assiette 5 %.

Nombre des contribuables : 1350.

Le centime additionnel des impôts de l'État était :
    1865—1873 : 24% pour l'impôt sur le loyer, 17% pour les autres impôts.
    1874 :   30% pour tous les impôts.
Le centime du loyer (Zinskreuzer) montait de 1865 à 1873 à 4 kr. ($= 4\%$ du loyer) en 1874 à 7 kr.

A partir du 1 janvier 1870, les taxes scolaires sont abolies et l'instruction dans les écoles primaires est gratuite. Au lieu des taxes scolaires on a imposé en 1871/72 : 1 kr., en 1873 : 2 kr. et en 1874 : $2^1/_4$ kr. sur chaque florin de loyer comme impôt communal.

L'impôt prélevé pour les frais du logement des soldats était
    de 1865—1866 $^1/_{10}$ %
    » 1867—1868   1   %
    » 1869—1872 $^5/_{10}$ %
    » 1873—1874 $^3/_{10}$ % du loyer.

Impôts indirects.

Nous donnons au tableau 7 les résultats de l'octroi et de la consommation de Vienne en 1874.

A partir de l'année 1866, la commune prélève 10 % d'augmentation sur les taxes reçues par l'état à l'occasion de transcription d'immeubles.

L'impôt sur les chiens existe depuis 1869 et monte à 10 francs par an.

Vente d'actifs.

En 1873, on a vendu trois maisons appartenant à la fondation du Bürgerspital pour 10.000,000 de francs. La fondation reçut en échange 14 maisons au Schottenring pour le prix de 12.500,000 francs.

Subsides.

La caisse de la province (Niederösterreich) subvient pour l'entretien des grandes routes qui traversent le territoire de la ville 187,500 francs par an.

Les chemins de l'état qui se trouvent à l'intérieur de la barrière d'octroi ont été transmis à la propriété de la commune le 21 mai 1874. L'état concourt à l'entretien de ces chemins pour 425,000 francs par an, mais tous les frais d'entretien, de nettoyage, etc. regardent maintenant la commune.

Instruction publique.

Depuis 1870 l'enseignement des écoles primaires est gratuit. La taxe monte dans les écoles moyennes à 60 francs pour les classes inférieures, et 75 francs pour les classes supérieures.

Les écoles moyennes étaient fréquentées en 1874 par 2117 élèves, dont 424 étaient exemptés du paiement. La gratuité dans ces écoles est accordée aux élèves pauvres qui s'en montrent dignes.

Il y avait en 1874 : 99 écoles primaires et Bürgerschulen, contenant 621 classes en 754 sections. Le nombre des écoliers était :

dans les écoles primaires de 18,563 garçons; et de 19,149 filles;

dans les Bürgerschulen » 5,423 » » » 4,678 »

ainsi, en somme de 47,813 élèves.

Hôpitaux.

Les hôpitaux communaux ont reçu comme frais d'alimentation

en 1872   63,986 francs
» 1873   129,838   »
» 1874   55,786   »

Éclairage.

L'éclairage public est confié à l'Imperial Continental Gas Association.

6. Impôts directs de l'État et centimes additionnels à VIENNE.

En 1874.

(En francs.)

	Impôt foncier	Impôt du revenu sur les maisons (*Hauszinssteuer*)	Impôt du revenu sur autres propriétés	Autre impôt sur le revenu	Erwerbsteuer	Total
Impôt d'état	47,500	14.943,250	1.826,250	8.584,000	2.742,624	28.143,624
Supplément extraordinaire	1,200	3.737,750	—	8.451,250	2.564,250	14.754,450
Supplément de la province	12,116	4.400,823	352,646	2.304,692	676.872	7.747,149
Impôts communaux — Centimes sur le loyer (*Zinskreuzer*)	—	9.385,490		—	—	9.385,490
Impôts communaux — Centimes additionnel communaux	13,750	5.766,411		2.414,000	720,675	8.914,836
Impôts communaux — Supplément pour le fond des écoles	—	3.037.783		—	—	3.037,783
Impôts communaux — Supplément pour le logement des soldats	—	409,315		—	—	409,315
Supplément pour la garde de nuit	—	62,750		—	—	62,750
Supplément pour la chambre du commerce	—			—	97,250	97.250
Supplément pour l'école des métiers	—			—	114,000	114,000
Totaux	74.566	43.922,468		21.753,942	6.915,671	72.666,647

(21.747,421)

7. Octroi et consommation en 1874.

Spécification des objets imposables	Octroi de l'Etat (et centime add. de la commune) en francs	Mesure en système métrique	Quantité con-sommée	Recette des impôts en francs	
				pour l'État	pour la commune
a) Boissons.					
1. Vin, Moût.					
Vin par hectolitre	10,60 (1,95)	Hectolitre	220,557	2.806,223	428,728
Moût et marc par hectolitre. . .	7,07 (1,45)	»	25,665	217,695	37,415
2. Cidre par hectolitre	3,17 (0,77)	»	8	33	8
3. Bière. par hectolitre					
payé par les importeurs . .	3,50 (1,02)	»	814.300	3.626,210	827,407
» » » brasseurs . . .		»'	316,730	3.486,097	321,830
4. Eau-de-vie par hectolitre . . .	2,77	»	45,000	574,492	125,000
5. Autres boissons.					
Vinaigre par hectolitre . . .	1,55 (0,40)	»	5,853	10,860	2,327
Hydromel par hectolitre . . .	3,10 (6,66)	»	2	10	15
b) Comestibles.					
6. Bétail, Viande (sous diverses formes) poissons, crustacés, bêtes de boucherie					
Boeufs, taureaux, vaches, veaux au dessus d'un an	19,69 (2,26)	pièces	102.110	2.412,348	268,040
Veaux jusqu'à l'âge d'un an . .	3,50 (0,70)	»	137,388	577,032	96,173
» » » » » importés du Tyrol à Vienne	3,15 (0,70)	»	1,050	3,308	735
Moutons, béliers, chèvres, boucs .	1,31 (0,31)	»	45,812	72,155	14,315
Agneaux jusqu'à 18 kilogr. cabris, cochons de lait	0,88 (0,17)	»	40,904	42,950	7,157
Cochons de 15—19 ½ kilogr.. .	1,51 (0,52)	»	6,297	19,837	3,305
» au-delà de 19½ kilogr. sans distinction	5,25 (1,05)	»	152,096	958,208	159,700
Viande de boeuf fraîche par 100 kilogr.	6,88 (0,92)	100 kilogr.	84,321	695,652	79,053
Autre viande fraîche et fumée p. 100kil.	12,22 (3,07)	»	18,209	268,258	56,090
Volaille par pièce	0,26 (0,07)	pièces	436,344	137,448	32,725
Poules et pigeons par paires .	0,08 (0,05)	paires	630,284	66,180	31,512
Gibier, cerfs	5,25 (1,31)	pièces	1,358	8,555	1,780
Sangliers de 17 kilog. et au-delà, daims	3,94 (1,05)	»	692	3,270	728
Chevreuils et chamois	1,31 (0,33)	»	7,173	10,803	2,420
Lièvres	0,26 (0,07)	»	121,746	38,350	9,130
Bêtes fauves et noires par 100 kilogr.	9,37 (2,35)	100 kilogr.	70	787	165
Menu gibier par pièce	0,52 (0,13)	pièces	14,461	9,110	1,988
Autre gibier par pièce.	0,26 (0,07)	»	4,182	1,317	313
Perdrix et pigeons à collier . .	0,13 (0,04)	»	64,731	10 682	2,428
Bécasses	0,09 (0,02)	»	1,524	160	38
Grives et petis oiseaux par douzaine	0,09 (0,05)	douzaine	1,905	200	95
Poissons par 100 kilogr.	9,37 (2,35)	100 kilogr.	7,081	79,668	16,597
Grenouilles, huîtres, écrevisses, etc. par 100 kilogr.	3,12 (0,77)	»	4,392	16,470	3,432
7. Blés et légumes riz, farine, pain, pâtisseries.					
Riz par 100 kilogr..	9,37 (2,35)	100 kilogr.	9,611	108,125	22,528
Farine et Farineux par 100 kilogr. .	1,55 (0,40)	»	620,397	1.151,458	249,268

10*

Spécification des objets imposables	Octroi de l'État (et centime add. de la commune) en francs	Mesure en système métrique	Quantité con-sommée	Recette des impôts en francs pour l'État	pour la commune
. Blés, seigles, etc. par 100 kilogr. .	1,17 (0,30)	100 kilogr.	23,812	33,805	7,440
Légumes par 100 kilogr.	1,40 (0,35)	»	17,039	28,752	6,085
Avoine par 100 kilogr..	1,25 (0,40)	»	274,714	412,070	110,375
Foin par 100 kilogr.	0,47 (0,15)	»	133,525	75,108	20,862
Paille hachée, son par 100 kilogr. .	0,47 (0,25)	»	88,816	47,146	20,580
8. Sucre, sirop, miel et autres pro-duits sucrés		»	736	2,345	493
9. Thé 10. Café. 11. Lait. 12. Sel.		– ·	—	—	—
13. Autres comestibles.					
Légumes et comestibles de cuisine .	0,93 (0,25)	100 kilogr.	33,874	38,108	8,318
» frais par 100 kilogr. . . .	1,40 (0,35)	»	184,933	312,072	66,047
Fruits secs et confitures par 100 kilogr.	2,80 (0,72)	»	8,489	28,653	6,065
Beurre frais, salé, et graisse d'oie par 100 kilogr.	9,37 (2,35)	»	22,400	252,000	52,500
Graisse de porc et moëlle . . .	6,25 (1,55)	»	21,233	159,245	33.178
Fromage par 100 kilogr. . . .	7,02 (1,77)	»	14,370	121,245	25,340
Oeufs par cent	0,26 (0,07)	100 pièces	613,715	193,317	46,027
c) Autres objets.					
14. Objets d'éclairage.					
Chandelle par 100 kilogr. . . .	9,37 (2,35)	100 kilogr.	8,369	94,145	19,615
Bougies par 100 kilogr. . . .	11,72 (3,90)	»	4,891	22,925	11,463
Cire et ses produits par 100 kilogr.	11,72 (3,90)	»	725	10,190	2,830
Huile de chenevis, de lin et de colza	3,90 (0,47)	»	12,940	60,655	12,710
Autres huiles par 100 kilogr. . .	7,80 (1,79)	»	44,647	418,562	87,697
Graines oléagineuses par 100 kilogr.	1,97 (0,50)	»	1,873	4,415	920
15. Houilles par 100 kilogr. . . .	0,09 (0,02)	»	3.099,080	332,043	69,175
16. Bois de construction		– —	—	—	—
17. Pierres, briques, ardoises et autres tuiles et débris de marbre *) .		1000 pièces	11,708	47,945	10,097
Schistes		100 kilogr.	141	52	13
Pierres de construction et autres .		cubique mêt.	12,010	19,970	4,160
Dalles		100 pièces	770	970	203
Chaux		—	4,840	4,575	967
Gypse (excepté le gypse d'engrais) .		100 kilogr.	6,628	2,485	592
Grès		—	56,873	11,943	2,843
18. Tabac		—	—	—	—
19. Bois de chauffage par mètre cube	0,32 (0,17)	cubique mêt.	488,912	188,182	80,650
20. Objets divers.					
Paille par 100 kilogr.		100 kilogr.	88,816	47,146	20,580
Savon commun, parfumé et glycérine par 100 kilogr.	1,21 (3,25)	»	1,400	20,360	4,250
Huile de poisson par 100 kilogr. .	0,30 (0,10)	»	2,397	900	215
Charbon de bois par 100 kilogr. .	0,30 (0,15)	»	37,995	14,248	5,938
				20.419,528	3.540,674

*) Annotation relative à la 17 position. Par la loi du 16 mars 1874 l'impôt de consom-mation fut aboli pour les objets suivants: matériaux de construction, comme : briques, ardoises, tuiles, débris de marbre, pierres de construction et autres, pavés, grès, chaux et gypse.

8. Exposé de l'état de fortune de la ville de VIENNE d'après le compte définitif de 1874.

(En francs.)

		En somme	Dont		
			Versorgungs-fond	Bürgerlade-fond	Bürgerspital-fond
	I. Actif:				
1	Valeurs effectives	972,465	113,790	57,014	95,277
2	Capitaux placés	18.697,500	—	—	2.797,500
3	Valeur des propriétés : (valeur évaluée)				
	a) Bâtiments servant à l'administration et aux écoles	39.778,550	4.801,000	—	1.815,090
	b) Maisons d'habitation appartenant à la commune	26.477,778	447,500	387,900	14.163.588
	c) Terrains communaux	7.566,144	—	—	2.359,055
	d) Domaines avec tout ce qui s'y trouve (fundus instructus)	2.747,500	1.997,500	—	750,000
	e) Autres propriétés	6.219,925	—	—	—
	Total.	82.789,897	7.246,000	387,900	19.087,733
4	Papiers de valeur	13.247,405	1.674,277	475,808	4.007,988
5	Valeurs mobilières	3.497,014	1.043,500	—	231,889
6	Créances	1.260,942	—	—	663,392
7	Autres objets actifs *)	53.590,170	457,070	608	414,717
	Total	174.055,393	10.534.637	921,330	27.298.496
	II. Passif:				
1	Dette consolidée (emprunts à titres)	100,925,000	—	—	—
2	Capitaux passifs	4.341,597	57,543	—	—
3	Autres sommes passives	2.048,745	46,489	267	84,442
	Total	107.315,342	104,032	267	84,442
	Bilan:				
	Total de l'actif	174.055,393	—	—	—
	Total du passif	107.315,342	—	—	—
	Fortune active	66.740,051	—	—	—

*) Comme : aqueducs valeur 47.6 millions de francs ; bains 1.46 millions de francs ; la commune possède outre cela une bibliothèque et un musée d'armes.

9. Exposé de la dette consolidée à la fin de 1874.

Année de l'émission	Mode d'emprunt (Souscription publique ou autrement), nom du prêteur	Valeur nominale de l'emprunt	Montant versé après déduction de tous les frais	Intérêt et amortisse-ment annuel.	Durée de l'amortisse-ment	État de la dette à la clôture de l'année 1874
		francs				
	I. Emprunt de 25 millions de florins (62 ¹/₂ millions de francs) en papier à 5%.					
1867	Souscription publique	12.500,000	11.250,000	700,500	45¹/₂ ans	11.882,500
1869	» »	15.000,000	12.750,000	849,250	43¹/₂ »	14.442,500
1871	Banque franco-autrichienne	17.500,000	15.067,500	1.007,313	41¹/₂ »	17.085,000
1872	Banque de Crédit et maison Königswarter .	17.500,000	15.076,250	1.013,812	40¹/₂ »	17.215,000
		62 500,000	54.143,750	3.870.875		60.625,000
	II. Emprunt de 10 millions de florins (25 millions de francs) 5% en argent.					
1874	Banque anglo-autrichienne	25.000.000	23.750,000	—	40 ans	25.000.000
	III. Emprunt à lots de 30 millions de florins (75 millions de francs).					
1874	Banque anglo-autrichienne	75.000,000	60.000,000		50 ans	
	dont émis jusqu'à la fin de 1874 . . .	15.000,000	14.352,000	300.000		15.300.000
	Total	102 500,000	92.245,750	—	—	100.925,000

Positions II et III. Les deux emprunts s'élevant au montant total de 40 millions de florins furent effectués par la Banque Autrichienne et la Banque anglo-autrichienne, à savoir l'emprunt en argent de 10 millions de florins au cours de 95% et l'emprunt à lots au cours de 92%. Les versements de la susdite somme de 40 millions de florins ont dû s'effectuer conformément à la lettre du contrat, de manière, que 15 millions de florins, valeur nominale devaient être versés en 4 termes égaux à partir du 15 mars 1874, et que le tiers du reste devait également être versé à termes égaux pendant les années 1875, 1876 et 1877, tout en accordant aux prêteurs la faculté d'anticiper les versements.

Position II. Les obligations de l'emprunt de 10 millions se paient en valeur d'Autriche en argent, en marcs de l'empire, en livres Sterling et en francs, dans le rapport de 100 fl. v. d'Aut. argent, pour = 10 livres sterling, ou = 200 marcs de l'empire à Francfort, à Berlin et à Hambourg, ou = 250 francs en or à Bruxelles et à Genève.

Position III. Cet emprunt a été reparti en 3000 séries de 100 numéros à 100 florins.

10. État du Personnel. (Avant la reorganisation de 1866.)

Les sommes dans la deuxième rubrique donnent le traitement, celles sous paranthèse l'indemnités de logement etc.
Les positions marquées d'un * jouissent logement gratis.

Nom de la place occupée	Nombres des personnes qui l'occupent et salaire annuel (Somme adjugée) (en florins autr. = 2½ francs)	Total (en flor. autr. = 2½ francs)	Nom de la place occupée	Nombre des personnes qui l'occupent et salaire annuel (Somme adjugée) (en florins autr. = ½ francs)	Total (en flor. autr. = 2½ francs)
1. Centrum. (»Magistrat«)			**3. Bureau des ingénieurs.**		
Directeur	1 à 4000 (2800)	6,800	Directeur	1* à 3500 (350)	3,850
Membres du conseil administratif (»Magistrat«)	5 à 3000 (1200). 8 à 2400 (960), 7 à 2200 (880)	69.440	Sonsdirecteur	1 à 3000 (1200)	4,200
			Ingénieur de section	1 à 2500 (1000), 2 à 2200 (880)	9,660
Secrétaire	7 à 1800 (810), 8 à 1600 (720), 8 à 1400 (630)	53,070	Ingénieur	4 à 2000 (900), 1* à 2000 (300), 2 à 1800 (810) 2* à 1800 (270) 5 à 1600 (720)	34,860
Employé	12 à 1200 (600), 12 à 1100 (550), 12 à 1000 (550), 12 à 900 (495), 13 à 800 (440), 12 à 700 (385).	105,880	Ingénieur adjoint	5 à 1400 (630) 1* à 1400 (210) 5 à 1200 (600) 1* à 1200 (240), 6 à 1100 (550)	32,100
Écrivain à la journée	3 à 457 (91)	1,647	Employé	8 à 1000 (550), 8 à 900 (495), 8 à 800 (440).	33,480
Total	120	236,837	Élève	8 à 700 (385).	8,680
			Inspecteur de chemins.	1 à 600	600
2. Tenure de livres.			Écrivain à la journée	1 à 457 (91) 2 à 1800, 2 à 1098	6,345
Chef de la comptabilité	1 à 3000 (1200)	4,200	Total	75	133,775
Teneur de livres	1 à 2400 (960)	3,360	**4. Caisse.**		
Chef de section	1 à 1800 (1110), 3 à 1800 (810), 4 à 1600 (720)	20,020	Directeur	1 à 2400 (960)	3,360
Registraire	1 à 1400 (630)	2,030	Controlleur	1 à 2000 (900), 1 à 1800 (810)	5,510
Reviseur	8 à 1200 (600)	14,400	Liquidateur	3 à 1500 (675)	6,525
Employé	7 à 1100 (550). 7 à 1000 (550), 7 à 900 (495), 7 à 800 (440), 7 à 700 (385), 7 à 600 (350)	55,090	Caissier	2 à 1400 (630), 2 à 1300 (585)	7,830
			Liquidateur adjoint	2 à 1200 (600), 3 à 1100 (550)	8,550
Écrivain à la journée	2 à 732 (91), 5 à 549 (91), 17 à 457, (91)	14,182	Employé	5 à 1000 (550), 5 à 900 (495), 5 à 800 (440) 5 à 700 (385), 4 à 600 (350) 4 à 500 (325)	33,450
Total	85	113,282	Total	43	65,225

Nom de la place occupée	Nombre des personnes qui l'occupent et salaire annuel (Somme adjugée)	Total	Nom de la place occupée	Nombre des personnes qui l'occupent et salaire annuel (Somme adjugée)	Total
5. Bureau de Taxes.			**8. Commissaire des halles et foires.**		
Commissaire taxateur .	7 à 900 (495), 7 à 800 (440), 8 à 700 (385)	27,125	Directeur	1 à 1800 (1110)	2,910
Total .	22	27,125	Adjoint	1 à 1600 (720)	2,320
6. Bureau d'impôts.			Commissaire . . .	6 à 1400 (630), 6 à 1300 (585), 1 à 1200 (663), 5 à 1200 (660), 1 à 1100 (613), 8 à 1100 (550), 9 à 1000 (550), 9 à 900 (495), 9 à 800 (440)	86,931
Directeur	1 à 2000 (900)	2,900			
Controlleur . . .	1 à 1800 (810), 1 à 1600 (720)	4,930	Employé	4 à 700 (385), 4 à 600 (350) .	8,140
Liquidateur . . .	4 à 1500 (675)	8,700	Aspirant	3 à 500 (125), 3 à 400 (100) .	3,375
Caissier	2 à 1400 (630), 1 à 1300 (585)	5,945	Domestique	8	4,264
Liquidateur adjoint .	4 à 1200 (600), 5 à 1100 (550)	15,450	Total .	78	107,940
Employé	6 à 1000 (550), 7 à 900 (495), 7 à 800 (440) 7 à 700 (385). 7 à 600 (350) 7 à 500 (325)	47,765			
Total .	60	85,690	**9. Bureau de conscription.**		
7. Encaissement des impôts.			(Logement des soldats et recrutissement.)		
Commissaire en chef .	1 à 1200 (700)	1,900	Directeur	1 à 1800 (810)	2,610
Commissaire . . .	1 à 900 (595), 6 à 900 (495). 7 à 800 (440). . . .	18,445	Adjoint	2 à 1400 (630)	4,060
Commissaire provisoire	7 à 700 (385).	7,595	Commissaire . . .	5 à 1200 (600), 4 à 1100 (550), 5 à 1000 (550), 4 à 900 (495),	28,930
Écrivain à la journée*)	7 à 457 (91)	3,843	Employé	5 à 800 (440), 5 à 700 (385). 4 à 600 (350), 4 à 500 (325)	18.725
Troupe d'exécution **).	45 à 366 (54)	18,943			
Total .	74	50,726	Total .	39	54,325

*) 25% supplément de cherté.

**) Outre cela: dédommagement pour chauffage et éclairage 4,500 fl., pour l'uniforme 1,807, rémunerations 2,492, 15% suppléments de cherté.

Nom de la place occupée	Nombre des personnes qui l'occupent et salaire annuel (Somme adjugée)	Total
10. Régistration.		
Directeur	1 à 1800 (810)	2,610
Adjoint	1 à 1400 (630)	2,030
Employé	4 à 1100 (550), 3 à 1000 (550), 3 à 900 (495), 4 à 800 (440), 4 à 700 (385), 3 à 600 (350), 3 à 500 (325)	30.060
Total . 26		34,700
11. Greffe et Expédit.		
Directeur	1 à 1800 (810)	2,610
Adjoint	3 à 1400 (630)	6,090
Employé	8 à 1100 (550), 8 à 1000 (550), 8 à 900 (495), 10 à 800 (440), 8 à 700 (385), 8 à 600 (350), 8 à 500 (325)	70,800
Total . 62		79,500
12. Apprentis	5 à 400 (100), 5 à 360 (90), 4 à 300 (75), 60 à 360 (90), 60 à 240 (60)	51,250
Total . 134		51,250
13. Écrivains à la journée	1 à 549 (91), 65 à 457 (91)	36,325
Total . 66		36,325
14. Divers.		
Directeur de la bibliothèque	1 à 1800 (810)	2,610
Directeur des jardins	1* à 2400 (540)	2,940
Inspecteur au musée communal	1 à 600 (120)	720

Nom de la place occupée	Nombre des personnes qui l'occupent et salaire annuel (Somme adjugée)	Total
Gardiens de prisons	1 à 800 (400), 2 à 400 (250)	2,500
Gardien de matériel	1 à 600	600
Journaliers en divers buts	10	4,568
Total . 17		13,938
15. Surveillage des maisons.		
Inspecteur à la hôtel de ville	1* à 800 (200)	1,000
Portier là même	1* à 600 (150)	750
Gardiens là même	3* à 400 (100)	1,500
Gardiens au parc de la ville	1 à 476	476
Total . 6		3,726
16. Service de santé publique.		
Médecin en chef	2 à 2200 (1200)	6,840
Prosecteur	1 à 600 (400)	1,000
Adjoint	1 à 300	300
Chirurgien de la ville	1 à 800 (1000)	1,800
Vérificateur de décès	6 à 800 (440), 6 à 600 (350)	12,900
Porteur des malades	4 à 396 (24), 1 à 300 (24)	2,004
Garçon de santé	9 à 546	4,914
Total . 31		29,758
17. Secours aux blessés.		
Porteur des malades	18 à 200	3,600
Inspecteur sur les bâteaux de sauvetage	1 à 586	586
Total . 19		4,186

Nom de la place occupée	Nombre des personnes qui l'occupent et salaire annuel (Somme adjugée)	Total
18. Abattoir.		
Directeur	1* à 1600 (370), 1* à 1600 (340)	3.910
Inspecteur supérieur	8* à 700 (131)	6,650
Inspecteur de maison	1* à 600 (281), 1* à 600 (131)	1,612
Inspecteur d'abattoire	12 à 600 (285)	10,620
Portier	2* à 600 (105)	1,410
Gardien de nuit	2 à 450 (229)	1,358
Écrivains à la journée	1 à 457 (91)	549
Total	29	26,109
19. Domestiques.	11 à 600 (330), 11 à 550 (302), 42 à 500 (275), 12* à 500 (125), 52 à 450 (262), 6* à 450 (112), 35 à 400 (250) 3* à 400 (100)	
Total	172	124,332
20. Pompiers.		
Sergeant	1* à 600 (350), 2 à 500 (475)	2,900
Inspecteur du matériel	1 à 622 (93)	716
Telegraphiste	1 à 586 (SS)	673
Inspecteur	11 à 586 (88)	7,408
Clairon	1 à 586 (88)	673
Inspecteurs adjoint	10 à 512 (76)	5,893
Troupe	59 à 439 (66), 54 à 366 (55)	52,528
Total	140	77,791

Nom de la place occupée	Nombre des personnes qui l'occupent et salaire annuel (Somme adjugée)	Total
21. Aquédue de l'empereur François Joseph.		
Ingénieur en chef	1 à (400). (Pour le traitement v. le Bureau des ingenieurs)	400
Ingénieur	1 à 1600 (480)	2,080
Ingénieur adjoint	2 à 1400 (900)	4,600
Gardien	1 à 780, 11 à 600	7,380
Inspecteur supérieur	1 à 960	960
Magasineur	1 à 780	780
Inspecteur du reservoir	4 à 792	3,168
Inspecteur	11 à 732, 11 à 622	14,894
Journaliers	21 à 549	11,529
Total	65	45,793
22. Aquédue de l'empereur Ferdinand.		
Machiniste	1 à 900 (225), 2 à 732	2,589
Chauffeur	2 à 659. 2 à 549	2,416
Total	7	5,005
23. Aquédue Albertinien.		
Gardien	1* à 540, 1* à 512	1,052
Journaliers	5 à 402	2,010
Total	7	3,062

Nom de la place occupée	Nombre des personnes qui l'occupent et salaire annuel (Somme adjugée)	Total	Nom de la place occupée	Nombre des personnes qui l'occupent et salaire annuel (Somme adjugée)	Total
24. Écoles primaires.			Maitre de gymnastique	4 à 800, 1 à 800 (200) . .	4,200
Directeur	21* à 900 (300), 3 à 900 (660), 1 à 900 (700)	31,480	Adjoint de gymnastique	8	3,760
Maîtres superieurs . .	18* à 800 (300), 50 à 800 (200), 11 à 800 (500)	84,100	Garçon d'école . . .	16	10,787
Maîtres de Bürgerschule	160 à 900 (270)	187,200	» gymnastique .	2 à 360	720
Maîtres d'écoles primaires	479 à 800 (240), 2* à 800 (100)	499,960	Domestique	4	2,692
Augmentation de services et indemnités personelles		66,190	Total .	163	243,659
Maîtres adjoints . .	87 à 600, 17 à 400	59,000	**26. Asyles de vieillards**		
Maîtres suppleants . .	120	60,000	(à Vienne, Mannsbach, St.-Andrée, Ybbs, Kloster-neuburg).		
Maître de la langue française	25 à 600	15,000	Directeur . . .	1* à 2000 (225), 1* à 1800 (231), 1* à 1800 (189), 1* à 1600 (210), 1* à 1500 (240) . .	9,795
Maîtresses des ouvrages manuels	187	63,000	Caissier	1* à 1500 (240)	1,740
Maître de gymnastique.	36	21,330	Contrôleur . . .	1* à 1500 (250), 1* à 1300 (210), 1 à 1200 (184), 1 à 1300 (210)	6,154
Maître de gymnastique adjoint	112	29,067	Apprenti	1 à 360 (90)	450
Garçon	26	14,693	Médecin	1* à 1500 (440), 2* à 1200 (410), 1 à 1000 (410), 2* à 1300 (436), 1* à 1200 (200), 1 à 1200 (225), 1 à 400	13,210
Total .	1355	1.131,020	Curé	2* à 200	400
25. Écoles moyennes.			Inspecteur de maison .	1* à 357 (87), 1* à 300 (75), 1* à 300, 1* à 252 (63) .	1,454
Directeur	4* à 1350 (662), 1* à 1350 (547)	9,947	Total .	26	33,233
Professeur	75 à 1350 (607)	146,812	**27. Maison de travail.**		
Augmentation de service et indemnités personelles		29,752	Directeur	1* à 1500 (225)	1,725
Suppléant . . .	14 à 810 (202)	14,175	Contrôleur . . .	1* à 1000 (250)	1,250
Remuneration aux suppléants . . .		8,375			
Assistant		5,250			
Maître adjoint 7 . .	16	7,188			

Nom de la place occupée	Nombre des personnes qui l'occupent et salaire annuel (Somme adjugée)	Total	Nom de la place occupée	Nombre des personnes pui l'occupent et salaire annuel (Somme adjugée)	Total
Inspecteur	1* à 600 (150), 3* à 500 (125), 4 à 450 (112), 4 à 400 (100), 1* (femme) à 350 (87)	7,312	**30. Administration de la fondation du Bürger-spital.**		
Maître	1 à 200	200	a) B u r e a u.		
Médecin	1 à 200	200	Directeur	1* à 2400 (240)	2,640
Total	17	10,687	Secrétaire	1 à 1600 (720)	2,320
			Ingénieur	1* à 1200 (240)	1,440
28. Hopitaux communaux			Employé	2 à 1100 (550), 1 à 900 (495)	4.695
(à la chaussé de Trieste et à Siebenbrunn).			Garçon de Bureau	1 à 450 (262)	712
Économe	1 à 1500 (225)	1,725	Écrivain à la journée	2 à 540	1,080
Inspecteur	1 à 628 (150)	778	b) A s y l e, d e s c i t o y e n s a p p a u v r i s.		
Médecin	1 à 2190, 1 à 1460	3,650			
Écrivain à la journée	1 à 456 (638)	1,094	Directeur	2* à 1500 (225)	1,725
Garde-malade	5 à 445	2,225	Contrôleur	1* à 1100 (220)	1,320
Blanchisseuse	1 à 445	445	Médecin	1* à 1000 (250), 1* à 900 (225)	2,375
Domestique	4 à 591, 1 à 628 (150)	3,142	Curé	1* à 500 (125)	625
Total	10	13,059	c) D o m a i n e S p i t z.		
29. Domaine Ebersdorf.			Forestier	1* à 700 (275)	975
Forestier	1* à 1000 (157), 1* à 850 (131)	2,139	Forestier adjoint	3 à 400 (140)	1,620
Forestier adjoint	1* à 600 (110), 1 à 550 (82), 1 à 500 (92), 2* à 450 (73)	2,900	Garde-bois	2	60
			Garde de vignes	2	48
Garde-bois	1 à 350 (113)	463	d) S u r v e i l l a n c e d e s f o r ê t s*).	11	903
Inspecteur des forêts	1 à 1300	1,300	Total	33	22,338
Total	9	6,882			

*) Indémnités adjugées aux forestiers pour la surveillance des forêts communaux.

Récapitulation.*)

Service	État antérieur à 1876		État reorganisé en 1876		Changement de l'état antérieur (où la réorganisation a causé une diminution du les anciens traitement, employés conservent leur traitement antérieur à titre d'indemnité)
	Nombre des personnes	Dépense totale pour traitements, indemnités, etc. (florins d'Autr.)	Nombre des personnes	Dépense totale des traitements, indemnité, etc. (florins d'Autr.)	
1. Centrum (»Magistrat«). . .	120	236,837	137	269,817	Directeur 4500. Sousdirecteur 3500, 24 membres du Conseil administratif (»Magistratsrath«) (8 à 3000, 8 à 2700, 8 à 2400), 36 sécretaires (12 à 2000, 12 à 1800, 12 à 1600), 62 employés (10 à 1300, 10 à 1200, 10 à 1100, 10 à 1000, 10 à 900, 6 à 800, 6 à 700), 10 apprentis à 600, 3 écrivains à la journée 1734 fl. ensemble.
2. Teneur des livres	85	113,282	107	134,492	Chef 3500. Teneur des livres 2600, 9 chef de section (4 à 2000, 5 à 1800). Registrateur 1500. 9 Reviseurs 1500. 40 employés (8 à 1300, 8 à 1200, 8 à 1100, 8 à 900, 8 à 700), 14 apprentis (7 à 500. 7 à 400), 24 écr. à la journée 14,182 fl. ensemble.
3. Bureau des ingénieurs. . .	75	133,774	75	133,175	Directeur 2600, 2 Contrôleurs (2200, 2000), 3 Liquidateurs 1700, 5 liquid. adj. (2 à 1400, 3 à 1300), 4 caissiers 1600. 28 employés (5 à 1200, 5 à 1100, 5 à 1000, 5 à 900, 4 à 750. 4 à 650).
4. Caisse	43	65,225	43	67,080	
5. Bureau des taxes	22	27,125	22	22,750	21 commissaires (7 à 900, 7 à 800, 7 à 700). Directeur 2600, 2 Contrôleurs (2200, 2000), 4 liquidateurs 1700, 3 caissiers 1600, 9 liq. adj. (4 à 1400, 5 à 1300), 41 employés (6 à 1200, 7 à 1100, 7 à 1000, 7 à 900, 7 à 750, 7 à 650).
6. Bureau des impôts	60	85,690	60	89,050	
7. Encaissement d'impôts . .	74	50,726	78	48,626	22 commissaires (1 à 1400, 7 à 900, 7 à 800, 7 à 700), 45 troupe d'exécution 420, 11 écr. à la journée 6022 fl. ensemble.
8. Commiss. des halles et foires	78	107,940	78	105,944	Directeur 2000, adj. 1800. 54 commissaires (6 à 1400, 6 à 1300. 6 à 1200, 9 à 1100. 9 à 1000, 9 à 900, 9 à 800), 8 employés (4 à 900, 4 à 800), 8 apprentis (5 à 500, 3 à 400), 8 domestiques 4264 fl.

*) L'état et les traitements du personnel ont été réorganisés en 1876; nous avons reçu trop tard le nouvel état, pour en faire usage au tableau précédent, mais nous publions dans cette récapitulation l'état anterieur aussi bien que l'état actuel, et donnons à la dernière rubrique le détail des changements survenus.

| Service | État antérieur à 1876 | | État reorganisé en 1876 | | Changement de l'état antérieur (où la réorganisation a causé une diminution du traitement. les anciens employés conservent leur traitement antérieur à titre d'indemnité) |
	Nombre des personnes	Dépense totale pour traitements, indemnités, etc. (florins d'Autr.)	Nombre des personnes	Dépense totale des traitements, indemnité, etc. (florins d'Autr.)	
9. Bureau de conscription . .	39	54,325	68	76,908	Directeur 2000, 3 adj. (1 à 1800, 2 à 1600), 18 commissaires (6 à 1400, 6 à 1300, 6 à 1200), 25 employés (5 à 1000, 5 à 900, 5 à 800, 5 à 700, 5 à 600), 21 écr. à la journée 11,388 fl. ensemble.
10. Bureau d'enregis.	26	34.700	30	37,440	Directeur 2000, adj. 1600, 28 employés (4 à 1200, 4 à 1100, 4 à 1000, 4 à 900, 4 à 800, 4 à 700, 4 à 600).
11. Greffe et Expédit	62	79,500			Directeur 2000, 3 adj. 1600, 66 employés (9 à 1200, 9 à 1100, 10 à 1000, 10 à 900, 10 à 800, 9 à 700, 9 à 600), 120 apprentis 18,177 fl. ensemble, 120 écr. à la journée 50,400 fl. ensemble.
12. Apprentis	134	51,250	224	152,987	
13. Ecrivains à la journée . .	66	36,325			
14. Divers	17	13,938	17	13,803	Bibliothécaire 2600, Directeur des jardins 2040, 3 Gardiens des prisonniers 2500, 12 Gardiens 5768 fl. ensemble.
15. Surveillance des maisons .	6	3,726	6	3,726	
16. Service de santé publique .	31	29,758	31	29,758	
17. Secours aux blessés. . . .	19	4,186	19	4,186	
18. Abattoir	29	26,109	29	25,808	
19. Domestiques	172	124,332	183	132,700	41 dans les écoles, 183 dans les bureaux, 4 surveillance des maisons, 2 prisons.
20. Pompiers	140	77,791	140	70,791	
21. Aqued. de l'emp. Franc. Jos.	65	45,793	65	45,793	
22. » » » Ferdinand	6	5.005	7	5,005	
23. » Albertinien	7	3,065	7	3,065	
24. Écoles primaires	1,355	1.131,020	1,355	1.131,020	
25. » moyennes	163	243,629	163	243,659	
26. Asyles des vieillards . . .	26	33,233	26	33,233	4 Directeur (1 à 2000, 2 à 1800, 1 à 1600), adj. 1500, 4 contrôleurs (1 à 1500, 2 à 1300, 1 à 1200), 1 caissier 1500. Les autres traitements n'ont pas changé.
27. Maisons de travail	17	10,687	17	10,687	
28. Hôpitaux communaux . .	10	13,059	16	12,884	
29. Domaine Ebersdorf	9	6,882	9	6,882	1 Inspecteur en chef 1300, 7 forestiers (1 à 1200, 1 à 1000, 1 à 700, 2 à 600, 2 à 500), 1 Insp. 400 (et 60).
30. Administr. de la fondation du Bürgerspital	33	22,338	33	22,538	
Total . .	2,989	2.871,223	3,045	2,933,812	

Statistique des Finances

de la ville de

Trieste

de 1866 à 1875.

POPULATION. 1870 : 123,098.

Table des matières.

		Pag.
Recettes et Dépenses 1874	(Tableau 1)	89
Recettes et Dépenses 1865—1874	(Tableau 2)	90
Bilan des recettes et des dépenses 1865—1874	(Tableau 3)	92
Dépenses de police du service de 1873 et 1874	(Tableau 4)	93
Dépenses pour l'armortissement et les intérêts des dettes de 1865 à 1874	(Tableau 5)	94
Exposé de la dette consolidée existante à la fin de l'année 1874	(Tableau 6)	—
Exposé de l'état de fortune à la fin de 1874	(Tableau 7)	95
Annexe aux comptes annuels.		
État du Personnel	(Tableau 8)	96

1. Recettes et Dépenses de la ville de TRIESTE

p o u r 1874.

Spécification des recettes	1874 Francs	Spécification des dépenses	1874 Francs
Total des recettes	8.473,215	**Total des dépenses**	9.330,547
1. Impôts directs	3.639,794	1. Police	311,950
2. Produit de la fortune immobilière	691,756	2. Nettoyage et arrosage des rues	124,816
3. Produit de la fortune mobilière	15,497	3. Entretien des écoles (sans frais de construction)	794,734
4. Excédant des entreprises indépendantes (établissement de gaz)	408.675	4. Voies de Communication (chaussées, ponts, etc.)	171,908
		5. Assistance publique	540,113
5. Recettes provenant de la location des places publiques et des eaux	17,084	6. Frais des hôpitaux (sans frais de construction)	810,788
6. Recettes provénant de la vente d'actifs	1,904	7. Éclairage	170,167
7. Recettes provenant d'emprunts	—	8. Déficit des entreprises indépendantes	—
8. Recettes provenant de subsides et de dons	—	9. Acquisition d'actifs	205,368
9. Taxes scolaires	11,572	10. Intérêts des dettes et amortissement	853,557
		11. Parcs	69,909
		12. Corps des pompiers	82,707
		13. Frais de cultes (sans frais de construction)	64,116

2. Recettes et Dépenses de la ville de TRIESTE de 1865 à 1874.

Tableau dressé selon la comptabilité de la commune. — Le tableau international n'a pu être rempli que pour l'année 1874.
(Voir le tableau précédent.)

	1865	1866	1867	1868	1869	1870	1871	1872	1873	1874
					F r a n c s					
I. A) Recettes ordinaires.										
Administration centrale . . .	5,840	14,540	11,067	14,327	2,947	21,002	30,312	19,762	22,827	6,847
Impôts directs et indirects *). .	5.082,902	5.208,050	5.550,773	5.666,473	5.578.495	6.639,065	6.561,020	6.875,175	6.776,838	6.381,323
Fortune de la commune . . .	356,222	396,825	388,162	607,440	665,460	604,005	505,253	923,048	1.030,825	1.128,500
Écoles primaires	23,728	25,160	31,403	27,940	41,030	25,313	25,917	10,112	11,840	12,162
Assistance publique	161,790	137,047	367,130	656,382	307,563	343,680	385,235	333,683	444,737	509,547
Police	131,220	157,465	185,112	185,005	192,845	199,755	196,665	224,948	215,168	242,885
Entretien des canaux et des puits	—	—	—	—	—	—	—	—	25	—
Voies de communication . . .	90,430	92,218	107,358	109,160	101,850	105,825	109,915	113,032	130,335	130,418
Service militaire	—	—	50,625	29,578	28,025	32,307	36,468	39,500	41,967	50,982
Cultes	—	—	—	—	1.183	—	—	—	118	250
Festivals	—	—	—	—	—	—	—	—	75	340
Théâtres	—	—	—	—	—	—	—	—	327	312
Totaux . . .	5.852,152	6.031,305	6.691,630	7.296,305	6.919,398	7.970,952	7.850,785	8.539,260	8.674,982	8.463,568
I. B) Recettes extraordinaires.										
Impôts directs et indirects *) . .	—	—	—	—	—	—	—	—	—	4.090
Fortune de la commune . . .	1,305	3,040	—	—	450	298,337	2,675	301,317	667	1.250
Canaux et puits	—	—	—	—	—	—	—	—	—	1,902
Voies de communication . . .	—	—	—	500	—	—	—	115,010	23,452	2,405
Totaux . . .	1,305	3,040	—	500	450	298,337	2,675	416,327	24,119	9,647

*) Y compris la quote-part de l'état.

II. A) Dépenses ordinaires.

Administration centrale	252,475	240,670	266,565	269,137	294,915	306,467	324,787	397,642	464,582	486,957
Impôts directs et indirects	2.885,178	2.898,915	2.884,652	2.988,528	2.987,082	2.987,220	3.086,975	3.091,720	3.144,923	3.190,990
Fortune de la commune	680,630	944,337	897,033	901,800	905,207	908,295	930,522	909,783	911,530	936,753
Écoles primaires	348,898	351,143	351,102	307,297	406,097	427,352	479,290	560,535	686,605	799,852
Assistance publique	906,395	914,047	945,020	869,558	803,400	838,028	912,815	1.253,145	1.343,150	1.341,555
Police	547,150	490,205	514,532	503,900	455,598	501,222	563,248	653,405	752,495	831,667
Canaux et puits	134,990	71,445	90,015	144,762	81,037	72,807	82,912	104,767	82,022	90,850
Voies de communication	167,846	146,232	171,578	125,063	132,397	242,415	313,005	296,825	265,943	239,838
Service militaire	94,476	95,430	144,508	104,010	93,148	82,330	85,563	96,180	123,002	109,862
Cultes	50,820	45,365	54,282	52,425	53,677	54,608	57,337	75,013	67,405	65,140
Festivals	8,607	8,506	8,030	9,815	6,725	6,138	5,727	5,730	5,775	5,768
Théâtres	1,712	3,228	3,198	5,430	5,599	7,180	7,574	23,040	23,598	23,140
Totaux	6.079,177	6.209,525	6.330,515	6.344,725	6.254,882	6.434,062	6.819,755	7,467,785	7.871,030	8.122,382

II. B) Dépenses extraordinaires.

Administration centrale	28,297	37,522	51,917	76,290	28,890	53,812	30,547	58,117	19,967	14,882
Impôts directs et indirects	—	1,350	1,008	3,055	3,350	2,698	3,065	2,873	—	13,710
Fortune de la commune	646,488	219,013	395,700	117,707	133,630	666,040	634,763	944,608	459,700	777,648
Écoles primaires	2,472	3,052	750	16,650	17,972	36,412	31,850	45,718	8,770	21,275
Assistance publique	12,855	5,233	22,080	39,568	40,375	30,798	35,180	61,265	20,753	110,990
Police	57,405	76,480	57,637	38,317	21,340	65,820	26,057	79,972	136,800	63,315
Canaux et puits	24,490	16,797	24,750	27,272	36,983	12,507	70,805	99,857	85,537	62,768
Voie de communication	59,917	26,330	17,468	31,603	18,025	249,093	142,030	204,620	115,888	136,962
Service militaire	4,824	316,352	16,030	3,000	1,237	267	—	750	—	—
Cultes	34,222	31,188	9,707	10,008	2,473	10,223	4,115	6,100	3,315	1,627
Festivals	1,820	1,285	4,365	990	24,470	147	61,633	—	4,500	4,988
Théâtres	16,040	9,600	10,495	13,527	4,795	3,205	—	—	—	—
Totaux	888,830	744,192	611,907	377,987	333,540	1.161,022	1.040,045	1.503,880	855,230	1.208,165

*) Au lieu de verser les recettes provenant des impôts d'état dans les caisses de l'état la commune paye à l'état une somme fixée à environ 3 millions de francs par an. C'est pourquoi les chiffres du revenu des impôts et des dépenses sont si grands. Comme ce tableau là correspondent aux comptes de la ville, nous n'en avons rien voulu changer, mais dans les tableaux internationaux, nous avons fait déduction du payement des 3 millions, les regardant comme le montant de l'impôt d'état, qui ne devrait pas entrer dans le cadre de la statistique des finances communales, ni comme recette ni comme dépense.

3. Bilan des recettes et des dépenses de 1865—1874.

	1865	1866	1867	1868	1869	1870	1871	1872	1873	1874
Compte ordinaire.										
Recettes ordinaires . . .	5.852,132	6.031,305	6.691,630	7.296,305	6.919,398	7.970,952	7.850,785	8.539,260	8.674,982	8.463,568
Dépensès ordinaires . . .	6.079,177	6.209,525	6.330,515	6.344,725	6.254,882	6.434,062	6.819,755	7.467,785	7.871,030	8.122,382
Surplus (+) ou déficit (—)	— 227,045	— 178,220	+ 361,115	+ 951,580	+ 664,516	+1.536,890	+1.031,030	+1.071,475	+ 803,952	+ 341,186
Compte extraordinaire.										
Recettes extraordinaires .	1,305	3,040	—	500	450	298,337	2,675	416,327	24,119	9,647
Dépenses extraordinaires .	888,830	744,192	611,907	377,987	333,540	1.161,022	1.040,045	1.503,880	855,230	1.208,165
Surplus (+) ou déficit (—) .	— 887,525	— 741,152	— 611,907	-- 377,487	-- 333,090	-- 862,685	—1.037,370	—1.087,553	— 831,111	—1.198,518
Compte générale.										
Recettes totales	5.853,437	6.034,345	6.691,630	7.296,805	6.919,848	8.269,289	7.853,460	8.955,587	8.699,101	8.473,215
Dépenses totales	6.968,007	6.953,717	6.942,422	6.722,712	6.588,422	7.595,084	7.859,800	8.971,665	8.726,260	9.330,547
Surplus (+) ou déficit (—) .	—1.114,570	-- 919,372	— 250,792	+ 574,093	+ 331,426	+ 674,205	— 6,340	— 16,078	— 27,159	— 857,332

4. Tableau des Dépenses du service de la police de 1873 et 1874.*)

	1873	1874
	Francs	
1. Police de sûreté.		
Gendarmes	1,717	1,587
Garde de police	117,504	178,701
Sergeants de ville	38,073	35,703
Maires	28,656	30,941
Gardiens de forêts et de jardins	14,134	13,545
Prisons de police	55,406	62,962
Maison de correction	2,767	588
Dépenses diverses	2,892	2,810
Total	261,149	326.837
2. Police de santé.		
Personnel	41,070	44,892
Dépenses de vaccination	3,673	3,743
Bains publics	790	770
Cimetières	24,813	23,971
Pensions	6,222	9,008
Dépenses diverses	1,271	43
Total	77,839	82,427
3. Police de foire.		
Commissaires de foire	19,711	18,667
» de l'abattoir	36,057	36,247
Bureau d'étalonnement	16,954	20,940
Pensions	2.271	2,375
Total	74,993	78,229
4. Pompiers.		
Traitements	49,690	56,029
Récompenses	1,125	225
Indemnités spéciales	4,190	5,860

	1873	1874
	Francs	
Telégraphe	—	179
Acquisition d'eau	2,500	2,500
Frais généraux	17,807	18,357
Total	75,312	83,150
5. Nettoyage des rues.		
Traitements	4,550	4,550
Récompenses	—	75
Nettoyage des rues	107,194	116,504
Total	111,744	121,129
6. Éclairage.		
Éclairage de la ville	147,002	135,522
» du territoire	2,824	2,252
Réparations	1,632	2,123
Total	151,458	139,897
A) Total des dépenses ordinaires	752.495	831,669
B) Dépenses extraordinaires.		
a) Sûreté publique	305	41,776
b) Police de santé	122,064	13,452
c) Police de foire	6,308	680
d) Pompiers	6,737	—
e) Eclairage	1,387	7,406
Total des dépenses extraord.	136,801	63,314
Total général	889,296	894,983

*) Le service de police est pris ici dans le sens le plus large, conformément au tableau 2.

5. Tableau des dépenses pour l'amortissement et les intérêts des dettes de 1865—1874.

Année	Amortissement	Intérêt	Total	Année	Amortissement	Intérêt	Total
	F r a n c s				F r a n c s		
1865	204,250	367,315	571,665	1871	265,750	561,600	827,350
1866	232,225	589,520	821,745	1872	272,825	554,707	827,532
1867	241,975	585,097	827,072	1873	274,900	546,972	821,872
1868	247,100	579,955	827,055	1874	282,725	538,877	821,602
1869	253,275	574,470	827,745				
1870	259,450	568,185	827,635	1865/74	2.534,575	5.466,698	8.001.273

6. Exposé de la dette consolidée existante à la fin de l'année 1874.

Année de l'emprunt	Mode d'emprunt (Souscription publique ou autrement), nom du prêteur	Valeur nominale de l'emprunt	Montant versé après déduction de tous les frais	Amortissement annuel		Durée de l'amortissement	État de la dette à la clôture de l'année 1874
				intérêt	quote d'amortissement		
				F r a n c s			
1855	Brambilla & Com. à 95 % . .	6.300,000	6.000,000	4 ¹/₂ %	100 Oblig. à fr. 250 et le surplus des intérêts	46 années	5.150,775
1860	Souscription publique à 102 %	1.275,000	1.250,000				
	Morpurgo e Revere à 110 % .	1.375,000	1.250,000				
			2.500,000	4 »	100 » » 125 et le surplus des intérêts	45 »	2.272,875
1865	Banca Commerciale Triestina à 86¹/₂ %	3.750,000	3.243,750	6 »	100 » » 250 et le surplus des intérêts	40 »	3.461,750
							10.885,410

7. Exposé de l'état de fortune à la fin de 1874,
d'après le compte définitif de 1874.

	I. Actif:	Francs.
1	Valeurs effectives	185,621
2	Capitaux placés	—
3	Valeur des propriétés : (valeur évaluée)	16.904,535
4	Papiers de valeur	410,175
5	Valeurs mobilières	675,770
6	Créances	1.629,659
	Total	20.805,760
	II. Passif:	
1	Dette consolidée (emprunts à titres)	10.885,400
2	Autres sommes passives	1.296,513
	Total	12.181,913
	Bilan:	
	Total de l'actif	20.805,760
	Total du passif	1.296,513
	Fortune active	8.623,847

Annexe aux comptes annuels.

Impôts directs. Voir la note à la fin du tableau 2.

Location des places publiques. Les commerçants paient des taxes annuelles qui varient de 2 à 6 florins.

Taxes scolaires. Les écoles primaires sont gratuites.
Au gymnase et à l'école réale on paie 30 francs par an.

Police. Voir le tableau suivant.

Voies de communication. Pour le pavage en 1874 114,463 francs
pour les rues non pavées dans la ville . . . . 52,029 »
» » » » » » les environs . . 32,416 »

Assistance publique. Ces dépenses se composent des positions suivantes
(pour 1874) :

maison d'accouchement	12,463 fr.	médicaments	23,464 fr.
» d'orphelins	141,837 »	fondations pieuses	4,944 »
» des pauvres	295,000 »	chaussure pour écoliers	
» de travail	22,223 »	pauvres	3,984 »
Jardins d'enfants	26,895 »	» pour jeunes matelots	642 »

8. État du Personnel.

Les sommes de la deuxième rubrique donnent le traitement, celles entre paranthèse l'indemnité de logement, etc.

Les positions marquées d'un * jouissent le logement libre.

Nom de la place occupée	Chiffres des personnes qui occupent la place, leur traitement annuel (et indemnité)	Dépense totale francs	Nom de la place occupée	Chiffres des personnes qui occupent la place leur, traitement annuel (et indemnité)	Dépense totale francs
1. Conseil administratif.			Liquidateur	1 à 2750 (500), 1 à 2500 (500), 1 à 2250 (500)	9,000
Directeur	1 à 8750 (1500)	10,250	Employé	1 à 2250, 1 à 2125	4,375
Membre du conseil administratif	1 à 6250 (1250), 1 à 5500 (1250), 4 à 5250 (1250)	40,250	Garçon de bureau	4 à 1375, 3 à 1250	9,250
Secrétaire	1 à 4000 (1000)	5,000	**3. Caisse communale.**		
Employé	1 à 3500 (750), 1 à 3250 (750), 1 à 3000 (750), 1 à 2750 (500), 1 à 2500 (500), 1 à 2250 (500)	22,000	Caissier	1 à 4500 (1000)	5,500
			Contrôleur	1 à 3500 (750)	4,250
Apprenti	4 à 1500	6,000	Employé	1 à 2375	2,375
Chef du greffe	1 à 3250 (750)	4,000	Garçon de bureau	1 à 1375	1,375
Chef de l'Expédition	1 à 3000 (750)	3,750			
Greffier	1 à 2750 (500)	3,250	**4. Bureau d'économie.**		
Commissaire d'impôts	1 à 2750 (1370)	4,125	Chef	1 à 4500 (1000)	5,500
	1* à 1750	1,750	Magasinier	1 à 3250 (750)	4,000
Employé de bureau	1 à 2375, 1 à 2250, 2 à 2125	8,875	Inspecteur des jardins	1* à 3000 (500)	3,500
Apprenti	2 à 1125	2,250	Garçon de magasin	1* à 1375	1,375
Garçon de bureau	1 à 1500, 2 à 1375, 3 à 1250	8,000			
Portier	1* à 1125	1,125	**5. Inspectorat des foires et de nettoyage.**		
			Chef	1 à 3000 (750)	3,750
2. Caisse d'impôts.			Sous-chef	1 à 2500 (500)	3,000
Caissier	1 à 3500 (750)	4,250	Inspecteur de l'abattoir	1* à 2750 (500)	3,250
Contrôleur	1 à 3250 (750)	4,000			

Nom de la place occupée	Chiffres des personnes qui occupent la place, leur traitement annuel (et indemnité)	Dépense totale francs
Commissaire de foires .	2 à 2250, 1 à 2125, 2 à 2000 .	10,625
Vétérinaire	1* à 2750, 1 à 1500 . . .	4,250
Portier de l'abattoir .	1* à 1250	1,250
Garçon d'abattoir . .	2* à 1000, 1 à 1000 . .	3,000
Adjoint pour le nettoyage	2 à 1375	2,750
6. Service Sanitaire.		
Vérificateur de décès .	2 à 2500 (1500)	8,000
Médecin des pauvres .	1 à 2500, 4 à 2250, 5 à 1750, 2 à 3000	26,250
Sage-femme	1 à 625, 4 à 500, 5 à 375, 2 à 250, 8 à 125	6,000
	1* à 1500	1,500
7. Cimetières.		
Inspecteur	1* à 1250	1,250
Vicaire	1* à 1500	1,500
Gardien	2* à 1000, 1* à 750, 1* à 650, 2* à 250	3,900
8. Bureau de statistique et d'anagraphie.		
Directeur	1 à 4000 (1000)	5,000
Adjoint	1 à 3000 (750)	3,750
Employé	2 à 2250 (500), 2 à 2250, 2 à 2125	14,250
Apprenti	2 à 1250	2,500
Garçon de bureau . .	1 à 1250	1,250
9. Bureau de logement pour les soldats.		
Commissaire	1 à 2500 (500) . .	3,000
Garçon de bureau . .	1 à 1250	1,250

Nom de la place occupée	Chiffres des personnes qui occupent la place, leur traitement annuel (et indemnité)	Dépense totale francs
10. Prisons.		
Chef des gardiens . .	1* à 2250	2,250
Gardien	1* à 1750, 7 à 1000 . .	8,750
11. Arrondissements.		
Chef des arrondissements urbains	10 à 1500	15,000
Chef des arrondissements ruraux	2 à 2250 (500), 4 à 500, 1 à 750, 3 à 625, 4 à 500, 3 à 375 .	11,250
Garçon de bureau . .	2 à 1125, 5 à 1000 . . .	7,250
12. Bureau des ingénieurs.		
Directeur	1 à 8750 (1250)	10,000
Sous-directeur . . .	1 à 5750 (1000)	6,750
Ingénieur de division .	1 à 5000 (875), 1 à 4500 (875), 1 à 3750 (750) . . .	15,750
Ingénieur	2 à 3000 (500), 1 à 2750 (500)	10,250
Ingénieur adjoint . .	2 à 2000 (375), 1 à 2250 . .	7,000
Élève	2 à 1800	3,600
Inspecteur des chemins	2 à 1750, 1 à 1500 . . .	5,000
Balayeur	6 à 1125	6,750
Paveur	1 à 1750, 1 à 1500 . . .	3,250
Puisatier	1 à 1750	1,750
Employé	1 à 2125	2,125
Garçon de bureau . .	1* à 1125	1,125
13. Comptabilité.		
Chef	1 à 6250 (875)	7,125
Sou-schef . . .	1 à 4750 (750)	5,500
Employé	1 à 3000 (625), 1 à 2750 (625), 1 à 2375 (500), 1 à 2125 (500), 1 à 2000 (375), 2 à 1750 (375)	19,125

Nom de la place occupée	Chiffres des personnes qui occupent la place, leur traitement annuel (et indemnité)	Dépense totale francs
Apprenti	2 à 1250	2,500
Garçon de bureau	1* à 1125	1,125
14. Hôpital.		
a) Personnel de santé.		
Président du collége médicinal et médecin en chef	1 à 2500 (2000)	4,500
Médecin de section	6 à 2500 (500)	18,000
Prosecteur	1 à 2500 (500)	3,000
Médecin	7* à 1125	7,875
Chef des gardes de malades	2* à 1500	3,000
Sage-femme	1* à 1125, 1 à 900	2,025
Sacristain	1* à 900	900
Garde des morts	1* à 1000	1,000
b) Bureau.		
Chef	1* à 4000	4,000
Employé	2 à 3250 (500)	7,500
Intendant	1* à 3250	3,250
Magasinier	1 à 2500 (500)	3,000
Intendant de la maison des orphelins	1 à 2500 (500)	3,000
Employé	1 à 2125, 2 à 2000	6,125
Garçon de bureau	1 à 1250	1,250
Portier	1* à 1050, 1* à 1000	2,050
Domestique	2* à 1000	2,000
Barbier	1 à 1325	1,325
Inspecteur de blanchissage	2 à 1000	2,000
Apprenti de bureau	1 à 1250	1,250

Nom de la place occupée	Chiffres des personnes pui occupent la place, leur traitement annuel (et indemnité)	Dépense totale francs
15. Hospice d'aliénés.		
Médecin en chef	1* à 2500	2,500
Intendant	1* à 2000	2,000
Médecin	1 à 1375	1,375
16. Gymnase.		
Directeur [1]	1* à 4000	4,000
Professeur [1]	13 à 3250 (750) 1 à 3250	55.250
Domestique	1* à 1125	1,125
17. École reale.		
Directeur [1]	1* à 4000	4,000
Professeur [1]	15 à 3250 (750), 1 à 2250, 1 à 1250	63,500
Professeur adjoint	2 à 1250	2,500
Domestique	1 à 912, 1 à 750	1.662
18. Seminaire pour des institutrices.		
Directeur [2]	1* à 3750	3,750
Professeur [2]	3 à 3000 (500)	10,500
Institutrices [3]	2 à 1875 (250), 2 à 1500 (250)	7,750
Professeur extraord.	7 à 175, 1 à 750	1,975
Domestique	1* à 1050	1,050
19. Écoles primaires.		
Directeur [3]	8 à 1750 (625)	19,000
Maître d'école [3]	18 à 1750 (312), 30 à 1375 (312), 1* à 1260, 14* à 1250	106.486
Maîtresse d'école [4]	7 à 1750 (250), 15 à 1350 (250), 24 à 1125 (250), 11 à 1000	82.000
Maître adjoint	9 à 625, 10 à 500	12.625
Domestique	6* à 1000, 3 à 750	8.250

[1] Le Directeur et les professeurs jouissent d'un supplément quinquennal de 500 francs, [2] même supplément de 425 francs. [3] de 200 francs, [4] de 1250 francs.

Recapitulation.

		Nombre des personnes	Dépense totale en francs
1.	Conseil administratif	36	120,615
2.	Caisse d'impôts	14	30,875
3.	Caisse communale	4	13,500
4.	Bureau d'économie	4	14,375
5.	Inspectorat des foires et du nettoyage	16	31,875
6.	Service sanitaire	35	41,750
7.	Cimetières	8	6,650
8.	Bureau de statistique et d'anagraphie	11	26,750
9.	Bureau de logement pour les soldats	2	4,250
10.	Prisons	9	11,000
11.	Arrondissements	34	33,500
12.	Bureau des ingénieurs	27	73,350
13.	Comptabilité	12	35,375
14.	Hôpital	39	77,050
15.	Hospice d'aliénés	3	5,875
16.	Gymnase	16	60,375
17.	École réale	22	71,662
18.	Séminaire pour institutrices	17	25,025
19.	Écoles primaires	156	228,361
20.	Police *)	—	305,369
			1.217,582

*) Voir dans le tableau 4 les traitements des gensdarmes, des sergeants de ville, de le garde de police, des gardiens et du personnel de la police de santé.

Statistique des Finances

DE LA VILLE DE

Leipsic (Leipzig)

de 1865 à 1874.

POPULATION. 1864: 84,662. — 1875: 124,797.

Table des matières.

		Pag.
Recettes 1865—1874	(Tableau 1)	103
Dépenses ,, ...	(Tableau 2)	104
Annexe aux comptes annuels:		
Impôts directs et indirects. . . , ...		105
Entreprises indépendantes.		105
Location des places publiques		107
Instruction publique.		107
Subsides.		108
Police		108
Assistance publique		108
Subsides accordée aux églises		109
État de Fortune 1874	(Tableau 3)	110
Dette consolidée 1874	(Tableau 4)	110
Annexe à l'état de fortune		111
État des fondations, administrées par la ville de Leipsic à la fin de 1874	(Tableau 5)	113
Montant des impôts directs de 1865 à 1874	(Tableau 6)	114

1. Recettes de la ville de LEIPSIC

de 1865 à 1874.

	1865	1866	1867	1868	1869	1870	1871	1872	1873	1874
					Francs					
1. Impôts directs	598,932	760,501	681,336	462.188	1.382,442	1.251,611	1.574,144	1.576,416	1,355,859	1.668,307
2. Impôts indirects	—	—	—	—	27,926	24,814	25,651	28.862	30,060	31,021
3. Produit de la fortune immobilière	607,955	620,320	632,107	675,935	722,518	733,089	754.600	978,631	950,427	957,077
4. Produit de la fortune mobiliére	370,981	299,791	392,682	390,822	480,562	514,312	577,306	552,591	665,659	507,597
5. Excédant des entreprises indépendantes	167,203	142,326	227,404	161,021	235,896	174,669	111,152	173,174	223,379	186,988
6. Recettes provenant de la location des places publiques et des eaux .	87,818	84,449	88,010	88,433	87,721	64,641	65,959	68,321	64,110	69,534
7. Recettes provenant de la vente d'actifs	1.650,264	1.788,387	1.787,981	1.510,860	2.457,039	2.388,466	1.967,114	2.856,132	3.171,469	2.299,581
8. Recettes provenant d'emprunts	2.913,054	1.663,938	1.622,976	1.036,240	1.382,510	681,578	3.290,272	383,250	515,796	413,482
9. Recettes provenant de subsides et de dons . .	24,968	26,316	29,021	255,406	32,698	33,195	31,435	35,899	41.624	44,655
10. Menu suffrages, amendes	299,052	195,080	189,092	214.482	167,205	106,221	110,352	124,328	136,250	168,770
11. Dédommagement pour les frais de guerre . .	—	—	743,439	484,379	—	—	—	274,339	—	35,752
12. Taxes scolaires	222,891	227,669	234,021	249,176	273,155	292,020	324,337	351,692	375,285	433,494

2. Dépenses de la ville de LEIPSIC

de 1865 à 1874.

(D'après les comptes definitifs.)

	1865	1866	1867	1868	1869	1870	1871	1872	1873	1874
					Francs					
1. Police	367,173	421,833	402,889	397,162	417,903	417,862	514,689	456,341	506,332	602,010
2. Nettoyage et arrosage des rues	15,074	18,207	33,398	61,889	66,910	63,834	96,547	57,817	78,927	102,500
3. Entretien des écoles (sans frais de construction). .	749,633	778,853	827,616	845,004	891,914	996,509	1.075,011	1.229,512	1.307,364	1.509,912
4. Voies de Communication (chaussées, ponts, etc.)	179,841	198,629	639,797	375,277	651,042	237,152	287,257	239,945	718,328	314,365
5. Assistance publique . .	163,055	180,937	197,406	195,186	193,086	208,813	226,719	233,267	250,512	267,307
6. Frais des hôpitaux (sans frais de construction) .	311,364	383,542	342,359	380,309	343,583	358,795	459,945	617,480	707,485	771,278
7. Eclairage	146,215	142,854	147,572	159,807	141,547	98,637	150,285	214,700	225,232	240,947
8. Déficit des entreprises indépendantes	63,869	64,931	102,919	115,520	88,106	123,330	62,663	66,220	44,780	65,059
9. Acquisition d'actifs . .	3.828,984	1.862,117	1.984,931	2.560,512	3.413,994	2.898,703	4.737,896	3.060,881	3.028,194	2.274.237
10. Intérêts des dettes et amortissement	1.073,884	976,172	1.967,908	917,326	963,737	842,144	1.102,280	931.834	1.017,072	1.014,446
11. Parcs	30.097	22,499	30,052	28,212	32,616	32,207	33,940	35,076	31,892	64,414
12. Corps de pompiers . .	94,733	62,258	75,308	122,026	92,900	90,501	97,790	105,348	126,053	134,208
13. Administration	233,093	223,701	222,730	235,021	236,419	245,233	263,207	273,471	309,136	328,169
14. Maison de correction et d'alimentation (St.Georg)	154,082	175,458	182,375	196,370	184,733	171,366	173.445	145,703	152,894	150,624
15. Frais de cultes (sans frais de construction) .	17,719	33,649	24,073	22,274	19.011	2,625	2,625	2,625	2,625	2,625

Annexe aux comptes annuels.

I. Impôts directs et indirects.

A l'exception de l'impôt sur les chiens, les impôts communaux de Leipzig sont tous directs. Cet impôt ne rentre dans les caisses de la ville que depuis 1869, le produit en étant auparavant employé à former un fonds pour l'établissement d'un hospice d'aliénés. L'impôt sur les chiens a été élevé depuis le 1 janvier 1876 de 11·25 fr. à 25 fr. par chien.

Les impôts communaux directs se rattachent étroitement aux impôts directs de l'état et se prélèvent en même temps sous la forme d'impôt additionnel.

La ville reçoit une provision pour l'encaissement des impôts prélevés pour l'état dont est formé la caisse dite de Régie. Le montant de cette caisse de Régie a suffi les 10 dernières années à tous les frais et salaires occasionnés par l'encaissement des impôts et a même produit un faible excédent que nous avons ajouté aux revenus des impôts.

Les impôts d'état réguliers montent à 11.₂₅ centimes de l'unité de l'impôt foncier et du montant du Gewerbe und Personalsteuer. De 1867 à 1869 il y a eu de suppléments d'impôts 1.₂₅ cent. soit 2.₅₀ cent. sur l'impôt foncier et ⁴/₁₀ soit ⁸/₁₀ du Gewerbe und Personalsteuer. Les impôts communaux consistent donc de centimes additionnels des impôts d'état sous forme de simpla. Un simplum de l'impôt foncier fait 1.₃₇₅ cent. de l'unité. Un simplum du Gewerbe et Personalsteuer fait: a) ³/₄ de fr. pour chaque 3³/₄ fr. d'impôts d'état prélevés sur chaque citoyen qui paie au moins 3³/₄ fr. d'impôts d'état; b) 37¹/₂ cent. de la même unité pour tous les individus indépendants et mariés. Ceux qui ne sont pas indépendants (non mariés) et payent moins de 3³/₄ fr. d'impôts d'état, sont exemptés des impôts communaux.

II. Entreprises indépendantes.

A. Baraques de foires.

La plus grande partie des baraques de foire appartient à la ville.

La commune paie le Gewerbesteuer pour le loyer des baraques qui est considéré comme entreprise commerciale.

14

B. Balances de la ville.

Autrefois les balances constituaient un monopole de la ville, mais quoique ce monopole n'existe plus, le public aime à recourir aux balances de la ville.

C. Établissement du gaz.

L'établissement municipal du gaz a été construit en 1837. Il a nécessité 4 millions de fr. dont 3.180,000 fr. ont été prêté par la Caisse municipale, quant au reste il a été couvert par des emprunts de la Caisse d'épargne et par des fondations. A la fin de 1874, il y a avait déjà 528,828 fr. amortisés. L'établissement a été en état de faire des versements considérables dans la Caisse municipale.

D. Aqueduc.

L'aqueduc a été livré au public en 1866. La caisse municipale lui a prêté 4¹/₄ millions de fr., dont à la fin de 1874, 190,000 fr. étaient amortisés. Ce ne fut que dans les premières années que l'aqueduc eut recours aux subsides; depuis 1869 il a produit non-seulement les quôtes d'amortisation et d'intérêt mais même un faible excédant.

E. Entrepôts.

Les entrepôts ont été établis en 1853 au moyen de l'emprunt fait en 1850; les frais de construction s'en sont élevés à 1³/₄ million de fr.; la Caisse municipale a avancé 16,000 fr. pour l'exploitation et 13,000 fr. pour le matériel. L'établissement paie un intérêt de 4%, mais il n'amortise pas. Jusqu'en 1870 l'exploitation était en déficit; depuis 1871 jusqu'à la fin de 1874 elle a produit un excédant de 21,000 fr., qui n'a pas été versé dans la Caisse municipale, mais a servi à la consolidation du fonds d'exploitation.

F. Caisse d'épargne et mont de piété. *)

Le mont de piété a acquis jusqu'à présent une fortune de 303,853 fr., qui cependant n'existe pas au comptant, mais qui est représentée par les prêts avancés sur les gages. Le fonds de réserve de la Caisse d'épargne s'élève à 1³/₄ million de francs.

G. Maison de travail volontaire.

Cet établissement qui a existé jusqu'en 1870 était à moitié une fondation de bienfaisance, à moitié une entreprise indépendante. Il s'y trouvait des écoles d'ouvrages manuels et les travaux étaient vendus pour le compte de l'établissement; mais bien qu'il disposât d'une grande fortune, il exigeait cependant chaque année de grands subsides de la part de la commune. Les revenus de cette fondation sont affectés à la Rathsfreischule.

H. Musée.

Sa fondation est due au legs d'un citoyen de Leipsic, Schletter, décédé en 1853, qui avait donné à la ville une précieuse galerie de tableaux et une

---

*) Ces deux établissements ont été fondés le 20 février 1826. A l'occasion de leur demi jubilé en 1876. M. Bellow téneur de livres de ces établissements a publié un ouvrage qui en expose le développement et l'état.

maison dont le revenu devait servir à la construction du Musée. Ces revenus s'élevant à 134,000 francs, la construction du Musée ayant coûté 568,000 fr., le déficit fut couvert par la Caisse municipale. Le Musée est tenu de payer $4\frac{1}{2}$ % pour la somme prêtée.

I. Théâtres.

Le vieux théâtre avait une administration privée qui n'avait pas de loyer à payer de 1865 à 1867.

Le bâtiment représentant d'après une évaluation faite en 1831 80,000 fr. et le matériel 60,000 fr.

Un legs d'un citoyen Schumann, décédé à Leipsic en 1861 et s'élevant à 225,000 fr. »à la condition qu'il fût employé dans l'intérêt de la ville« fut l'occasion de la construction du nouveau théâtre. Les sommes nécessitées outre ce capital furent produites par un emprunt volontaire de 3%; elles s'élevaient à 1.575,000 fr. Les frais de la terrasse, montant à 105,000 fr., ont été couverts par des dons. Mais ce théâtre ayant coûté 4.245,000 fr. il fallut emprunter plus de 2 millions de francs à la Caisse municipale.

Il semble juste de charger cet établissement de 3% pour 1.575,000 fr. et de $4\frac{1}{2}$ % pour 217,000 fr. ce qui fait 57,000 fr. d'intérêt par an auxquels il faut ajouter les frais de réparation et d'entretien.

Le nouveau théâtre inauguré le 20 janvier 1868 a été affermé avec le vieux théâtre au prix de 37,500 fr. à payer annuellement, et le restaurant au prix de 11,500 fr. par an.

III. Location des places publiques.

Les revenus compris sous ce titre sont considérables, attendu que la foire annuelle et les marchés se tiennent dans les places publiques.

IV. Instruction publique.

Il n'y a pas d'écoles subventionnées par l'état: toutes les écoles sont à la charge de la ville et ce n'est que pour l'avenir qu'on espère l'établissement d'un gymnase entretenu aux frais de l'état.

Jusqu'en 1869, les deux écoles pour les pauvres étaient entretenues par la Caisse des pauvres à laquelle la Caisse municipale accordait une subvention annuelle de 11,250 fr. Depuis 1869, la commune s'est chargée de ces deux écoles.

La plupart des écoles se trouvent dans des bâtiments appartenant à la commune, c'est pourquoi nous avons chargé dans le compte annuel les écoles de $4\frac{1}{2}$ % de la valeur de ces bâtiments.

Toutes les écoles communales étaient fréquentées

en 1868 par 11,142 écoliers
» 1870 » 12,169 »
» 1875 » 14,574 »

dont 2,223 fréquentaient les écoles supérieures
et 11,715 » » » primaires.

Le chauffage exigeait en 1872, 6520 écus, en 1873, 8217 écus ; l'éclairage 4000 francs.

	Pour les indigènes	Pour les étrangers
Les taxes scolaires s'élevaient :		
pour le gymnase, l'école réale (I et IV cl.) la höhere Mädchenschule	30	45 écus
pour l'école réale (V et VI cl.).	20	30 »
pour la höhere Knabenschule	24	45 »
pour la Bürgerschule	6	12 »
pour la gewerbliche Fortbildungsschule . . .	2	4 »
pour la Bezirksschule	1	18 gros.

(Sont regardés comme étrangers ceux qui ne contribuent pas aux impôts communaux personnels.)

V. Subsides.

L'état contribue aux frais de la police pour la onzième partie ; il a contribué de même aux pensions de l'ancien office criminel, jusqu'à leur extinction survenue en 1875, et pour de petites sommes aux frais d'administration de l'Hôpital de St. Jean, du Mont-de-piété, de la Caisse d'épargne et des Églises ; la Caisse d'assurance contribue pour 1% de ses recettes aux frais du corps des pompiers ; le Ministère de l'instruction contribue depuis 1871 pour 15,000 fr. par an aux frais de l'Hôpital communal. — Après la clôture de cette statistique des finances, l'état a adjugé à la ville 240,000 fr. comme quote-part de l'indemnisation de la guerre de France ; cette somme doit être administrée séparément.

VI. Police.

Les dépenses faisaient :

	pour la police exécutive	pour la police du salut public
en 1865	266,000 fr.	101,000 fr.
» 1866	271,000 »	151,000 ·
» 1867	281,000 »	122,000
» 1868	282,000 »	116,000 »
» 1869	288,000 »	130,000 »
» 1870	284,000 »	134,000 »
» 1871	292,000 »	222,000 »
» 1872	315,000 »	142,000 »
» 1873	360,000 »	146,000 »
» 1874	431,000 »	171,000 »

VII. Assistance publique.

L'assistance publique est entièrement séparée de l'administration communale. Un membre du conseil municipal préside à la direction qui se compose d'un certain nombre de citoyens, chefs d'arrondissement. Les arrondissements se subdivisent en cercles où fonctionnent des citoyens volontaires sour le titre de pères des pauvres.

Il n'est pas subvenu aux sommes requises pour l'assistance publique par des impôts mais par des souscriptions. En outre, l'assistance publique dispose des revenus des fondations.

Outre l'assistance publique proprement dite, la direction est chargée de l'administration de la Maison des pauvres, de l'Institut des nourrissons et de l'Établissement des renseignements pour ouvriers.

Comme l'année de l'assistance publique commence en juillet, il nous a fallu pour notre tableau international réduire toutes les données d'après l'année du calendrier.

Les dépenses de l'assistance publique montaient :

	en 1869/70 à 52,500 écus	en 1873/74 à 71,300 écus
dont : pour l'administration	3,200	4,500
» le secours	44,600	55,300
» la maison des pauvres	3,500	6,200
» l'institut des nourrissons	300	300
» les pauvres honteux	---	2,900

La fortune s'élevait à 341,000 écus.

Ont été distribués en 1873/74 : 38,196 livres de pain, 350 stères de bois, 2850 hectolitres de charbon ; ont été habillés : 414 hommes, 1374 femmes, 760 garçon, 714 filles.

Étaient à la fin de l'année en traitement médical 2595 individus ;

se trouvaient dans la Maison des pauvres 134 personnes ;

étaient sous la surveillance 101 nourrissons ;

ont été vendus à des pauvres dans la »Waarenstube« 35,266 paquets de fruits à gousses, farine et ríz à 12¹/₂ centimes.

Nombre total des pauvres assistés pendant l'année dernière : 1628.

VIII. Subsides accordés aux églises.

Jusqu'en 1869 tous les déficits des églises luthériennes ont été couverts par la Caisse municipale tandis que les églises catholiques allemandes, grecques et israélites ont reçu comme subsides annuels la somme totale de 2625 fr. En vertu de la loi du 30 mars 1868, cet état de choses a changé. L'église luthérienne a couvert jusqu'en 1875 ses frais par des emprunts dont l'amortisation doit se faire en recourant à un impôt de l'église établi cette année-ci. L'église réformée a toujours subvenu à ses besoins par ses propres impôts. Les subsides accordés aux susdites églises sont continués.

3. Exposé de l'état de fortune d'après le compte définitif de 1874.

	I. Actif:	Francs
1	Valeurs effectives	311.066
2	Capitaux placés	588,293 [1]
3	Valeur des propriétés (valeur évaluée)	
	a) Bâtiments servant à l'administration et aux écoles 3.806,816 [*]	
	b) Maisons d'habitation appartenant à la commune 5.925,901	
	c) Terrains communaux 2.161,560	
	d) Domaines avec tout ce qui s'y trouve (fundus instructus) 3,145,478	
	e) Autres propriétés 2.626,677	
		17.666,432
4	Papiers de valeur	853,249 [2]
5	Valeurs mobilières	579,996
6	Créances	8.724,882 [3]
7	Autres objets actifs	5.468,827 [4]
	Total . . .	34.192,745
	II. Passif:	
1	Dette consolidée (emprunts à titres)	15.162,000
2	Capitaux passifs	2.587,888 [5]
3	Autres sommes passives	686.386 [6]
	Total . . .	18.436,274
	Bilan:	
	Total de l'actif	34.192,745
	Total du passif	18.436,274
	Fortune . .	15.756,471

[1] Sur hypothéques 545,168, sur obligations 43,125. — [2] Actions de mines 393,905, obligations d'État 354,035, actions de chemin de fer 94,059. actions de bains 11,250. — [3] Créances envers l'établissement de gaz 2.786,967, Créances envers l'établissement d'acqueduc 2.027,920, Créances envers du Lagerhof (Entrepôt) 1.766,567, Créances envers autres 143,428. — [4] Rentes 4.335,937, Balance de ville 93,750, droit de place 1.039,139. — [5] Dettes hypotécaires 585,034, chirographaires 872,638, dette sans intérêt 1.130,217. — [6] Dettes aux fondations 428,946, contributions annuels 257,441.
[*] Hôtel de ville et préfecture de police 319,202, écoles 3.487,614.

4. Dette consolidée existante à la fin de 1874.

Année de l'emission	Mode d'emprunt	Valeur nominale de l'emprunt	Montant versé après déduction de tous les frais	Intérêt, amortissement annuel %	Durée de l'amortissement	État de la dette à la clôture de l'année 1874
		francs				
1850	Souscription publique	1.875,000	1.875,000	5*, 1 am.	100 année	1.593,750 [1]
1856	» »	4.687,500	4.679,291	4*, 1 am.	100 »	4.031,250 [2]
1864	» »	4.687,500	4.675,416	4*, 1 am.	41 » (1910)	4.376,625 [3]
1865	Souscription privée	1.575,000	1.575,000	3*, 1 am.	46 » (1913)	1.432,875
1868	» par offres	3.750,000	3.589,347	4½*, 1am.	49 » (1922)	3.727,500 [4]

[1] Destinée à la construction de l'entrepôt. — [2] Destinée à l'amortissement des dettes envers des fondation et à la construction des maisons et du musée. — [3] Destinée à la construction de l'aqueduc, de l'hopitâl communal et des égoûts, à la construction du théâtre. — [4] Destinée à la construction de l'etablissement de gaz, à l'amélioration du fleuve, à la construction du pont et des écoles.
*) Y compris les intéréts épargnés.

Annexe à l'état de fortune.

On a fait en 1831 l'évaluation de tous les bâtiments appartenant à la ville de Leipsic, en admettant pour base de l'évaluation une unité du cadastre foncier de la valeur de 31.25 fr. D'après cette évaluation, l'hôtel de ville représentait un valeur de 209,363 fr., la préfecture de police de 109,837 fr.; la Gewandhause de 264.838 fr., le vieux théâtre de 77,805 fr., les autres bâtiments un total de 190,101 fr. Le rez-de-chaussée de l'hôtel de ville, ainsi que celui de la préfecture de police est en grande partie loué et produit un revenu de 185,000 fr. ce qui représentait un capital de 1.412,000 fr. Les localités du Gewandhaus sont en grande partie occupées par la bibliothèque communale qui, en conséquence, est chargée de la valeur de ce loyer.

C'est pourquoi nous ne pouvions pas faire figurer dans le compte annuel comme dépense la valeur des loyers de l'hôtel de ville et de la préfecture de police.

Les bâtiments construits depuis 1841 figurent au prix de revient; on ne réduit rien pour l'amortisation, sauf pour la halle aux viandes, attendu que par les frais d'entretien et de réparation la valeur en augmente même.

On ne fera pas d'objection à ce que nous avons mis à l'actif pour, toute leur valeur: le vieux théâtre, pour sa valeur d'estimation de 77,805 fr.; le nouveau théâtre, pour sa valeur de construction de 1.899,527 fr.; le musée, pour sa valeur de construction de 568,344 fr., attendu que ces bâtiments subviennent eux-mêmes aux frais de leur entretien, mais les $4^1/_2$ % d'intérêt des capitaux sont dans l'état de fortune à la charge de ces établissements comme »frais de loyer à la ville«.

Il en est de même des écoles. Depuis 1875. les $4^1/_2$ % d'intérêt des bâtiments des écoles sont effectivement inscrits pour l'entretien des écoles. Pour établir la comparaison, nous avons mis à leur charge ce loyer pour les années de 1865 à 1874.

On a fait rentrer dans l'exposé de fortune de la ville comme propriété communale toutes les places situées dans la banlieue de la ville comme champs, prairies et forêts. Les domaines de la ville de Leipzig consistent en biens seigneuriaux (Rittergüter) et en biens de paysans (Bauerngüter) se trouvant dans le voisinage immédiat de la ville. Les terres appartenant proprement à la ville sont en grande partie situées immédiatement aux limites de la banlieue proprement dite. C'est surtout le cas pour les terres de Thonberg, de Connewitz, de Lindenau, de Leutzsch et de Gohlis.

Les droits de chasse de domaines sont évalués à la somme de 57,256 fr., et ceux de pêche à celle de 843 fr., attendu que, d'après l'état actuel de la loi, ils ne sont plus considérés comme des droits, mais comme se rattachant inséparablement au terrain. Sous le titre »autres propriétés« se trouve le montant des loyers héréditaires capitalisés. Pour les actions des mines (Kux), on a admis comme valeur 25 fois le revenu moyen de 1821 à 1830. Le revenu de ces actions est très variable; il montait en 1865 à 92,000 fr. et en 1870 à 87,000 fr. Les papiers d'état et les actions sont notés au prix d'achat.

Le plus grand contigent en fait de meubles est fourni par le mobilier des écoles et des théâtres qui s'élèvent pour ce dernier à 177,606 fr. L'établissement du gaz, la machine hydraulique et les entrepôts (Lagerhof) sont considérés comme des entreprises indépendantes auxquelles la Caisse de la ville a avancé les sommes requises pour leur construction et en partie pour frais d'exploitation. Les chiffres de l'exposé représentent les sommes que ces établissements redevaient encore à la fin de 1874 à la caisse de la ville après une amortisation partielle.

Le dédommagement payé par l'état pour le dégrèvement du »Stapelrecht« c'est-à-dire 173,000 fr. par an, figure à l'actif pour 25 fois cette valeur.

L'établissement actuel des »balances de la ville« provenant des anciens droits de balance et de la location des places publiques a été considéré comme représentant une partie de la fortune, parce qu'ils sont des objets de valeur et que par là il a été possible de faire coïncider l'exposé de l'état de fortune de cette ville dans cette statistique internationale avec la tenue des livres de cette ville. En outre, il faut remarquer que cet actif est compensé par un passif corrélatif.

Remarquons que nous n'avons pas fait rentrer parmi les objets de valeur de la ville la valeur des rues et des quais.

Les dettes hypothécaires représentent en grande partie le reste non payé des achats

Les dettes sans intérêts se composent de 647,000 fr. que la Caisse communale (Stammvermögenscassa) doit à la Caisse d'exploitation (Betriebscassa) depuis la séparation de ces deux caisses, et de 484,000 fr. empruntés pour la construction des écoles.

Les dettes des fondations représentent le capital des sommes employées par la ville dans ce but, tandis que les »sommes annuelles« sont celles qui se rapportent à d'autres obligations qui n'ont pas le caractère de fondation. C'est par exemple:

pour la société des tireurs . . . 10,006 fr.
pour la rente de dégrèvement . . 62,830 fr.
pour la Landesculturrente . . . . 170,036 fr.

Mais les capitaux de fondation ci-haut mentionnés ne doivent pas être confondus avec les »fondations« administrées séparément par la Caisse spéciale des fondations.

On méconnaîtrait entièrement le caractère des finances de la ville de

Leipsic, si l'on ne tenait pas compte des fondations qui n'ont en vue que des besoins purement communaux.

Nous donnons dans une pièce adjointe un aperçu de l'état de fortune des fondations administrées par la Caisse des fondations, au nom et sous la responsabilité de la ville, en donnant le nom des principales d'entre elles. Il faut cependant relever que ce ne sont point là toutes les fondations de bienfaisance qui existent à Leipsic, mais seulement celles qui sont administrées par la ville. Non seulement l'Université, mais encore un grand nombre de sociétés et de corporations de tous genres administrent des fondations pieuses en possession d'une fortune considérable.

Quant aux églises, la valeur des édifices n'a naturellement pas été prise en considération. Toutes les données ne se rapportent d'ailleurs qu'aux églises luthériennes, attendu que l'église réformée, catholique, grecque, apostolique et juive n'ont aucune relation avec l'administration de la commune.

Le gymnase »Thomas« possède, outre la fortune mentionnée, quelques terrains dont on ne peut évaluer la valeur, attendu qu'ils ont été transformés en rues et en places de construction. La fortune mobilière de ce gymnase a eu beaucoup de frais à supporter ces dernières années pour la régularisation des eaux et la construction des écluses sur ces terrains, sommes qui ne pouvaient pas non plus être prises en considération. L'hôpital de la ville, l'orphelinat et la maison »George« occupent des bâtiments communaux; mais la fondation »Jean« occupe sa propre maison qui a été construite ces dernières années et qui a coûté 1.544,010 fr., de sorte que cette somme peut être ajoutée à la fortune de fondation.

La maison de correction et de retraite (Georgenhaus) possède un mobilier propre qui n'est pas compris dans celui de la ville et dont la valeur d'assurance est de 71,346 fr.; valeur qui rentre dans l'état de fortune de cet établissement.

---

5. État des fondations,

a d m i n i s t r é e s   p a r   l a   v i l l e   d e   L e i p s i c   à   l a   f i n   d e   1874.

		Francs
1. Fondations des églises		1.981,200
2. » » écoles		736,595
3. Institutions :		
a) Maison de travail volontaire		196,383
b) Maison St. George		1.414 525
c) Hôpital de ville	7.112,203	390,869
d) » St. Jean		4.903,574
e) Maison d'orphelins		206,852
4. Bibliothèque		145,791
5. Institution des pauvres		410,200
6. Autres fondations.		4.331,647
		14,717,636

6. Montant des impôts directs de 1865 à 1874.

Année	Impôt foncier		Gewerbesteuer et Personalsteuer		Impôts communaux		
	Montant brut	Dont pour la commune 3%	Montant	Dont pour la commune 4%	Des indigènes	Des non-indigènes	Total
1865	519,768	15,593	633,101	25,324	—	—	596,076
1866	538,284	16,149	709,006	28,360	—	—	756,320
1867	687,365	17,497	1.277,874	31,596	—	—	673,613
1868	652,732	17,950	1.068,540; 2⅘%	32,056	171,368	280,556	451,924
1869	662,838	18,228	1.154,431	34,676	519,406	876,470	1.395,876
1870	629,712	18,341	897,759	35,910	429,852	812,006	1.241,858
1871	631,034	18,931	909,792	36,392	520,110	1.047,761	1.567,870
1872	648,621	19,459	1.026,425	41,057	493,267	1.081,195	1.574,461
1873	671,629	20,149	1.230,189	49,208	395,626	991,260	1.386,886
1874	712,611	21,378	1.311,531	52,461	460,335	1.205,676	1.665,011

(Dont pour la commune: 3% + ½% du centime additionel)

DE LA VILLE DE

STUTTGARD (STUTTGART)

de 1865 à 1874.

POPULATION. 1864 : 69,084. — 1867 : 75,781. — 1871 : 91,623.

15*

Table des matières.

		Pag.
Recettes 1864—1874	(Tableau 1)	117
Dépenses „	(Tableau 2)	118
Bilan des recettes et des dépenses 1864—1874	(Tableau 3)	119
Les impôts directs de 1864—1872	(Tableau 4)	120
Principales dépenses de 1848—1873	(Tableau 5)	121
État de fortune	(Tableau 6)	122
Dette consolidée	(Tableau 7)	122
Annexe aux comptes annuels :		
I. Recettes.		123
II. Dépenses		124

Bibliographie.

BUREAU ROYAL DE STATISTIQUE ET DE TOPOGRAPHIE. »Beschreibung des Stadtbezirkes Stuttgart.« (Stuttgard 1856.)

1. Recettes de la ville de STUTTGARD

de 1864/5 à 1873/4.

(D'après les comptes définitifs, mais en chiffres ronds.)

	1864/5	1865/6	1866/7	1867/8	1868/9	1869/70	1870/1	1871/2	1872/3	1873/4
					Francs					
Total des recettes	1.884,500	2.276,800	3.762,200	3.014,500	2.864,100	7.624.500	4.642,600	4.798,800	7.293.700	23.132.100
dont recettes extraordinaires	879.000	1.220,800	2.567,800	1.798,800	1.507.700	6.164.200	2.725.500	2.636,100	4.925.600	19.747.000
Recettes de l'état courant *)	1.604.090	2.060,128	2.377.985	2.277,438	2.092.794	6.902.771	2.932,280	3.320,018	5.576,670	14.781.107

Spécification des recettes:

	1864/5	1865/6	1866/7	1867/8	1868/9	1869/70	1870/1	1871/2	1872/3	1873/4
1. Impôts directs	700,600	771,100	776,700	859,100	944,200	1.055,200	1.209,000	1.514.900	1.781,500	2.391,200
2. Impôts indirects	27,000	25,700	23,400	24,600	26.300	25,700	27,600	28.500	30,900	35,600
3. Produit de la fortune immobilière	109,300	97,700	94,900	102,400	118,500	141.200	138.900	155,300	180.400	200,100
4. Produit de la fortune mobilière.	3,400	3,900	24,000	28,900	25.100	38,400	70.900	40,300	43.900	111,900
5. Recettes provenant de la location des places publiques et des eaux .	32,200	28,700	30.200	35,200	36,400	48,500	55,100	64,100	72.900	82,500
6. Recettes provenant de la vente d'actifs	135,500	96,900	9,500	38,400	100,300	308,400	65,200	28,500	607,700	131.000
7. Recettes provenant d'emprunts	105.500	480,200	715,600	251,500	17,200	1.463,900	8,600	20,000	741,300	7.522,500
8. Recettes provenant de subsides et de dons . .	9,200	10,300	9,900	11.200	11,600	11,600	12,500	14.600	19,800	20,200
9. Taxes scolaires	47,600	50,800	53,800	57,400	66,000	66,400	72,900	79,700	82,700	94,300

*) Recettes courantes.

2. Dépenses de la ville de STUTTGARD

de 1864/5 à 1873/4.

(D'après les comptes définitifs, mais en chiffres ronds.)

	1864/5	1865/6	1866/7	1867/8	1868/9	1869/70	1870/1	1871/2	1872/3	1873/4
					Francs					
Total des dépenses	2.575,100	3.235,400	4.881,700	4.671,300	4.896,100	9.858,500	7.372,600	7.933,900	11.868,600	30.025,700
dont dépenses extraordinaires	1.737,500	2.027,300	3.754,300	3.489,700	3.581,400	8.281,500	5.417,100	5.811,100	8.967,900	26.336,200
Dépenses de l'état courant	1.772,489	2.247,054	3.495,089	2.738,250	2.329,326	6.777,435	3.199,141	3.357,297	6.404,146	16.778,588

Spécification des dépenses :

	1864/5	1865/6	1866/7	1867/8	1868/9	1869/70	1870/1	1871/2	1872/3	1873/4
1. Police	110,600	107,800	124,500	134,600	135,700	144,700	147,500	159,200	203,100	352,800
2. Nettoyage et arrosage des rues	30,000	30,000	38,600	38,600	42,900	50,000	63,200	63,200	72,500	107,100
3. Entretien des écoles (sans frais de construction)	149,000	180,400	179,400	191,800	205,100	219,600	233.600	264,700	328,400	423,100
4. Voies de communication (chaussées, ponts, etc.)	152,600	197,600	186,000	185,000	230,800	302,800	343,700	387,100	503,100	741,400
5. Assistance publique	149,800	150,500	180,900	183,000	181,100	161,800	203,800	194,600	195,900	205,700
6. Frais des hôpitaux (sans frais de construction)	6,900	12,200	15,500	14,600	18,600	18,900	24,200	25,700	39,200	43,300
7. Eclairage	38,200	40,300	42,500	43,700	46,700	48,900	53,400	53,600	59,200	76,500
8. Acquisition d'actifs	54,900	176,900	199.300	263,800	331,700	310,900	724,700	412,300	1.511,100	1,700
9. Intérêts des dettes et amortissement	54,000	63,900	87,200	115,700	144,700	221,800	224,400	258,700	269,800	404,600
10. Traitements	65,000	75,900	86,400	93,700	90,700	98,000	115,400	129,500	198,200	242,800
11. Chemins vicinaux	27,000	29,800	29,600	36,700	28,100	43,100	47,000	45,800	89,400	75,000
12. Egoûts	92,400	52,100	30,900	53,800	57,500	120,500	85,300	114,200	140,500	207,000
13. Eaux	60,200	73,100	97,800	88,700	100,300	82,100	78,700	78,000	78,700	210,500
14. Frais de cultes sans frais de construction	8,200	9,400	9,700	10,700	11,200	9,400	11,600	11,400	20,400	22,500
15. Parcs	3,900	3,400	4,700	4,700	4,300	9,700	5,400	6,000	6,600	8,600
16. Corps de pompiers	15,000	9,200	10,700	12,700	14,400	12,400	16,900	20,400	28,100	8,800

3. Bilan des recettes et dépenses de 1864/65—1873/74.

	1864/65	1865/66	1866/67	1867/68	1868/69	1869/70	1870/71	1871/72	1872/73	1873/74
Compte ordinaire.										
Recettes ordinaires	1.005,500	1.056,000	1.194,400	1.215,700	1.356,400	1.460,300	1.917,100	2.162,700	2.368,100	3.385,100
Dépenses ordinaires . . .	837,600	1.208,100	1.124,400	1.183,600	1.314,700	1.577,000	1.955,500	2.122,800	2.900,700	3.689,400
Surplus (+) ou déficit (−) .	+ 167,900	− 152,100	+ 67,000	+ 32,100	+ 41,700	- 116,700	− 38,400	+ 39,900	− 532,600	− 304,300
Compte extraordinaire.										
Recettes extraordinaires .	879,000	1.220,800	2.567,800	1.798,800	1.507,700	6.164,200	2.725,500	2.636,100	4.925,600	19.747,000
Dépenses extraordinaires .	1.737,500	2.027,300	3.754,300	3.489,700	3.581,400	8.281,500	5.417,100	5.811,100	8.967,900	26.336,200
Surplus (÷) ou déficit (−) .	− 858,500	806,500	-1.186,500	1.690,900	-2.073,700	-2.117,300	-2.691,600	−3.175,000	−4.042,300	-6.589,200
Compte ordinaire et extraordinaire.										
Recettes totales	1.884,500	2.276,800	3.762,200	3.014,500	2.864.100	7.624,500	4.642,600	4.798,800	7.293,700	23.132,100
Dépenses totales	2.575,100	3.235,400	4.881,700	4.673,300	4.896,100	9.858,500	7.372,600	7.933,900	11.868,600	30.625,600
Surplus (+) ou déficit (−) .	− 690,600	− 958,600	− 1.119,500	−1.658,800	−2.034,000	−2.230,000	-2.730,000	−3.135,100	−4.574,900	−6.893,500
Compte courant.										
Recettes	1.604,090	2.060,128	2.377.985	2.277,438	2.092,794	6.902,771	2.932,280	3.320,018	5.576,670	14.781,107
Dépenses	1.772,489	2.247,054	3.495,089	2.738,250	2.329,326	6.777,435	3.199,141	3.357,297	6.404,146	16.778,588
Surplus (+) ou déficit (−) .	− 168,399	− 186,926	-1.117,104	− 460,812	− 236,532	+ 125,336	− 266,861	− 37,279	− 827,476	−1.997,481

4. Les impôts directs de 1864—1872.

Année	Impôt foncier — Cadastre (fl.)	Impôt sur 1 fl. du cadastre (kr)	(heller)	Revenu de l'impôt (fl.)	Impôt sur les maisons — Cadastre (fl.)	Impôt sur 100 fl. du cadastre (kr.)	(heller)	Revenu de l'impôt (fl.)	Gewerbesteuer — Cadastre (fl.)	Impôt sur 1 fl. du cadastre (fl. kr. hlr.)	Revenu de l'impôt (fl.)	Stadtschaden (fl.)	Y contribue (%) Impôt foncier	Y contribue (%) Impôt sur les maisons	Y contribue (%) Gewerbesteuer	Bürgersteuer (florin)	Wohnsteuer (florin)	Capitalsteuer (florin)	Berufseinkommensteuer (florin)	Total des impôts (florin)	Par tête (fl.)	(kr)
1864/65	77,113	14	—	17,993	21.073,484	38	2	134,815	50,609	2.02	103,047	256,000	7,0	52,7	40,3	11,319	11,307	37,768	10,641	327,035	4	44
1865/66	76,630	15	3	19,796	22.122,019	40	2	147,486	53,160	2.07.2	112,818	280,000	7,1	52,6	40,3	11,339	14,518	43,165	10,891	359,913	5	4
1866/67	76,181	15	3	19,680	23.083,124	38	2	147,786	52,910	2 08.2	113.022	280,000	7,0	52,7	40,3	11,477	14,285	45,033	11,734	362,529	4	58
1867/68	75,785	17	—	21,472	24.145,724	40	1	161,631	59,544	2.04	123,058	306,000	7,0	52,8	40,2	11,763	14,319	49,539	12,558	400.986	5	11
1868/69	75,494	17	2	21,820	25.090,989	44	2	185,586	58,547	2.20	136,593	344,000	6,3	53,9	39,8	12,087	18,268	50,021	13,991	440,696	5	38
1869/70	75,200	19	3	24,550	26.169,061	48	—	209,637	62,092	2.28	153,811	388,000	6,3	54,1	39,6	12,401	19,782	56,414	14,921	492,511	6	6
1870/71	74,670	23	—	28,751	27.287,531	54	1	246,465	74,405	2.25.4	180,782	456,000	6,3	54,0	39,7	12,486	19,753	59,470	14,954	564,347	6	44
1871/72	73,956	30	1	37,149	29.255,560	1 fl. 5.	4.	320,330	79,993	2.54.2	232,519	590,000	6,3	54,3	39,4	12,540	20,718	66,149	16,739	707,155	8	11
1872/73	73,494	34	5¼	42,730	31.935,480	1 fl. 9.	3¼	370,202	91,351	2.56.4¾	271.644	682,000	6,2	54,1	39,7	12,760	25,343	86,027	22,845	831,552	9	8

L'impôt prélevé pour le compte de l'état faisait en 1872/73.

a) Impôt direct:

Impôt foncier	9,236 fl. — kr.	
» sur les maisons	81,407 » — »	
Gewerbesteuer	61,343 » — »	
Gefällsteuer	2 » — »	
Berufs-Einkommensteuer	110,975 fl. 40 kr.	151,988 fl.
Capital-Einkommensteuer	404,747 fl. 20 kr.	
		515,723 fl.
		567,711 fl.

b) Impôt indirect:

Impôt sur le malt	340.098 fl. 50 kr.
Umgeld	128,854 » 37 »
Liegenschafts-Accise	450,885 » 31 »
Taxe sur les chiens	5,242 » 19 »
» » le commerce	530 » 33 »
» » les théâtres	1.438 » 53 »
Wirthschafts-Concessions-Sporteln	26,465 » 23 »
Notariats-Sporteln	34,035 » 47 »
	987,551 fl. 53 kr.

Total . . . 1.655,262 fl. 53 kr.

5. Dépenses principales de 1848 à 1873.

Année	Traitements	Police	Pavage des rues	Chaussés	Nettoyage des rues	Éclairage	Eaux	Égouts	Instruction publique *)	Assistance publique
					f l o r i n					
1848/49	14,366	7,881	10,596	11,420	8,747	—	5,707	2,359	29,697	14,802
1849/50	14,210	19,141	10,692	6,272	9,161	9,012	4,932	2,856	29,484	18,625
1850/51	14,736	20,222	12,152	3,880	8,895	8,952	7,833	4,036	30,569	16,388
1851/52	14,539	22,287	11,097	8,495	8,986	9,179	8,203	9,223	32,447	15,357
1852/53	15,123	22,591	15,049	12,226	9,230	9,762	7,961	3,078	30,722	23,260
1853/54	16,338	25,828	13,914	11,944	10,525	8,942	8,367	11,746	34,558	22,090
1854/55	15,459	24,602	12,104	15,627	10,392	9,184	5,450	8,834	33,547	35,010
1855/56	15,536	24,570	13,459	12,637	9,952	9,835	6,592	16,933	34,832	21,789
1856/57	17,482	23,689	20,063	23,936	9,641	10,468	5,264	7,722	35,292	33,035
1857/58	17,979	25,299	24,745	38,877	10,097	11,053	7,763	20,841	37,904	29,281
1858/59	18,689	25,323	25,342	26,014	11,244	12,046	8,280	18,878	40,573	36,215
1859/60	19,857	28,119	19,041	22,788	10,851	11,517	9,336	11,547	48,839	28,696
1860/61	22,098	30,114	29,014	25,427	11,701	13,725	10,973	13,879	49,632	30,704
1861/62	23,556	29,879	37,781	27,004	13,100	13,081	24,506	43,006	52,674	29,248
1862/63	25,738	34,306	45,945	29,776	13,472	13,624	31,627	23,193	51,745	30,114
1863/64	28,387	41,337	36,146	32,476	13,931	16,730	20,960	27,632	52,169	24,915
1864/65	30,325	49,639	30,607	40,580	14,000	17,820	28,083	43,099	56,346	19,399
1865/66	35,413	48,569	35,929	56,275	14,600	18,821	34,131	24,345	69,354	21,948
1866/67	40,338	56,010	33,513	35,317	18,000	19,841	45,629	14,487	72,121	28,646
1867/68	43,679	60,322	38,008	48,347	18,000	20,418	41,456	25,180	76,491	30,631
1868/69	42,299	61,180	47,843	59,879	20,000	21,846	46,779	26,865	85,481	36,364
1869/70	45,761	65,037	63,709	77,571	23,352	22,803	38,315	56,271	82,085	32,807
1870/71	54,267	66,354	56,149	104,237	29,481	24,864	36,736	39,821	82,928	32,757
1871/72	60,455	71,202	56,670	123,904	29,070	25,044	36,405	53,334	92,796	36,216
1872/73	92,539	91,532	86,979	147,852	38,545	27,630	36,677	65,572	117,102	43,941

*) Dépenses de la ville et déficit des fondations : »Armenkastenpflege.«

6. Exposé de l'état de fortune d'après le compte définitif de 1873/74.

		Francs
	I. Actif:	
1	Valeurs effectives	56,542
2	Capitaux placés	2.452,220
3	Valeur des propriétés (valeur évaluée)	
	a) Bâtiments servant à l'administration et aux écoles. 3.780.100	
	b) Maisons d'habitation appartenant à la commune . 1.151,600	
	c) Terrains communaux 5.575,900	
	d) Domaines avec tout ce qui s'y trouve (fundus instructus) —	
	e) Autres propriétés 903,500	11.411,100
4	Papiers de valeur ⎫	
5	Valeurs mobilières ⎭	298,000
6	Créances ⎫	
7	Autres objets actifs ⎭	225,400
	Total	14.443,262
	II. Passif:	
1	Dette consolidée (emprunts à titres)	9.357,369
2	Capitaux passifs	113,124
3	Autres sommes passives	146,547
	Total	9.617,030
	Bilan.	
	Total de l'actif	14.443,262
	Total du passif	9.617,030
	Fortune active. . . .	4.826,232

7. Exposé de la dette consolidée.

Année de l'émission	Mode d'emprunt (Souscription publique ou autrement), nom du prêteur	Valeur nominale de l'emprunt	Montant versé après déduction de tous les frais	Amortissement annuel		Durée de l'amortissement	État de la dette à la clôture de l'année 1873/74
				intérêt	quote d'amortissement		
		francs					
1845	Sigm. Benedict . . .	235,675	235,675	3¹/₂ %	11,784	1876	23,568
1858	Souscription publique .	561,335	561,335	4 %	13,926	1888	335,301
1870	Bankverein de Bâle . .	1.499,750	1.464,184	4¹/₂ %	59,990	1900	1.499,750
1873	Fondation allemande des invalides	7.498,750	7.452.143	4¹/₂ %	—	1912	7.498,750
					412,431		

Annexe aux comptes annuels.

A) R{ECETTES.

1. Impôts directs. La commune ne prélève que l'impôt des b o u r g e o i s et d'h a b i t a t i o n (Bürger- und Wohnsteuer) [impôt personnel de 4 marcs, autrefois 2 fl.] qu'est tenu de payer tout individu jouissant de l'exercice des droits civils, ou demeurant seul; les femmes paient la moitié.

Les impôts sur le capital, le service (Dienststeuer) et le revenu de profession (Berufseinkommensteuer) s'élèvent actuellement à $5^4/_5$ % du produit annuel imposable (établi par la loi). De ce produit l'État perçoit $4^4/_5$ %, la commune 1 %.

Le n.ontant annuel qui n'est pas couvert par les impôts mentionnés ici et d'autres revenus est complété par un impôt indépendant sur les terrains, les batiments et le cadastre des métiers; aussi le cadastre est-il soumis à une vérification annuelle.

2. Impôts indirects. La ville prélève un impôt de pavage. Elle n'a pas d'autres impôts indirects.

3. Produit des immeubles. Les sommes indiquées dans les tableaux représentent le p r o d u i t b r u t.

4. Recettes provenant de l'exploitation des places publiques.

Sont compris dans cette position :

a) Les taxes provenant de l'utilisation des rues pour y déposer des matériaux à l'occasion des constructions; elle s'élève par an et par jour à 35 pfennigs.

b) Le droit de passage par les chemins vicinaux en vue du transport de pierres. Il monte par mètre cube et pour 50 mètres de longueur à 1 pfennig.

c) La contribution de la Société du gaz d'éclairage pour les frais d'entretien des rues, s'élevant à 5000 fl.; à l'avenir 15,000 marcs.

d) La contribution du la Société du chemin de fer américain pour la place qu'occupent ses rails. Elle s'élève à 20 fl., par an pour chacun de ses 15 premiers vagons, à 30 fl. pour chacun des 10 suivants et à 35 fl. pour chacun des suivants.

e) Une contribution de 660 fl. pour l'établissement de colonnes à annonces dans les rues et places publiques.

f) Le rapport produit pour l'utilisation des rues et des places, où se tiennent les marchés hebdomadaires, les foires de mai et de Noël, la foire du drap, les baraques foraines, etc.

16*

5. *Taxes scolaires.*

Il n'y a que les enfants de maîtres en fonction à l'école même qui soient exemptés de la taxe; cependant il y a réduction de prix pour plusieurs enfants fréquentant l'école.

Les taxes s'élèvent: dans les é c o l e s p r i m a i r e s p r o t e s t a n t e s et c a t h o l i q u e s à 6 marcs (pour 2 enfants à 5 marcs et pour 3 à 4) à Heslach et à Gablenberg à 3 marcs; dans le »Elementaranstalt« pour les classes inférieures 32 marcs, dans les supérieures à 36;

dans les é c o l e s s e c o n d a i r e s de 24 à 36 marcs (pour 2 enfants de 20 à 30, pour trois de 16 à 24);

dans les é c o l e s d i t e s b o u r g e o i s e s de 20 à 28;

dans les é c o l e s r é a l e s: de la I à la III à 40 m., de la IV à la VI à 48 m. et de la VII à la VIII à 62 marcs (pour le deuxième frère aux $^2/_3$, pour le troisième frère au $^1/_2$, pour le quatrième et les suivants rien); pour les étrangers 77 marcs; pour les é c o l e s d e m é t i e r à 10 marcs; pour les é c o l e s d e m é t i e r d e d i m a n c h e à 4 marcs; pour les é c o l e s s u p é r i e u r e s d e f i l- l e s (Fortbildungsschule) à 10 marcs.

6. *Contributions pour la construction des égouts de la ville.*

Tout propriétaire de maison a à contribuer une fois pour toutes aux frais de construction, d'entretien et de curage des égouts de la ville, pour l'écoulement de ses eaux, en payant 15 marcs par mètre de largeur de sa façade y compris la porte cochère.

B) DÉPENSES.

1. *Police.* Le service de police s'étend à la police de santé, de forêts, de rues, de métiers, de sûreté, de constructions de maison, d'incendie, à la morale publique et aux pauvres.

La plus grande partie des dépenses est occasionnée par les traitements (resp. les uniformes et les armes des employés). La dépense montait en 1873/4 à 142,444 florins.

2. *Frais de culte.*

Il n'y est pas subvenu directement par l'administration de la commune, mais par les fondations publiques existantes sous le nom de »Armenkastenpflege« pour l'assistance des pauvres et dont la commune politique a à supporter le déficit.

Les sommes figurant dans les tableaux sont les dépenses de cette fondation pour les églises.

3. *Entretien des écoles.*

Il est subvenu aux frais des établissements scolaires de la ville en partie directement par la commune, en partie par la fondation publique »Armenkasten- pflege« dont la commune de la ville a combler le déficit.

Les chiffres indiqués représentent le total des frais auxquels subviennent la commune et la »Armenkastenpflege« sans en avoir déduit les taxes scolaires.

Les déficits de la Armenkastenpflege (occasionnés en grande partie par les dépenses scolaires et remboursées par la caisse municipale) ont fait en 1864/5 56,346 fl; en 1865/6: 69,355; en 1866/7: 72,121; en 1867/8: 76,491; en 1868/9: 45,482; en 1869/70: 82,085; en 1870/1: 82,928; en 1871/2: 92,796; en 1872/3: 117,102 florins.

4. *Voies de communication.*

Il faut comprendre ici la dépense annuelle occasionnée par l'établissement, l'entretien, l'arrosage et l'assainissement des chaussées et des rues pavées (il n'y a pas de ponts), mais sans les frais très considérables d'acquisition de terrains.

5. *Assistance des pauvres.*

Aussi dans cette rubrique les chiffres communiqués représentent l'ensemble des dépenses faites directement par la commune politique et en même temps par les deux fondations municipales existantes pour l'assistance des pauvres et l'hôpital des bourgeois.

Les frais de la municipalité qui ne sont pas couverts par les fondations s'élèvent aux sommes suivantes :

1864/65: 19,399 fl.; 1865/66: 21,948 fl.; 1866/67: 28,646 fl.; 1867/68: 30,331 fl.; 1868/69: 36,365 fl.; 1869/70: 32,807 fl.; 1870/71: 32,757 fl.; 1871/72: 36,217 fl.; 1872/73: 43,942 fl.

6. *Frais des hôpitaux.*

Les sommes indiquées représentent le déficit de l'hôpital St.-Catherine remboursé par la commune après en avoir déduit la quote-part de l'État.

8. *Acquisition d'objets de valeur.*

L'acquisition de routes et de places publiques n'y est pas comprise.

Subsides. Subsides de l'État pour l'entretien des écoles (surtout des Fortbildungsschulen) et des bureaux de l'État civil.

Statistique des Finances

de la ville de

MUNICH (MÜNCHEN)

pour les années 1865—1874.

POPULATION. 1864 : 167.054. — 1875 : 193,326.

L'année 1866/7 commence au 1. Octobre 1856 et finit à la fin de 1867 ; à partir de là l'année des comptes coïncide avec l'année du calendrier.

A partir de 1870, les positions courantes ne figurent plus dans les tableaux.

Les données de 1874 sont tirées du budget, les autres des comptes définitifs.

Table des matières.

Pag.

Recettes 1864/5—1874 . . . . (Tableau 1) 129

Dépenses   „   . . . . (Tableau 2) 13o

Annexe aux comptes annuels :

    Recettes 131

    Dépenses 132

État de fortune . . . . (Tableau 3) 133

Dette consolidée . . . . (Tableau 4) 133

Etat du personnel 134, 135, 136

Bibliographie.

Fr. Bauer : »Grundzüge der Verfassung und Vermögensverwaltung der Stadtgemeinde München.« (Munich 1845.)

    »Verwaltungsbericht über das Gemeinde- und Stiftungsvermögen der Stadt München für 184³/₄—184⁷/₈« (Munich 1849.)

1. Recettes de la ville de MUNICH

de 1864 à 1874.

	1864/5	1865/6	1866/7	1868	1869	1870	1871	1872	1873	1874
	Francs									
Total des recettes	4.407,670	5.538,295	11.980,844	8.160,395	6.507,986	4.243,802	5.078,591	5.310,520	6.098,129	9,924,190
Spécification des recettes :										
1. Impôts directs	82,980	84,929	119,395	90,020	48,170	1.261,608	1.049,570	914,092	942,774	1.274,910
2. Impôts indirects	2.070,809	1.977,238	2.140,912	1.573,056	1.627,126	1.563,433	1.722,520	1.866,314	2.286,519	2.389,103
3. Produit de la fortune immobilière	130,824	124,572	137,994	125,109	132,187	67,569	84,092	110,394	167,060	196,760
4. Produit de la fortune mobilière.	40,063	37,541	74,256	128,007	84,410	75,647	89,736	87,452	57,617	54,579
5. Excédant des entreprises indépendantes . . .	45,040	42,262	66,103	41,767	9,131	11,127	15,405	57,243	49,137	79,313
6. Recettes provenant de la location des places publiques et des eaux .	?	?	?	?	?	231,144	283,142	251,753	307,324	317,445
7. Recettes provenant de la vente d'actifs	50,479	33,461	71,024	232,471	30,903	78,769	35,462	31,661	62,578	21,187
8. Recettes provenant d'emprunts	—	540,681	5.503,699	543,594	1.318,758	270,000	428,571	2.646,385	3.695,253	2.081,667
9. Recettes provenant de subsides et de dons . .	414,657	51,479	72,231	73,253	71,412	131,376	153,182	147,318	171,167	55,753

2. Dépenses de la ville de MUNICH

de 1864/5—1874.

	1864/5	1865/6	1866/7	1868	1869	1870	1871	1872	1873	1874
					Francs					
Total des dépenses	4,726,736	5.301,933	11.124,641	6.894,593	6.104,441	4.182,601	4.790,927	7.118,385	5.144,839	5.340,333

Spécification des dépenses :

	1864/5	1865/6	1866/7	1868	1869	1870	1871	1872	1873	1874
1. Police	124,560	105,184	157,595	116,555	117,784	60,516	50,766	52,683	59,652	62,997
2. Nettoyage et arrosage des rues	51,852	37,210	38,195	41,157	39,643	33,897	35,666	42,505	51,463	61,569
3. Entretien des écoles (sans frais de construction)	255,046	270,199	359,224	326,304	351,569	380,036	422,462	511,504	577,112	705,028
4. Voies de Communication (chaussées, ponts, etc.)	1.329,357	1.162,049	1.075,563	876,451	869,912	444,982	310,341	347,355	507,325	500,715
5. Assistance publique	133,907	158,979	337,954	242,336	372,024	440,291	295,951	346,263	520,044	462,361
6. Éclairage	106,773	124,539	162,310	128,395	129,510	142,487	155,053	167,094	171,873	177,495
7. Acquisition d'actifs	271,338	101,656	1.140,543	249,723	492,483	374,639	435,546	725,365	744,452	1.308,643
8. Intérêts des dettes et amortissement	29,698	260,277	1.136,060	11,786	18,917	967,282	1.066,952	1.047,021	1.180,723	1.305,215
9. Frais de cultes	5,630	91,429	24,154	74,702	50,925	19,497	1,094	1,185	1,145	2,322
10. Parcs	60,036	34,576	42,706	34,115	111,731	103,532	26,432	31,728	46,831	43,972
11. Corps des pompiers	—	—	—	—	—	35,477	28,245	31,508	64,698	88,401

3. Bilan des recettes et des dépenses de 1864/65—1874.

	1864/5	1865/6	1866/7	1868	1869	1870	1871	1872	1873	1874
Recettes	4.407,670	5.538,295	11.980,844	8.160,395	6.507,986	4.243,802	5.078,591	5.310,520	6.098,128	9.924,190
Dépenses	4.726,736	5.301,933	11.124,641	6.894,593	6.104,441	4.182,601	4.790,927	7.118,385	5.144,839	5.340,334
Surplus (+) ou Déficit (—)	− 319,066	+ 236,362	+ 856,203	+1.265,802	+ 403,545	+ 61,201	+ 287,664	−1.807,865	+ 953,289	+4.583,856

Annexe aux comptes annuels.

I. Recettes.

Impôts directs. Jusqu'en 1870 il n'y avait pas d'impôts directs; les chiffres indiqués résultent de l'imposition sur l'éclairage. Les impôts directs (imposés par l'État) sont: Haussteuer (4%, du revenu des maisons), Grundsteuer (5% du revenu des terrains), Gewerbesteuer (à peu près 2·1%, du revenu des industries), Capitalrentensteuer (2·2% de la rente nette), Einkommensteuer (1·1% pour les revenus non atteints par les impôts susdits).

Le montant des impôts d'État s'élevait

en 1870 à 1.373,343 francs   en 1873 à 1.570,452 francs
» 1871 à 1.469,755   »   » 1874 à 1.806,127   »
» 1872 à 1.525,460   »

Le revenu se composait en 1874 des sommes suivantes: Grundsteuer 3865, Haussteuer 285,557, Gewerbesteuer 251,231, Capitalrentensteuer 212,670, Einkommensteuer 250,253 florins.

Les impôts communaux se prélèvent sous forme de centimes additionnels: montant depuis 1870 à 70%.

Les impôts indirects sont les suivants: impôt sur la bière et le malt, impôt sur la viande, octroi de grains et de farine, de paille et de foin, et sur toutes les autres entrées le droit de pavage.

La consommation du malt était (en hectolitres) en 1870 de 430,143; en 1871 de 492,920; en 1872 de 505,115; en 1873 de 578,785; en 1874 de 577,757.

Le produit de l'impôt s'évaluait (en francs)

	en 1870	1874
pour le malt	401,044	559,877
pour la bière importée . .	3,251	9,171
pour restes encaissées . .	497,692	682,906

Le revenu de l'impôt sur la bière était en 1875: 19,651 francs
sur la viande était en 1875 . 196,028 brut 182,025 net
» » farine » » » . 238,657 » 190,439 »

Les subsides de 1873 étaient les suivants (en francs):
37,816 quote-part des fondations,
129,495 donation de particuliers.

11. Dépenses.

P o l i c e. Les dépenses principales de police sont:

	Frais généraux fr.	Police de foir fr.	Police de construction fr.
1864—65	12,400	30,400	27,400
1865—66	12,000	30,100	27,200
1866—67	17,700	38,000	33,700
1868	14,000	30,700	25,200
1869	12,900	31,200	27,800
1870	18,000	16,900	23,500
1871	14,600	10,200	23,900
1872	16,700	10,400	23,300
1873	17,900	11,300	27,900
1874	12,300	12,300	36,000

V o i e s d e c o m m u n i c a t i o n. Les dépenses principales réunies sous cette rubrique sont les suivantes:

	Ponts fr.	Rues fr.	Pavage fr.
1864—65	164,600	224,800	372,100
1865—66	64,400	241,500	256,600
1866—67	19,700	488,600	294,400
1868	70,200	404,100	238,900
1869	22,500	373,700	257,500
1870	3,000	192,800	120,700
1871	11,000	205,800	21,500
1872	10,500	251,700	28,800
1873	23,700	380,000	28,200
1874	30,800	322,500	38,600

Écoles. Comme ce sont les fondations, qui subviennent aux frais des écoles, les sommes indiquées ne représentent que les subsides payés par la commune. Les frais totaux des écoles primaires montaient à

255,046 fr. en 186⁴/₅	380,036 fr. en 1870
270,199 » » 186⁵/₆	422,462 » » 1871
359,224 » » 186⁶/₇	511,504 » » 1872
326,304 » » 1868	577,112 » » 1873
351,569 » » 1869	705,028 » » 1874.

Outre cela ont été dépensés de 1871 à 1874 de l'emprunt de 1872 pour la construction des maisons scolaires 1.316,371 francs.

3. Exposé de l'état de fortune d'après le compte définitif de 1874.

	I. Actif:	Francs
1	Valeurs effectives	638,700
2	Capitaux placés	1.217,200
3	Valeur des propriétés (valeur évaluée)	
	a) Bâtiments servant à l'administration et aux écoles . 6.506,500	
	b) Maisons d'habitation appartenant à la commune . 1.423,200	
	c) Domaines avec tout ce qui s'y trouve (fundus instructus) 1.098,900	
	d) Autres propriétés *) 5.032,900	14.061,400
4	Valeurs mobilières	1.077,200
5	Créances	132,600
6	Autres objets actifs	251,200
	Total	17.378,300
	II. Passif:	
1	Dette consolidée (emprunts à titres)	26.120,000
2	Capitaux passifs	1.143,200
3	Autres sommes passives	52,900
	Total	27.316,100
	Bilan:	
	Total de l'actif	17.378,300
	Total du passif	27.316,100
	Fortune passive	− 9.937,800

*) Dont cimetières 1.630,971 fr., marché au blé 1.082,572, mont-de-piété 561,429 fr., aqueducs 768,428.

4. Exposé de la dette consolidée à la fin de 1874.

Année de l'émission	Mode d'emprunt (Souscription publique ou autrement), nom du prêteur	Valeur nominale de l'emprunt	Montant versé après déduction de tous les frais	Amortissement annuel		Durée de l'amortissement	Etat de la dette à la clôture de l'année 1874
				intérêt	quote d'amortissement		
		francs					
1857	Emprunt de la ville .	8.101,700	8.101,700	168,600	184,300	1,899	5.941,700
1865	»	4.285,700	4.124,700	428,600	85,700	1,913	4.105,700
1867	»	8.571,400	8.262,200				8.571,400
1872	»	11.250,000	10.747,500	257,100	67,700	1,921	7.066,200
Dette pour les cimetières (huidber?)		99,900	99,900	4,148	—	indéterminé	95,700
» » » » (à lots)		602,800	602,800	13,200	15,000	1,891	339,200

5. État du Personnel.

Les sommes dans la deuxième rubrique donnent le traitement, celles entre parenthèse l'indemnité de logement, etc. Les positions marquées d'un * jouisent du logement gratis.

Nom de la place occupée	Nombre des personnes qui l'occupent et salaire annuel (somme adjugée)	Total Francs	Nom de la place occupée	Nombre des personnes qui l'occupent et salaire annuel (somme adjugée)	Total Francs
1. Conseil administratif.			Teneurs des livres . .	1 à 3000, 2 à 2700	8,400
Bourgmestre	1 à 16,500, 1 à 13,125 . . .	29,625	Employé	1 2550, 1 à 1875	4,425
Conseillers	1 à 7000, 1 à 7312, 1 à 6750, 1 à 5062, 2 à 6875 . . .	57,224	Garçon de bureau . .	1 à 2025	2,025
Conseiller adjoint . .	1 à 3900	3,900	**5. Bureau des taxes.**		
Secrétaires	1 à 2925, 1 à 3525 . .	6,450	Employés	1 à 3975, 2 à 1950 . . .	7,875
Écrivains à la journée .	1 à 1350, 2 à 3.75, 1 à 3.12 francs par jour	5,238	Écrivains à la journée .	1 à 3.12 francs par jour . .	1,144
			Courier	1 à 1785 (187), 1 à 1785, 1 à 1710,1 à 1635,1 à 1410,1 à 1260 1 à 120 (72), 3 à 2.41 francs par jour	12,981
2. Caisse.					
Caissier	1 4800, 1 à 3825 . . .	8,625	**6. Bureau.**		
Contrôleur	1 à 3825	3,825	Inspecteur	1 à 2475	2,475
Teneurs des livres . .	3 à 3000, 1 à 2850	11,850	Employés	1 à 2550, 2 à 2175, 2 à 1950, 2 à 1725	14,250
Employés	1 à 2550, 1 à 2175, 1 à 1875	6,600	Écrivains à la journée.	4 à 1725, 1 à 1500 . . .	8,400
Écrivains à la journée .	2 à 3.75 francs par jour . .	2,745	»　　»　　»	2 à 3.75, 7 à 3.44, 3 à 3.12, 10 à 2.41 francs par jour .	25,276
Garçon de bureau . .	2 à 2025, 2 à 1875 . . .	7,800			
3. Caisse d'amortisse- ment des dettes.			**7. Archives.**		
Caissier	1 à 4125	4,125	Archiviste	1 à 600	600
Employé	1 à 2475	2,475	Employé	1 à 1125	1,125
4. Caisse des fondations.			**8. Greffe.**		
Caissier	1 à 4425	4,425	Registrateurs	1 à 3525, 1 à 2700 (165) . .	6,390
Contrôleur	1 à 3375	3,375	Employés	2 à 2550	5,100

Nom de la place occupée	Nombre des personnes qui l'occcupent et salaire annuel (somme adjugée)	Total Francs
9. Bureau de statistique.		
Chef	1 à 4800	4,800
Employé	1 à 1950	1,950
Écrivain à la journée .	1 à 3.75 par jour	1,372
10. Bureau de révision.		
Réviseur en chef . . .	1 à 4050	4,050
Réviseurs.	1 à 3468, 1 à 3075	6,543
Employés	1 à 2550, 2 à 2175 (450), 2 à 1950	9,075
11. Bureau de conscription.		
Employé	1 à 2925	2,925
Écrivains à la journée.	2 à 1350, 4 à 2.81 francs par jour	6,817
12. Bureau d'assurance contre l'incendie.		
Employé	1 à 1950	1,950
Courrier	1 à 1765	1,785
Écrivain à la journée .	1 à 2.41 francs par jour . .	1,030
13. Garçons de bureau.		
Garçons	1 à 2172 (240), 2 à (189), 1 à (240), 2 à 1372 (180), 1 à 1875. 1 à 1350, 4 à 1500, 2 à 1575, 1 à 1650 . . .	20,145
14. Police des foires.		
Inspecteurs des foires	3 à 2550, 1 à 2437, 1 à 2400 . .	12.487

Nom de la place occupée	Nombre des personnes qui l'occupent et salaire annuel (somme adjugée)	Total Francs
15. Hygiène.		
Médecin d'arrondissem..	1 à 675	675
Ingénieur de police. .	1 à 5 francs par jour . . .	1,830
Commissaires . . .	5 à 4.69 francs par jour . .	8,578
Vétérinaires	1 à 3525 (375), 1 à 3300, 1 à 2700	9,900
Inspecteurs de la bière	1 à 1500, 1 à 344, 2 à 1.12 francs par jour	3,582
Inspecteurs du pain et de la farine	1 à 781, 1 à 476	1,257
16. Cimetières.		
Employé	1 à 2700	2,700
Garde	1 à 1575, 2 à 1500, 1 à 281 (120), 1 à 1.56 (120), 1 à 1.25 (120), 1 à 0.62 (120) francs par jour	10,426
Écrivains à la journée. .	1 à 1575, 1 à 1462, 1 à 3.75 francs par jour	3,284
17. Éclairage des rues.		
Inspecteur	1 à 2437	2,437
Écrivains.	1 à 3.18 francs par jour . .	1,141
18. Corps des pompiers.		
Inspecteur	1 à 2475	2,475
Gardes	9 à 1.20, 11 à 3.44, 1 à 4.06, 2 à 1.25	16,241
19. Police rurale.		
Gardes	2 à 990, 1 à 360	2,340

Nom de la place occupée	Nombre des personnes qui l'occupent et salaire annuel (somme adjugée)	Total Francs
20. Police de construction.		
Conseiller.	1 à 5850	5,850
Ingénieurs	1 à 4800, 1 à 3712, 1 à 3600, 1 à 3487, 1 à 3375, 1 à 2925, 3 à 5.94 par jour	21,899
Employés	1 à 2700 (150), 1 à 2475, 1 à 1950	7,275
Écrivains à la journée.	3 à 5.94, 1 à 3.44 francs par jour	7,777
Courriers	2 à 1410, 1 à 3.44 francs par jour	2,438
21. Foires d'alimentation et de bois.		
Inspecteurs	1 à 1800, 1 à 1550, 1 à 3.44, 3 à 2 francs par jour	6,152
Serviteur	1 à 225, 1 à 337	562
Tantièmes		2,084
22. Dépôt des grains.		
Commissaire	1 à 2475	2,475
Chefs du dépôt	1 à 2250, 3 à 2025 (150)	8,475
Concierge.	1 à 2.81 par jour (117)	1,160
Ouvriers	5 à 2.81 par jour	5,146
Tantièmes		4,500
23. Foire du bétail.		
Inspecteur	1 à 1950	1,950
Receveur d'argent	1 à 1762	1,762
Employé de la balance.	1 à 1500	1,500

Nom de la place occupée	Nombre des personnes qui l'occupent et salaire annuel (somme adjugée)	Total Francs
Collecteurs	2 à 2.50 par jour	1,630
Courrier	4 à 2.19 par jour	941
Serviteur	1 à 324	324
Adjoint	1	68
24. Foires.		
Employés	1 à 400, 1 à 200, 1 à 65	665
25. Boucherie.		
Maître	1 à 1875	1,875
Compagnon	1 à 3.12 par jour	1.144
Inspecteur	1 à 337	337
26. Balance de la ville.		
Maîtres	1 à 3075 (225), 1 à 2325 (150), 1 à (225)	6,000
Actuaire	1 à 2.81 par jour	1.028
Compagnons	1 à 3.12, 2 à 2 par jour	910
Serviteurs.	1 à 1575, 1 à 1350	2,925
Collecteurs	4 à 2.18 par jour	910
27. Bureau d'étalonnement.		
Maître	1 à 2175 (225)	2.400
Compagnon	1 à 3.12 par jour	1.144
Serviteur	1 à 495	495
28. Bureau des ingénieurs.		
Conseiller.	1 à 8775	8.775
Employés	1 à 5325, 1 à 4574, 1 à 4262, 1 à 2175, 1 à 3000	19,837

Nom de la place occupée	Nombre des personnes qui l'occupent et salaire annuel (somme adjugée)	Total Francs
Maître des rues	1 à 3300	3,300
Administrateurs des magasins	1 à 2700, 1 à 1500 . . .	4,200
Écrivains à la journée	4 à 3.44 par jour . .	5,032
Maître maçon	1 à 1875	1,875
29. Parcs.		
Inspecteur	1 à 1575	1,575
Jardinier	1 à 2700	2,700
Garde	1 à 1200 (60)	1,260
30. Bureau de recrutement et de logement des soldats.		
Secrétaire	1 à 2700 (375) . . .	3,075
Employé	1 à 1800 . . .	1,800
Écrivain à la journée	1 à 3.44 par jour . .	1,257
Commis	3.12 » » . . .	1,991
Garçon	2 à 1.56 » » . . .	571
31. Hôpitaux.		
Bureau.		
Collecteurs	1 à 3225 (760.62), 8 à 2.50 par jour . . .	11,606
Employé	1 à 1725 . . .	1,725
Écrivains à la journée	1 à 3.12, 1 à 2.81 par jour .	2,173
Tantième		3,850
Hôpitaux.		
Administrateurs	1 à 4425, 1 à 3825, 1 à 3225 .	11,475

Nom de la place occupée	Nombre des personnes qui l'occupent et salaire annuel (somme adjugée)	Total Francs
Teneur des livres	1 à 2925	2,925
Employé	1 à 1725 . . .	1,725
Écrivains à la journée	1 à 344, 4 à 3.16, 1 à 2.81, 1 à 1.56 (571) par jour . .	7,437
Médecin directeur	1 à 2250 (1350) . . .	3,600
Médecin de section	3 à 1500, 1 à 1500 (1350), 1 à 1500 (472)	9,322
Médecins	1 à 825, 1 à 1050, 1 à 787, 1 à 150	2,812
Médecins assistants	1 à 1125 (120), 1 à 1115 (120), 2 à 1073 (120), 1 à 1056 (120). 4 à 1051 (120), 1 à 1234 (120), 1 à 675, 1 à 450 (120) . .	13,375
Médecin de vérole	1 à 1601 (120) . . .	1,721
Chirurgiens	1 à 1725, 2 à 525, 1 à 450, 1 à 562 . . .	3,787
Sages-femmes en chef	1 à 540 (432), 1 à (112) . .	1,084
Sages-femmes	2 à 270 (431) . .	1,403
Apothécaires	2 à 3075 . . .	6,150
Apothécaires adjoints	1 à 2400 . . .	2,400
Gardes	4	2,267
Curés	1 à 787, 1 à 900 (337), 1 à 1350 (757), 1 à 1035 (577) . .	5,743
Vicaires	2 à 1500 (232), 1 à 1125, 1 à 945 (120) . . .	5,422
Sacristains	1 à 360 (33), 1 à 225, 1 à 450, 1 à 324 . . .	1,392
Concierges	1 à 2.81 par jour, 1 à 18 fr. par mois . . .	1,245
Gardien de puits	1 à 1500 . . .	1,500
32. Maison d'orphelins.		
Inspecteurs	1 à 1725, 1 à 1350 . . .	3,075

Nom de la place occupée	Nombre des personnes qui l'occupent et salaire annuel (somme adjugée)	Total Francs
Médecin	1 à 562	562
Maître répétiteur	1 à 75	75
33. Administration des pauvres.		
Caissier	1 à 4125	4,125
Compteur	1 à 2850	2,850
Secrétaire	1 à 3825	3,825
Médecin des pauvres		7,050
Médecin d'hôpitaux	1 à 300, 2 à 150	600
Chirurgien	1 à 169	169
Employés	1 à 2700, 1 2550, 1 à 2400, 1 à 2156, 1 à 1725	11,531
Écrivains à la journée	2 à 1575, 1 à 1500, 1 à 1350, 1 à 3.12, 1 à 2.81 par jour	6,598
Garçons	1 à 1875, 2 à 1500	4,875
Concierge	1 à 1575	1,575
34. Mont-de-piété.		
Caissier	1 à 4987	4,987
Compteur	1 à 2850	2,850
Contrôleur	1 à 1800	1,800
Payeurs	1 à 4875, 1 à 3825, 1 à 3375	12,075
Teneurs des livres	1 à 2925, 1 à 2475, 1 à 2531	7,931
Employés	2 à 2175, 1 à 1875	6,225
Écrivains à la journée	2 à 1350, 1 à 1257, 2 à 1144, 1 à 1028	7,273
Gardes d'objèts précieux	2 à 2475, 1 à 2400	7,350
Gardes des gages	1 à 2137, 2 à 1875, 1 à 1722	7,609

Nom de la place occupée	Nombre des personnes qui l'occupent et salaire annuel (somme adjugée)	Total Francs
Commis	5 à 1257	6,285
Estimateurs	6 à 2250	13,500
Estimateurs adjoints		1,750
Concierges	1 à 1575, 1 à 1500	3,075
35. Caisse d'épargne.		
Caissier	1 à 5175	5,175
Compteur	1 à 2850	2,850
Employé	1 à 1950	1,950
Écrivains à la journée	1 à 1350, 1 à 500	1,850
Garçon	1 à 1875	1,875
36. Entrepôt.		
Inspecteur	1 à 4635	4,635
Caissier	1 à 3512	3,512
Teneur des livres	1 à 2400	2,400
Commis	2 à 2250, 1 à 1800	6,300
Expéditeur	1 à 2835	2,835
Concierge	1 à 1575	1,575
37. Collecteurs des taxes locales.		
Collecteur	1 à 3525, 1 à 375	3,900
Inspecteurs	1 à 2310, 2 à 2075, 1 à 1875, 2 à 1350, 1 à 1144, 1 à 1028	13,207
Employés	1 à 2175, 1 à 2075, 1 à 1372, 1 à 1144, 1 à 862	7,628
Écrivain à la journée	1 à 1143	1,143
Garçon	1 à 1500	1,500
Gardes	23 à 1.62, 2 à 270	13,948
Tantième		8,456

Nom de la place occupée	Nombre des personnes qui l'occupent et salaire annuel (somme adjugée)	Total Francs
38. Écoles.		
Administration.		
Conseiller.	1 à 5250	5,250
Adjoint	1 à 3900	3,900
Employé	1 à 2175	2,175
Domsetique	1 à 1350	1,350
Bibliothécaire	1 à (375)	375
Écoles normales.		
Maîtres supérieurs	8 à 3075 (1125), 4 à 2625 (1125), 1 à 2850 (1125), 1 à 2400 (1125), 1 à 2212 (1125), 1 á (1125), à 1025, 1 à (375)	61,962
Maîtres	20 à 3075, 6 à 2850, 19 à 2625, 30 à 2400, 30 à 2175, 3 à 2512, 1 à 2806, 1 à 2344	278,411
Administrateur des écoles	31 à 1650	51,150
Maîtresses	3 à 2100, 4 à 1950, 10 à 1800, 11 à 1650, 14 à 1500	71,250
Administrantes	31 à 1200	37,200
Maîtresses de monastère	33 à 750	24,750
Catéchiste	1 à 214	214
Maîtres de dessein	1 à 2250, 1 à 2025, 1 à 990, 1 à 512	5,777
Maître de chant.	1 à 360	360
Maître de gymnastique.	1 à 1350	1,350
Maîtresses d'ouvrages manuels	1 à 900 (750), 4 à 900, 1 à 837. 1 à 831, 6 à 825, 5 à 675, 1 à 650, 1 à 575, 5 à 525, 8 à 375, 9 à 150, 5 à 112.	24,008

Nom de la place occupée	Nombre des personnes qui l'occupent et salaire annuel (somme adjugée)	Total Francs
Instruction pour les maîtres		225
Pour des heures de plus		5.000
Maîtres suppléants	31 à 1125	34,875
Maître provisoire		2,250
Maîtresses suppléantes		10,000
Concierges	3 à 1500 (60) 6 à 1500, 1 à 1650, 3 à 1200, 4 à 2·81 p. j. (180), 1 à (180), 1 à (120), 1 à 344	25,080
École centrale dimanches		
Inspecteurs	1 à 1125. 1 à 225	1,350
Maîtres		13,744
Maîtresses		16,053
École supérieure des filles.		
Maîtres directeur	1 à 3300 (1125)	4,425
Maîtres	2 à 3000 (112), 1 à 3900, 1 à 2700, 1 à 2175 (465), 1 à 1687, 1 à 1350 (240)	18,741
Maîtresses	1 à 2325, 1 à 1875, 2 à 1725, 1 à 725, 2 à (225)	8,625
Honoraires par heure		27,607
École centrale de chant.		
Maître directeur	1 à (465)	465
Maîtres	3 á (315)	945

18*

Nom de la place occupée	Nombre des personnes qui l'occupent et salaire annuel (somme adjugée)	Total Francs	Nom de la place occupée	Nombre des personnes qui l'occupent et salaire annuel (somme adjugée)	Total Francs
École de commerce.			Ländanstalt	1 à 3075, 1 à 2025, 1 à 1875, 1 à 1722, 1 à 3.12 par jour	9,841
Conseiller et recteur .	1 à 1500	1,500	Forêts.	1 à 1875, 1 à 1800, 1 à 1575, 1 à 112, 1 à 7	5,369
Maîtres	1 à 4425, 1 à 3900, 3 à 3375, 1 à 3300, 1 à 2275, 1 à 1687, 1 à 1350 (240)	27,802	Place de bois . . .	1 à 1372, 1 à 1205, 1 à 571 .	3,148
Honoraires par heure .		8,135	Inspecteur de l'hotel de ville	1 à 1935	1,935
Employé	1 à 675	675	Lithographe	1 à 1875	1,875
Concierge.	1 à 1500	1,500	Inspecteur de glace. .	. . . .	750
Domestique de laboratoire	1 à 90, 1 à 45	135	Inspecteur de l'occupation des rues . .	. . . .	132
			Inspecteurs des cuisines populaires . . .	22	8,750
39. Services divers.			**40. Amélioration des traitements . . .**		15,000
Inspecteur des bains .	2 à 337 (60)	794			
Ingénieur de l'aqueduc.	1 à 3375	3,375			
Inspecteur des puits .	3 à 1350 (450), 1 à 1530 (180)	7,110	**41. Soutien à la société ouvrière . . . .**		112
Inspecteur des égouts .	1 à 5 francs par jour . . .	1,830			
Employé hydrotechnique	1 à 3000, 1 à 1875	4,875			

Récapitulation.

		Nombre des personnes employés	Dépense totale francs
1	Conseil administratif	8	102,437
2	Caisse	16	41,445
3	Caisse d'amortissement des dettes	2	6,600
4	Caisse des fondations	8	22,650
5	Bureau des taxes	14	22,000
6	Bureau	35	50,401
7	Archives	42	1,721
8	Greffe	4	11,490
9	Bureau de statistique	3	8,122
10	Bureau de révision	8	19,668
11	Bureau de conscription	7	9,742
12	Bureau d'assurance contre l'incendie	3	4,765
13	Garçons de bureau	15	20,145
14	Police des foires	5	12,487
15	Hygiène	16	25,822
16	Cimetières	11	13,700
17	Éclairage des rues	2	3,578
18	Corps des pompiers	24	18,716
19	Police rurale	3	2,340
20	Police de construction	19	45,239
21	Foires d'alimentation et de bois	7	8,798
22	Dépôt des grains	11	1,756
23	Foire du bétail	11	8,375
24	Foires	3	665
25	Boucherie	3	3,356
26	Balance de la ville	13	11,773
27	Bureau d'étalonnement	3	4,039
28	Bureau des ingénieurs	14	43,019
29	Parcs	3	5,535
30	Bureau de recrutement et de logement des soldats	8	8,694
31	Hôpitaux	78	106,139
32	Maison d'orphelins	4	3,712
33	Administration des pauvres	22	43,198
34	Mont-de-piété	36	82,710
35	Caisse d'épargne	6	13,700
36	Entrepôt	8	21,257
37	Collecteurs des taxes locales	42	49,782
38	Écoles	410	778,539
39	Services divers	49	49,784
40	Amélioration des traitements		15,000
41	Soutien accordé à la société ouvrière		112
	Totaux	936	1.783,006

STATISTIQUE DES FINANCES

DE LA VILLE DE

FRANCFORT SUR LE MEIN

(FRANKFURT AM MAIN)

pour l'année 1874.

———

POPULATION. 1875 : 101,962.

———

Recettes et Dépenses de la ville de FRANCFORT sur le Mein

pour l'année 1874.

	1874		1874
	Francs		**Francs**
Total des recettes dont recettes extraordinaires	10.558,830 5.220,180	**Total des dépenses** dont dépenses extraordinaires	10.558,830 6.293,950
Spécification des recettes :		*Spécification des dépenses :*	
1. Impôts directs [1]	2.851,850	1. Police	170,240[1]
		2. Nettoyage et arrosage des rues	211,150
2. Impôts indirects	1.092,870	3. Entretien des écoles » »	1.076,460
		4. Voies de Communication (chaussées, ponts etc).	2.311,890[2]
3. Produit de la fortune immobilière	696,900	5. Assistance publique	126,670
		6. Frais des hôpitaux (sans frais de construction)	110,260
4. Produit de la fortune mobilière	273,610	7. Eclairage	151,980
		8. Déficit des entreprises indépendantes	304,700[4]
5. Excédant des entreprises indépendantes	27,070	9. Acquisition d'actifs	4.551,000[5]
		10. Intérêts des dettes et amortissement	215,490
6. Recettes provenant de la location des places publiques et des caux	1,290	11. Frais de bureau	356,370
		12. Traitements	500,540
7. Recettes provenant de la vente d'actifs	2.345,680	13. Pensions	194,990
		14. Parcs	27,870
8. Recettes provenant d'emprunts	2.572,500	15. Corps des pompiers	122,940[3]
		16. Frais de cultes (sans frais de construction)	126,280
9. Recettes provenant de subsides et de dons	302,000		
10. Taxes scolaires	395,060		

[1]) Les impôts directs sont : la Classificirte Einkommensteuer, et la Classen-, Wohu- et Miethsteuer.

[1]) Dont 78,980 quote-part pour la dircetion royale de police, 2,570 pour des médecins, 79,790 pour la police communale.
[2]) Dont 1.648,580 pour des construction nouvelles des rues, égouts, ponts et quais.
[3]) Dont 64,700 pour des acquisitions de matériel.
[4]) Dont chemin de fer de ceinture 22,290 fr., en vue des arts et sciences, 87,400 fr., nouvelle construction de l'établissement Senkenberg 106,290 fr., buts militaires 73.290 fr.
[5]) Dont 2.121,360 pour construction des édifices communaux.

Statistique des Finances

DE LA VILLE DE

ROME (ROMA)

de 1871—1875.

POPULATION. 1871: 238,797. — 1874: 250,466.

Table des matières.

                                                  Pag.

Recettes 1871—1875 . . . . (*Tableau* 1) *147*

Dépenses „ . . . . (*Tableau* 2) *148*

Bilan des recettes et des dépenses . . . . (*Tableau* 3) *149*

Annexe aux comptes annuels :

    Impôts directs et indirects *150*

    Location des places publiques. *151*

    Instruction publique. *152*

    Subsides. *152*

    Frais de police. *152*

    Voies de communication *153*

    Assistance publique. *154*

    Octroi et consommation en 1874 . . . . (*Tableau* 4) *156*

État de fortune . . . . (*Tableau* 5) *157*

Dette existante à la fin de 1874 . . . . (*Tableau* 6) *157*

État du Personnel . . . . (*Tableau* 7) *158*

1. Recettes de la ville de ROME

de 1871 à 1875.

(D'après les comptes définitifs.)

	1871	1872	1873	1874	1875
			Francs		
Total des recettes	8.339,900	19.336.896	28.423.764	18.816,189	20.478.084
dont recettes extraordinaires	244,012	7.881,173	17.171,958	4.121,168	4.319.023

Spécification des recettes :

	1871	1872	1873	1874	1875
1. Impôts directs	690,669	858,494	863,155	2.410,563	2.735,640
2. Impôts indirects	7.468,836	10.440,609	10.501,601	16.102,401	15.564,353
Après déduction de la quote-part de l'état	3.668,836	6.640,609	6.701,601	12.102,401	11.564,353
3. Produit de la fortune immobilière	17,555	31,762	33,404	55,983	59,740
4. Produit de la fortune mobilière	6,492	6,492	6,492	6,492	—
5. Excédant des entreprises indépendantes	2,612	3,928	9,698	7,326	4,000
6. Recettes provenant de la location des places publiques et des eaux	110,747	133,373	117,663	120,804	161,598
7. Recettes provenant de la vente d'actifs	28,554	41,044	83,862	62,753	92,547
8. Recettes provenant d'emprunts	—	7.790.000	16.759,242	50,758	—
9. Recettes provenant de subsides et de dons	—	—	9,217	10,717	1,082
10. Taxes scolaires	—	—	5,317	6,950	19,013

2. Dépenses de la ville de ROME

de 1871 à 1875.

(D'après les compte définitifs.)

	1871	1872	1873	1874	1875
	Francs				
Total des dépenses	11.952,293	22.156,265	29.525,120	17.140.467	19.377,984
dont dépenses extraordinaires	4.124,972	11.865,315	18.280,199	3.391,682	4.972,347

Spécification des dépenses:

	1871	1872	1873	1874	1875
1. Police	747,870	882,614	845,051	874,347	726,906
2. Nettoyage et arrosage des rues	359,156	325,379	407,885	562,664	481,615
3. Entretien des écoles	344,982	469,657	670,362	892,655	857,948
4. Voies de Communication (chaussées, ponts etc.)	2.038,929	8.371,867	7.421,473	2.137,197	2.383,540
5. Assistance publique	329,768	1.201,625	1.338,837	1.407,345	1.282,776
6. Frais des hôpitaux (sans frais de construction)	—	1,052	98,861	133,238	150,000
7. Eclairage	508,381	713,739	797,847	736,538	612,390
8. Acquisition d'actifs	244,720	142,566	5.896,458	404,710	—
9. Intérêts des dettes et amortissement	—	118,750	757,933	1.400,000	1.500,000
10. Parcs	67,517	100,367	144,581	81,813	95,100
11. Corps des pompiers	102,230	157,389	158,515	176,743	181,480
12. Frais de cultes (sans frais de construction)	3,361	939	792	791	792

3. Bilan des Recettes et des dépenses de 1871—75.

	1871	1872	1873	1874	1875
Compte ordinaire.					
Recettes ordinaires	8.095,888	11.455,663	11.251,806	14.695,021	16.159,061
Dépenses ordinaires	7.827,321	10.290,950	11.244,921	13.748,785	14.405,637
Surplus (+) ou déficit (—)	+ 268,567	+1.164,713	+ 6,885	+ 946,236	+1.753,424
Compte extraordinaire.					
Recettes extraordinaires	244,012	7.881,173	17.171,958	4.121,168	4.319,023
Dépenses extraordinaires	4.124,972	11.865,315	18.280,199	3.391,682	4.972,347
Surplus (+) ou déficit (—)	−3.880,960	−3.984,142	−1.108,241	+ 729,486	− 653,324
Compte générale.					
Recettes totales	8.339,900	19.336,896	28.423,764	18.816,189	20.478,084
Dépenses totales	11.952,293	22.156,265	29.525,120	17.140,467	19.377,984
Surplus (+) ou déficit (—)	−3.612,393	−2.819,369	−1.101,356	+1.675,722	+1.100,100

Annexe aux comptes annuels.

Impôts directs et indirects.

La source principale des impôts de la ville de Rome est, comme pour toute autre ville de l'Italie, celle sur la consommation. — Le tarif ci-joint donne les prix qui sont payés pour chaque matière à consommer. — Le Gouvernement prélève pour sa part une somme qui pour les années 1871, 1872 et 1873 a été de 3.800,000 L. et de 4.000,000 pour les années 1874—75; cette somme lui est payée en douze rates égales. — Par suite de l'augmentation des tarifs (dont les derniers prix sont ceux que nous communiquons) le Gouvernement a augmenté la quôte à partir du 1-er janvier 1876, de sorte qu'elle est aujourd'hui de 4.700,000 L.

Le produit de l'année 1874 a été de 10.179,274·77 c'est-à-dire de L. 179,274·77 plus de la somme prévue. — En 1875, cette somme avait été prévue de 10.100,000 L. et la production s'est élevé a L. 11.408,615·31.

Nous résumons ainsi qu'il suit le produit des autres impôts directs ou indirects, en prévenant que nous avons pris pour base l'année 1874.

1. Permis d'occupation temporaire des espaces libres et autres permis dépendant de la police et de l'édilité. . . . . L. 36,134·89

2. Impôt sur les chevaux, mulets et ânes . . . . . . » 298,473·03

3. Impôt sur les chiens . . . . » 9,308·26

4. Droit sur les certificats de statistique et de secretariat » 11,551·98

5. Produit de la vente des tarifs pour les voitures et les omnibus, et produit des plaques timbrées pour la circulation des chariots, charettes et tombereaux . . . . » 27,704·30

6. Permis divers dépendant du service de l'assistance publique, du commerce etc. . . . . » 6,600·30

7. Contribution sur les eaux publiques . . . . . . » 83,615·79

8. Impôt sur le bétail de la campagne romaine et sur celui vivant dans les étables de la ville . . . . » 175,145·41

9. Permis d'exercice pour les magasins et boutiques . » 4,508·40

10. Impôt du 5% sur le prix des bails, des locaux retenus pour auberges, restaurants, cafés, buvettes etc. . . . . . » 41,934·43

11. Produit sur l'abattoir . . . . » 167,987·20

12. Transport des cadavres au cimetière avec les chars de la ville . . . . » 17,310· —

Le tarif des prix est le suivant :

Pour les chars de première classe L. 500

  » » » »   2e   » » 250

  » » » »   3e   » » 120

  » » » »   4e   » » 25

(hors de classe pour le service de la banlieue) L. 60·—

13. Produit de l'acquisition des terrains pour l'erection des monuments dans le cimetière. . . . . » L. 57,752·73

    Les terrains se vendent en raison à L. 16·20 par mètre carré.

    Il est payé en sus une somme pour la construction du tombeau ; cette somme change d'après les lieux choisis, mais en moyenne elle peut se considérer de 22 L. par m. c. de terrain.

    Il est payé en outre une droit fixe de L. 8·70 à titre d'entretien des plantes funèbres.

    Ce droit s'étend à toute acquisition dans le cimetière.

    Les grandes arches coûtent : L. 1343·75 ; les petites : L. 215 ; les tombeaux à puits : L. 537·50 ; les tombeaux provisoires L. 133.

14. Droits divers de cimetière . . . . » 21,461·27

15. Impôt sur les domestiques . . . . » 15,474·65

16. Droit d'entrée aux musées et galeries (0·50 par personne) . . . . » 14,853·50

17. Centimes additionnels ou sur impôt sur la valeur des terrains et des batiments d'habitation . . . . » 2.410,562·59

18. Produit des impôts de consommation (Voir le tableau spécial) . . . . » 10.179,274·77

Location des places publiques.

    La ville de Rome est divisée en **14** Arrondissements qui, en italien, prennent le nom de »Rioni«. Les voici par ordre : Monti, Trevi, Colonna, Campo Marzio, Ponte, Parione, Regola, St. Eustachio, Pigna, Campitelli, St. Angelo, Ripa, Trastevere et Borgo.

    Le prix d'occupation du sol public varie d'après les localités et est ainsi réparti :

    1. Pour les rues principales des Rioni : Campo Marzo, Trevi et Colonna ce prix est de L. 5·40 par mètre carré.

    2. Pour les rues secondaires de ces Rioni et pour les Principales des Rione : Pigna et St. Eustachio, ce prix est de L. 4·40 par mètre carré.

    3. Pour les rues secondaires de ces deux derniers Rioni et pour les principales et secondaires de tous les autres, ce prix est de L. 3·30 par mètre carré.

Les autres prix sont :

	(Pour le numéro 1)	(Pour le numéro 2)	(Pour le numéro 3)
Enseignes	L. 1·65	L. 1·10	L. 0·55
Dévantures de Magasins	» 3·30	» 2·20	» 1·10
Tentes	» 2·20	» 1·65	» 1·10

Instruction publique.

Deux seulement étaient en 1874 les écoles de la ville de Rome où il était payé une taxe. C'est à dire :

L'école d'éducation supérieure pour les jeunes filles de bonne famille.

L'école normale pour les jeunes filles qui voulaient passer leurs années d'éducation en pension. La première de ces écoles est divisée en deux classes ; l'éléméntaire où le prix est fixé à 90 L. pour neuf mois que dure l'année scolaire (de novembre à juillet) et a L. 120 pour la deuxième classe, celle des études supérieures. — Deux ou plusieurs soeurs qui fréquentent la même classe payent les deux tiers de la taxe.

Les deux classes ci-dessus ont été fréquentées par 120 élèves.

La seconde école ou pensionnat a été fréquentée par 47 élèves subdivisées ainsi qu'il suit :

16 qui se sont entretenues à leurs frais en raison de L. 30 par mois.

14 qui n'ont payé que 5 L.; le restant (L. 25) étant resté à la charge de la Province.

17 qui ont payé L. 6·65 ; les L. 23·35 restantes ayant été payées par le Gouvernement.

Seulement en 1875 on a reconnu le besoin, à cause des grandes demandes d'entrée dans les écoles des jeunes filles ou garçons distingués, de faire payer une taxe de L. 5 par mois à ceux des élèves qui, voulant recevoir une éducation plus compléte (tout en fréquentant les écoles élémentaires) en feraient demande spéciale à leurs directeurs.

5. Subsides.

Pour ce chapitre voir le successif No. 8 »Assistance publique« où nous reportons le détail des subsides et autres qui ont relation : avec les benefices publics.

6. Frais de police.

1. Sergents de ville. — Personnel	L.	487,699·29
2. Frais de caserne et autres pour les susdits	»	20,104·03
3. Fond pour l'habillement (masse individuelle)	»	67,877·48
4. Gardes champêtres à cheval. — Personnel	»	28,580·43
5. Frais de caserne et autres pour les susdits	»	15,892·72

R o m e.

6. Fond pour l'habillement (masse individuelle) . . .   L. 1,976·25

7. Concours de la ville dans la solde des gardes de police appartenants au Gouvernement . . . .   » 155,114·—

8. Frais de caserne de ces gardes en raison de L. 0·06³/₄ par tête et par jour . . . .   » 9,936·86

9. Loyers des casernes et des magasins pour casernes   » 28,921·65

10. Entretien des casernes et des dits magasins . . .   » 4,343·83

11. Frais divers pour les casernes . . . .   » 18,961·81

12. Surveillance des denrées et des vivres . . . .   » 18,046·20

13. Inspecteurs divers . . . .   » 11,088·74

      3. Pour les chevaux . . . .   L. 2,160·—

      2. Pour les omnibus . . . .   » 2,400·—

      1. Pour les devantures de magasins   » 720·—

      1. Pour les voitures . . . .   » 1,500·—

      2. Pour les chiens . . . . .   » 2,220·—

      2. Pour divers services . . .   » 2,088·74

                   L. 11,088·74

14. Montant d'un tiers des amendes dû aux recherches des violateurs des lois communales. . . . .   » 4,310·07

15. Gratifications pour service de police communale. .   » 1,495·30

                   L. 874,347.66

Voies de communication.

Nous avons détaillé dans ce chapitre toutes les dépenses qui ont relation aux chaussées et voies de communication, soit dans l'extérieur comme dans l'intérieur de la ville (banlieue), comme: routes, ouvrages d'art, chemins vicinaux, etc. ainsi que les grands travaux de modification des places et voies d'accès, ceux de répartition des eaux, et ceux enfin qui se rapportent aux nouveaux quartiers.

1. Entretien des aqueducs, canaux et fontaines . . .   L. 37,777·62

2. Idem des rues pavées et non pavées, des égouts, lieux d'aisance, etc. dans l'intérieur de la ville, y compris les instruments géodésiques et les outils . . . .   » 204,584·72

3. Idem des routes et des ouvrages d'art en dehors des murs de la ville, y compris les outils . . . .   » 162,688·88

4. Travaux extraordinaires sur ces dernières .   » 47,197·83

5. Continuation de la nomenclature en marbre pour l'indication des rues et des places . . . .   » 4,412·73

6. Continuation de la mise en place de rondeaux lieux d'aisance . . . .   » 12,866·38

7. Entretien extraordinaire des chaussées, des voies de communication et des places principales . . . .   » 528,044·70

8. Entretien extraordinaire des aqueducs, canaux et
fontaines . . . . L.   48,727·82
     9. Travaux extraordinaires dépendant d'une nouvelle
distribution des eaux dans la ville . . . . »   26,018·68
     10. Nouveaux quartiers pour l'agrandissement de la ville
et autres dépendant de l'élargissement des rues actuelles . . . » 1.064,877·69
                                   L. 2.137,197·06

     Pour donner une idée de la composition des gros chiffres portés dans ce
chapitre pour les années 1871, 1872, 1873 et 1875, il sera utile de dire que
pour chacune de ces années les travaux pour la construction des nouveaux
quartiers, pour l'agrandissement de la ville et autres pour l'élargissement des
rues actuelles, entrent:

            Dans l'année 1872 pour L. 6.550,482·60
               »   »   1873   »   »   5.927,106·76
               »   »   1875   »   »   1.423,887·28

     Ce genre de travaux ayant eu son commencement d'exécution en 1872,
l'année précédente (1871) ne figure pour aucun chiffre.
     Il sera aussi utile de prendre note que les travaux pour l'entretien
extraordinaire des chaussées dans les voies de communications et places principales y entrent:

            Dans l'année 1871 pour   L.   385,707·59
               »   »   1872   »   »   292,454·69
               »   »   1873   »   »   941,802·67
               »   »   1875   »   »   116,824·81

     Les études pour le réglement du cours du Tibre dans l'intérieur de la
ville entrent aussi dans le chiffre de l'année 1873 pour L. 87,360·92.

Assistance publique.

     1. Service public pour les pauvres et frais de vaccination   L.   189,974·33
     2. Service public extraordinaire . . . . »   3,648·48
     3. Subsides éventuels . . . . »   16,783·34
     4. Maison d'enfance pour les nouveaux-nés . . . . »   44,000·—
     5. Prix d'encouragement pour les étudiants de philo-
sophie et littérature . . . . »   10,000·—
     6. Fond destiné à la congrégation de charité . . . »   450,000·—
     7. Maisons de charité pour les vieux inhabiles (deux
pour les hommes et une pour les femmes) . . . . . . »   164,788 33
     8. Orphelinat aux Thermes de Dioclétien et ses dépen-
dances . . . . »   447,752·92
     9. Entretien des enfants trouvés . . . . »   31,167·92
     10. Dortoirs pour les personnes privées de logement . »   9,479·24

11. Subsides aux soldats invalides qui ont combattu pour
la patrie . . . . L.   9,762·14
    12. Subsides aux élèves pauvres qui fréquéntent les écoles   »   15,000·73
    13. Frais pour l'assistance des habitants de la campagne   »   14,987·65
L.   1.407,345·08

NB. En 1875 la ville a accordé son concours en adjugeant une subvention de L. 5000 à l'hospice pour les aveugles pauvres, hospice qui est sous le patronage de la Princesse hereditère de l'Italie, et d'autres subsides ont aussi été accordés pour titres divers.

5. Octroi et consommation en 1874.

	Mesure métrique	Chiffres de la consommation	Produit de l'impôt
a) *Boissons*.			
1. Vin, Moût.			
Vin et vinaigre en fût et en bouteilles et moût	Hectolitre	379,115	3.101,146
Raisins frais	Quintal	16,404	82,021
2. Cidre	»	»	»
3. Bière.			
En fût	Hectolitre	1,747	6.114
En bouteilles	la pièce	10,246	1,025
4. Eau-de-vie	Hectolitre	7.684	139,491
5. Autres boissons	Idem	697	14
b) *Comestibles*.			
6. Bestiaux, viande préparée, poissons et coquillages.			
Bestiaux (par pièce de bétail)	Tête	93,899	999,151
Bestiaux avec déduction du 20%, sur le poids vif .	Quintal	48,155	452,716
Idem avec déduction du 30%.	Id.	12,241	154,242
Idem avec déduction du 40 %	Id.	21,814	163,606
Idem avec déduction du 50 %	Id.	2,526	15,786
Chevreaux et moutons	Id.	90	1,301
Viandes fraîches	Id.	227	4,087
Viandes salées et saindou . .	Id.	2,281	77,506
Volailles	Tête	65,386	7,824
Idem	Quintal	13,102	72,061
Chasse	Id.	805	14,498
Poissons et coquillages	Id.	30,599	175,583
7. Céréales et légumes secs, rix, farines, pain, pâtes	Quintal	1.019,021	3.081,414
8. Sucre, sirop, miel et autres matiéres sucrées	Id.	24,409	318,503
9. Thé	Id.	53	1,320
10. Café	Id.	5,307	37,147
11. Lait, beurre, fromage et œufs			
Fromage	Id.	6,095	93,068
Beurre	Id.	2,780	27,805
Lait	Id.	31,451	31,451
Oefs	Id.	16,289	65,156
Coloniaux divers, tels que : cacao, cannelle, clous de girofles, poivre, vanille, anis, etc. . . .	Id.	1,084	6,662
12. Sel	Id.	»	»
13. Autres denrées	Id.	206,049	220,976
c) *Autres objets*.			
14. Servant à l'éclairage	Id.	36,873	296,452
15. Houille et charbon de bois	Id.	326,309	65,149
16. Bois de construction	Tonne	20,200	55,864
17. Bois de chauffage	Quintal	104,083	24,244
18. Pierres et marbres.			
Blocs de marbre	Mèt.-Cubes	7,023	2,478
Marbre travaillé	Quintal	2,898	2,898
Marbre en dalles	Mèt. carr.	16,505	8,255
19. Tabacs	»	»	»
20. Matériaux de construction telsque : briques, chaux, argile, ardoises, asphalte etc. . . .	Quintal	4.335,313	161,349
21. Fourrages (foin, paille, avoine etc.) . . .	Id.	350,900	210,914
Total	. . . .		10.179,275

NB. Le produit des sels et des tabacs est de la dépendance du Gouvernement.

5. Exposé de l'état de fortune de la ville de Rome d'après le compte définitif de 1874.

		Francs
I. Actif.		
1.	Valeurs effectives	—
2.	Capitaux placés	—
3.	Valeur des propriétés (valeur évaluée)	
	a) Bâtiments servant à l'administration et aux écoles	
	b) Maisons d'habitation appartenants à la commune	2.341,575
	c) Terrains communaux	4.951,145
	d) Domaines avec tout ce qui s'y trouve (fundus instruc.)	—
	e) Autres propriétés	—
4.	Papiers de valeur	—
5.	Valeurs mobilières (Mobilier des bureaux, des écoles, des tribunaux etc.)	782,359
6.	Créances	—
7.	Autres objects actifs	—
	Total . . .	8.075,079
II. Passif.		
1.	Dette consolidée (emprunts à titres)	30.000,000
2.	Capitaux passifs	596,692
3.	Autres sommes passives	—
	Total . . .	30.596,692
Bilan.		
	Total de l'actif	8.075,079
	Total du passif	30.596,692
	Passif . . .	22.521,613

6. Exposé de la dette existante à la fin de 1874.

1. Année de l'émission . . .	1872 à 1874.
2. Mode d'emprunts	Banque Nationale du Royaume d'Italie.
3. Valeur nominale	30.000,000 L.
4. Montant versé	24.600,000 »
5. Intérêts d'amortissement .	1.500,000 »
6. Dureé de l'amortissement .	30 ans
7. État de la dette à là clôture de l'année 1874	30.000,000

A dater de l'année 1877 la somme fixée pour intérêts et rate d'amortissement est de : 1.941,203 L. 76 C.

7) État du Personnel.

Les sommes dans la deuxième rubrique donnent le traitement, celles sous parenthèse l'indemnité de logement etc.
Les positions marquées d'un* jouissent un logement gratis.

Nom de la place occupée	Nombres des personnes qui l'occupent et salaire annuel (indemnité)	Total Francs	Nom de la place occupée	Nombres des personnes qui l'occupent et salaire annuel (indemnité)	Total Francs
			2. Employés non compris dans le plan susdit : *)		
Salaire des Employés d'administration.			Juris-consulte	1 à 6450	6,450
			Procureur ad lites	1 à 967	967
			Bibliothécaire	1 à 3500	3,500
Personnel fixe.			Archiviste à l'Archive secret	1 à 645 (1612)	2,257
			Experts	1 à 1800	1,800
1. Employés compris dans le plan du 1 Avril 1874 :			Commis adjoint à l'économat	1 à 1680	1,680
Sécrétaire général	1 à 8000 (2800)	10,800	Directeur de santé à l'abattoir	1 à 2040	2,040
Chef de bureau	7 à 5000, 5 à 4000	55,000	Porte-faix à l'abattoir	1 à 645	645
Secrétaire	14 à 3500, 28 à 3000	133,000	Huissier adjoint aux droits sur les chevaux	1 à 967	967
Commis d'ordre	35 à 2000, 35 à 1800	133,000	Expert pour l'éclairage	3 à 806, 4 à 697	6,289
Avocat-chef	1 à 4500 (500)	5,000	Secrétaire comptable adjoint à la caisse	1 à 2500	2,500
Caissier	1 à 4000 (360)	4,360	Inspecteur des théâtres	1 à 1612 (107)	1,720
Secrétaire de la Commission archéologique	1 à 3500	3,500	Inspecteur des halles	1 à 1080	1,080
Archiviste	1 à 3000	3,000	Inspecteur de la douane des poids et mesures	1 à 960	960
Économe	1 à 3000	3,000	Portier appartenant à l'ancien bureau des marchés	1 à 720	720
Médecins adjoints	2 à 2000	4,000			
Inspecteur de santé	2 à 1500	3,000			
Véterinaire	1 à 2000 (40)	2,040			
Magasinier	1 à 1500	1,500			
Huissier-Chef	1 à 1200	1,200			
Huissier	1 à 900	900			

*) A supprimer à mesure des vides qui s'y formeront.

Nom de la place occupée	Nombre des personnes qui l'occupent et salaire annuel (indemnité)	Total Francs
Médecin pour les personnes de service.	1 à 387, 1 à 226	613
Commissaire	1 à 645	645
Inspecteur des écoles	1 à 3000	3,000
Ex-commandant du corps des sergents de ville.	1 à 3000	3,000
Commis d'ordre	79 à 1500, 1 à 916, 4 à 1613	125,897
Vérificateur des droits sur les chevaux	1 à 451	451
Personnel provisoire.		
Secrétaire adjoint au secrétariat général	1 à 3000	3,000
Vérificateurs de l'éclairage à gaz	2 à 1200	2,400
Vérificateurs régistres de population	2 à 2000	4,000
Secrétaire au Lycée	1 à 1440	1,440
Secrétaire à l'école technique	1 à 1200	1,200
Gardien du matériel scolaire	1 à 2 fr., 32 à 3 fr., 2 à 3.33 fr., 1 à 3.89 fr., 17 à 4 fr., 5 à 5 fr., 1 à 5.12 fr., par jour 1 à 720 fr. par an.	76,103
Gardiens aux musée	2 à 1500, 4 à 1200, 5 à 1080, 1 à 990	14,100
Personnel technique.		
1. Compris dans le plan :		
Ingénieur Directeur	1 à 7000	7,000
Ingénieur de division	2 à 6000	12,000

Nom de la place occupée	Nombre des personnes qui l'occupent et salaire annuel (indemnité)	Total Francs
Ingénieur	3 à 4000, 2 à 3500	19,000
Ingénieur adjoint	5 à 3000, 3 à 2500	22,500
Assistants	7 à 2200, 6 à 2000	27,400
Dessinateurs	2 à 2000	4,000
Secrétaire Comptable	1 à 3500	3,500
Secrétaire Archiviste	1 à 3000	3,000
Jardinier chef	1 à 3000	3,000
Inspecteur des fontaines	1 à 3000	3,000
Fontainiers	2 à 1500	3,000
Magasinier	1 à 2000	2,000
2. Non compris dans le plan susdit: [1]		
Ingénieur divisionaire	1 à 6000	6,000
Inspecteur	1 à 6000	6,000
Ingénieur	1 à 4000, 1 à 3500	7,500
Ingénieur adjoint	2 à 3000, 5 à 2500	18,500
Assistant	4 à 2200	8,800
Architecte	1 à 1935, 1 à 3500, 1 à 3000, 4 à 2200	17,235
Commis d'ordre	1 à 2000, 1 à 1800, 1 à 1500	5,300
Magasinier	1 à 2000	2,000
Gardiens	3 à 1500, 1 à 500	5,000
3. Employés provisoires : [2]		
Ingénieur	4 à 4200	16,800
Ingénieur adjoint	3 à 2500	7,500

[1]) Le salaire devrait être payé sur un fond formé moyennant l'augmentation du 5% sur le montant des situations des grands travaux.

[2]) Dont la solde doit, ainsi que celle des employés de la catégorie précédante, être payée sur le fond indiqué ci-dessus.

Nom de la place occupée	Nombre des personnes qui l'occupent et salaire annuel (indemnité)	Total Francs
Assistant	4 à 2400, 4 à 2200, 3 à 2160, 7 à 2000	38,880
Architecte	2 à 2000	4,000
Dessinateur . . .	5 à 2000, 3 à 1800	15,000
Architecte dessinateur .	3 à 1800	5,400
Dessinateur	1 à 1500, 1 à 1440	2,940
Surveillant . . .	1 à 2160	2,160
Fontainier . . .	1 à 1500	1,500
Gardien	1 à 1500	1,500
Commis d'ordre . .	1 à 2000, 3 à 1800, 7 à 1500	17,900
Antichambre et service des bureaux.		
Gentilhomme . . .	1 à 1080 (633)	1,713
Doyen	1 à 1200	1,200
Domestiques . . .	5 à 1020	5,100
Domestique . . .	1 à 900	900
Portier (outre le logement gratuit) . .	1 à 900 (300)	1,200
Portier-chef . . .	1 à 1200	1,200
Portiers . . .	8 à 1080, 37 à 960	44,160
Coureurs . . .	4 à 900	3,600
Porte-faix aux magasins	4 à 720	2,880
Portiers provisoires .	6 à 840	5,040
Coureurs provisoires .	5 à 840	4,200
Assistance publique.		
Médecin Inspecteur . .	1 à 2400	2,400
Médecins	12 à 1800	21,600
Chirurgiens . . .	13 à 900	11,700

Nom de la place occupée	Nombre des personnes qui l'occupent et salaire annuel (indemnité)	Total Francs
Sages-femmes . . .	13 à 450	5,850
Inspecteur des vaccinations . . .	1 à 500	500
Vérificateurs des décès et des naissances .	10 à 1200	12,000
Médecins champêtres, service nocturne . .	5 à 3000	15,000
Médecins chirurgiens .	7 l'parnuit	12,775
Apothécaires . . .	5 à 1500	7,500
Instruction publique.		
a) École supérieure.		
Directeur	1 à 3000	3,000
Maîtres . . .	2 à 1825, 1 à 800, 3 à 1800. 4 à 1200, 1 à 1000, 1 à 600. 2 à 500	17,250
Portier	1 à 900, 1 à 720, 1 à 300	1,920
b) École pensionaire pour les filles.		
Directrices . . .	1 à 700, 1 à 480	1,200
Maîtresses . .	1 à 720, 1 à 400	1,120
c) Écoles élémentaires et des artistes classes des garçons.		
Directeur des écoles des artistes . . .	1 à 2300	2,300
Maîtres	15 à 2100, 30 à 1800, 46 à 1500, 51 à 1200, 5 à 1000, 12 à (200), 2 à (120), 80 à (280), 70 à (75), 21 à 960, 1 à 800	271,950

Nom de la place occupée	Nombre des personnes qui l'occupent et salaire annuel (indemnité)	Total francs
Classes des filles.		
Maîtresses	15 à 2100, 30 à 1800, 45 à 1500 82 à 1200, 1 à 1000, 15 à (200), 2 à (120), 90 à (165), 70 à 75, 4 à 960	279,580
Personnel sub-ordonné.		
Gardiens	20 à 900, 47 à 720, 22 à 540, 55 à (105), 15 à 360, 10 à 180	76,695
Gardiennes	43 à (88)	3,784
Surveillance des denrées.		
Inspecteurs	4 à 2580	10,320
Commissaires	4 à 1613, 1 à 645 (150)	7,246
Aide	1 à 480	480
Cimetières.		
Surveillant des travaux	1 à 1800.	1,800
Gardiens » »	1 à 774, 6 à 1000	6,774
Délégués hygiéniques	2 à 1500 (100)	3,200
Délégués aux convois	1 à 1460, 14 à 3 ½ fr. par jour	19,345
Fossoyeurs	4 à 3½ fr. par jour et 200 in-demnité	5,910
Concierge.		1,200
Abattoir.		
Directeur	1 à 2400	2,400
Employés	2 à 1200, 1 à 1800	4,200
Gardiens	1 à 920, 1 à 720	1,620
Commis d'ordre	1 à 900	900

Nom de la place occupée	Nombre des personnes qui l'occupent et salaire annuel (indemnité)	Total francs
Abattoir des chiens ramassés.		
Gardiens	1 à 900 (75), 1 à 720 (64)	1,759
Preneurs de chiens	3 à 1 fr. par jour (et ½ fr. pour chaque prise)	1,095
Chefs de poste	1 à 1200, 1 à 1035	2,235
Éclairage.		
Vérificateurs du gaz	2 à 1200	2,400
Experts chimiques	2 à 947	1,895
Allumeurs des lanternes à pétrole*)	1 à 276	276
Maisons de charité pour les vieillards inhabiles.		
Inspecteur	1 à 2190	2,190
Directeurs	2 à 900, 1 à 960.	2,760
Médecin	1 à 300	300
Gardiens	1 à 420, 1 à 360, 1 (femme) à 240	1,020
Assistants	6 à 900	5,400
Commis comptables	2 à 900	1,800
Cuisiniers	2 à 447	894
Barbier	1 à 540	540
Maître-maçon	1 à 420	420

*) La moyenne des becs à gaz allumés tous les soirs est de: 4,168. L'entretien est fixé à 4 fr. par bec.

Nom de la place occupée	Nombre des personnes qui l'occupent et salaire annuel (indemnité)	Total francs
Orphelinat des Thermes de Dioclétien.		
Administrateur . . .	1 à 4000	4.000
Secrétaire . . .	1 à 2000	2,000
Comptable . . .	1 à 2500	2,500
Commis d'ordre . .	1 à 1800	1,800
Portier	1 à 645	645
Gardien	1 à 365	365
Garçons.		
Directeur de l'école . .	1 à 3000	3,000
Préfets	9 à 480	4,320
Sous-préfets . . .	8 à 280	2,240
Infirmier	1 à 720	720
Gardes-robes. . . .	2 à 1032	2,064
Barbier	1 à 420	420
Portier	1 à 360	360
Maîtres	1 à 774. 1 à 960, 1 à 300, 1 à 600	2,614
Filles.		
Directrice. . . .	1 à 2400	2,400
Supérieure . . .	1 à 720	720
Préfètes	12 à 420	5,040
Maîtresse repasseuse .	1 à 960	960
Couturière en chef. .	1 à 960	960
Couturière	1 à 204	204
Maîtresse de travail .	1 à 960	960
Maîtresse de travail .	1 à 840	840
Infirmière. . . .	1 à 300	300

Nom de la place occupée	Nombre des personnes qui l'occupent et salaire annuel (indemnité)	Total francs
Service cumulatif.		
Garde-manger . . .	1 à 1200	1,200
Cuisinier	1 à 420	420
Laveuse de vaisselle .	4 à 360	360
Acheteur de vivres . .	1 à 193	193
Commissionnaire . .	1 à 840	840
Portier	1 à 240	240
Cantinier	1 à 580	580
Médecin	1 à 961	961
Chirurgien . . .	1 à 961	961
Pasteur	1 à 600	600
Corps des Pompiers.		
Commandant . . .	1 à 3000	3,000
Capitaine Wagmestre .	1 à 2400	2,400
Sous-lieutenant d'ordre	1 à 1320	1,320
Médecin	1 à 1200	1,200
Chirurgien . . .	1 à 1200	1,200
Capitaines de compagnie	2 à 1920	3,840
Lieutenants	2 à 1500	3,000
Sous-lieutenants .	2 à 1320	2,640
Fourrier	1 à 1080	1,080
Sergents	6 à 720	4,320
Caporaux . . .	35 à 600	21,000
Soldats	193 à 480, 73 à 240. . . .	110,160
Chef trompette .	1 à 600	600
Trompettes	8 à 480	3,840
Musicien en chef. .	1 à 1320	1,320
Sous-lieut. machiniste .	1 à 1320	1,320

Nom de la place occupée	Nombre des personnes qui l'occupent et salaire annuel (indemnité)	Total francs
Police.		
Sergents de ville.		
Commandant	1 à 3217	3,217
Inspecteur	2 à 2040	4,080
Sous-inspecteur	8 à 1820	14,560
Chef d'escadre	18 à 1260	22,680
Gardes choisies	30 à 1141	34,232
Gardes effectives	330 à 1082	357,068
Gardes en expérience	45 à 1085	48,862
Médecin chirurgien	1 à 1200	1,200
Comptable	1 à 1800	1,800
Gardes champê-tres à cheval.		
Brigadier	1 à 1701	1,701
Sous-brigadiers	4 à 877	3,509
Gardes effectives	20 à 1018	20,357
Gardes en expérience	3 à 930	2,789
Médecin	1 à 225	225
Personnel de la consommation.		
1) Bureau central.		
Directeur	1 à 6000 (1800)	7,800
Secrétaire	1 à 4000	4,000
Comptable	1 à 3200	3,200
Caissier	1 à 4009 (680)	4,680
Inspecteur du personnel	1 à 2520	2,520
Commis d'ordre	6 à 2520, 6 à 2040, 6 à 1560	36,720
Adjoints	4 à 1200	4,800
Portiers	1 à 1008, 1 à 900	1,908

Nom de la place occupée	Nombre des personnes qui l'occupent et salaire annuel (indemnité)	Total francs
Commissionnaire	1 à 780	780
Timbreur	1 à 720	720
2) Personnel du chemin de fer et des 12 portes de la ville.		
Vérificateurs	1 à 2800, 1 à 2700, 1 à 2600, 1 à 2400	10,500
Receveurs	8 à 2640, 10 à 2400	45,120
Contrôleurs	9 à 2040, 12 à 1920	41,400
Commissaires	30 à 1560, 25 à 1320	79,800
Surnuméraires	12 à 540	6,480
Médecins	2 à 900	1,800
3) Personnel des droits sur la mouture des grains.		
Réviseur en chef	1 à 3200	3,200
Réviseur	1 à 2410	2,410
Sous-reviseur	1 à 2290	2,290
Receveurs	7 à 2000	14,000
Commissaires	8 à 1740	13,920
Contrôleurs	8 à 1580	12,640
Commis	8 à 1200, 10 à 840	18,000
Surnuméraires (sans solde)	20	
4) Gardes des droits.		
Inspecteur commandant du corps	1 à 4000	4,000
Inspecteur adjoint	1 à 6000	6,000

Nom de la place occupée	Nombre des personnes qui l'occupent et salaire annuel (indemnité)	Total francs	Nom de la place occupée	Nombre des personnes qui l'occupent et salaire annuel (indemnité)	Total francs
Inspecteurs	2 à 2600	5,200	Médecins	6 à 448.60	2,692
Inspecteur-comptable	1 à 2400	2,400	Visiteuse à la porte du Peuple	1 à 480	480
Sous-inspecteurs	4 à 2400	9,600	Receveur à la Douane de terre	1 à (600)	600
Médecins	1 à 1200	1,200	Commissaire à la petite vitesse, chargé de l'ouverture des colis	1 à 2 fr. par jour	670
Brigadiers	8 à 1440	11,520			
Sous-brigadiers	18 à 1260	22,680			
Gardes choisies	12 à 1152	13,824			
Gardes	139 à 1080	150,120	Surveillance des Moulins de campagne	3 à 300, 3 à 120	1,260
Service divers.			Personnel du culte	1 pasteur (161), 1 organiste 258	419
Directeur du théâtre	1 à 1800	1,800	Gardiens de nuit aux dortoirs	2 à 3 fr. par nuit	2,190
Gardien	1 à 600, 1 à 240	840			

Récapitulation.

Service	Personnes payées	Total des traitements et des indemnités francs	Service	Personnes payées	Total des traitements et des indemnités francs
Employés d'administration	450	932,039	Pompiers	257	162,240
Antichambre et service de bureaux	74	71,193	Police	465	516,280
Assistance publique	67	89,325			
Instruction publique	922	658,799	Personnel de la consommation.		
Surveillance des denrées	10	18,046			
Cimetières	29	38,229	Bureau central	31	67,128
Abattoir	7	9,120	Chemins de fer	112	185,100
» des chiens ramassés	7	5,089	Abattoir	20	27,490
Jardins et promenades	26	21,857	Moulins	64	66,460
Éclairage	5	4,571	Gardes de droits	187	226,544
Maisons de vieillards	20	15,324	Services divers	22	8,575
Orphelinat	63	45,787	Total	2,838	3.169,196

Le montant des pensions payées a été pour l'année 1874 de fr. 37.071,70 et celui des pensions retenues aux employés a été de fr. 105.255,68. Le montant des gratifications accordées a été de fr. 27.969,74.

Statistique des Finances

De la ville de

Turin (Torino)

pour les années 1865—1874.

POPULATION. 1862 : 214,715. — 1872 : 212,644.

Table des matières.

		Page.
Recettes 1865—1874	*(Tableau 1)*	*167*
Dépenses 1865—1874	*(Tableau 2)*	*168*
Bilan des Recettes et des Dépenses 1865—1874	*(Tableau 3)*	*169*
Annexe aux comptes annuels:		
Impôts directs		*170*
Impôts indirects		*172*
Occupation des places publiques		*174*
Subsides		*175*
Frais de Police		*176*
Ballayage et arrosage de la ville		*176*
Instruction publique		*176*
Voies de communication		*178*
Assistance publique		*178*
Éclairage		*186*
Corps des pompiers		*186*
Produit des impôts généraux	*(Tableau 4)*	*187*
Octroi et consommation en 1874	*(Tableau 5)*	*187*
Tarif des Octrois	*(Tableau 6)*	*188*
Exposé de la fortune	*(Tableau 7)*	*191*
Exposé de la dette	*(Tableau 8)*	*191*
État du Personnel	*(Tableau 9)*	*192*

Bibliographie.

DE COPILLA, ancien syndic de la ville de Turin: Le budget de la ville de Turin. (Turin 1862.)

1. Recettes de la ville de TURIN

de 1865 à 1874.

	1865	1866	1867	1868	1869	1870	1871	1872	1873	1874
	Francs									
Total des recettes	10.655,017	9.815,164	9.420,611	10.869,305	10.161,022	12.447,693	13.497,983	13.057,541	13.000,804	13.044,090
dont recettes extraordinaires	1.522,777	1.417,596	1.056,257	1.129,482	1.745,545	2.712,697	2.852,508	1.190,800	1.899,699	2.367,242
Spécification des recettes										
1. Impôts directs [1] . . .	829,406	878,981	344,825	1.347,319	1.167,547	1.107,447	840,729	1.790,102	889,495	936,461
2. Impôts indirects [2] . . .	3.761,347	2.869,377	2.847,713	3.359,880	3.498,286	3.997,733	4.657,162	5.076,425	4.304,515	4.638,289
3. Produit de la fortune immobilière	413,224	460,741	461,133	460,460	488,179	506,489	517,291	520,851	500,161	519,959
4. Produit de la fortune mobilière	882,231	1.084,970	1.079,721	1.081,033	978,797	841,442	754,372	667,572	676,017	678,297
5. Recettes provenant de la location des places publiques et des eaux .	110,867	104,726	103,203	80,881	31,664	27,297	25,748	50,384	18,120	30,639
6. Recettes provenant de la vente d'actifs	77,902	53,997	54,407	29,609	37,002	2.418,727	48,331	950,713	953,065	1.747,845
7. Recettes provenant d'emprunts	12,000	812,000	506,000	35,000	57,000	2,000	7,574	7,856	8,153	17,023
8. Recettes provenant de subsides et de dons . .	2.422,498	3,196	1,175	588	32,779	92,246	300,751	37,779	22,779	22,486
9. Taxes scolaires	6,320	6,386	7,062	9,066	11,212	22,557	22,712	25,975	28,502	33,870

[1] Y compris les impôts sur les voitures et personnel.

[2] Nous avons déduit du revenu de l'octroi la somme de 2.750,000 francs, que la commune doit verser comme quote-part dans la caisse de l'état. Pour les diverses sources des impôts indirects voir l'annexe au compte annuel.

2. Dépenses de la ville de TURIN

de 1865 à 1874.

	1865	1866	1867	1868	1869	1870	1871	1872	1873	1874
					Francs					
Total des dépenses	10.221.562	9.207.563	9.096.761	10.854.177	10.147.578	12.203.358	13.305.203	11.914.935	12.503.169	12.554.256
dont dépenses extraordinaires	3.715.629	3.045.571	2.345.233	2.064.643	3.569.729	2.347.174	4.023.526	9.699.350	3.471.177	3.143.599

Spécification des dépenses

	1865	1866	1867	1868	1869	1870	1871	1872	1873	1874
1. Police	188,079	277,429	244,564	246,532	398,964	184,223	292,367	372,245	321,366	336,425
2. Balayage et arrosage de rues	216,986	122,053	194,297	198,544	177,593	192,746	199,509	204,641	218,098	235,142
3. Entretien des écoles (sans frais de construction)	592,446	580,137	526,411	691,586	736,133	704,987	748,917	840,738	841,662	986,639
4. Voies de communication (chaussées, ponts, etc.)	407,861	454,296	408,786	277,899	1.485.378	618,211	548,952	952,117	662,137	715,038
5. Assistance publique	102,489	98,625	94,363	92,150	95,698	69,278	79,331	89,834	103,898	101,463
6. Frais des hôpitaux (sans frais de construction)	271,681	266,184	287,085	286,318	263,581	267,560	248,500	123,979	292,972	249,000
7. Corps des pompiers	49,790	58,176	76,358	51,074	51,586	57,558	55,671	59,769	76,109	68,371
8. Acquisition d'actifs	408,600	153,354	62,700	51,258	—	—	—	—	—	—
9. Intérêts des dettes et amortissement	1.466.077	901,631	1.062.425	1.151.519	10.887.730	1.077.600	1.070.693	1.016.540	1.040.180	1.065.646
10. Éclairage	361,252	369,051	381,006	398,711	403,645	415,120	416,726	404,497	424,709	443,683
11. Parcs	287,554	370,473	110,255	115,840	94,796	44,795	51,972	122,560	36,398	106,448
12. Frais de cultes (sans frais de construction)	17,024	17,285	16,151	17,943	16,654	16,496	16,855	16,543	16,427	16,232

3. Bilan des recettes et des dépenses 1865—1874.

	1865	1866	1867	1868	1869	1870	1871	1872	1873	1874
Compte ordinaire.										
Recettes ordinaires	9.132,240	8.397,568	8.364,354	9.739,823	8.415,477	9.734,996	10.645,475	11.866,741	11.101,104	10.676,848
Dépenses ordinaires . . .	6.505,933	6.161,992	6.751,538	8.789,534	6.577,849	9.856,184	9.281,677	2.215,585	9.031,992	9.410,657
Surplus (+) ou déficit (—) .	+2.626,307	+2.235,576	+1.612,816	+ 950,289	+1.837,628	— 121.188	+1.363,798	+9.651,156	+2.069,112	+1.266,191
Compte extraordinaire.										
Recettes extraordinaires .	1.522,777	1.417,596	1.056,257	1.129,482	1.745,545	2.712,697	2.852,508	1.190,800	1.899,699	2.367,242
Dépenses extraordinaires .	3.715,629	3.045,571	2.345,223	2.064,643	3.569,729	2.347,174	4.023,526	9.699,350	3.471,177	3.143,599
Surplus (+) ou déficit (—) .	—2.192,852	—1.627,975	—1.288,966	— 935,161	—1.824,184	+ 365,523	—1.171,018	—8.508,550	—1.571,478	— 776,357
Compte général.										
Recettes totales	10.655,017	9.815,164	9.420,611	10.869,305	10.161,022	12.447,693	13.497,983	13.057,541	13.000,803	13.044,090
Dépenses totales . . .	10.221,562	9.207,563	9.096,761	10.854,177	10.147,578	12.203,358	13.305,203	11.914,935	12.503,169	12.554,256
Surplus (+) ou déficit (—) .	+ 433,455	+ 607,601	+ 323,850	+ 15,128	+ 13,444	+ 244,335	+ 192,780	+1.142,606	+ 497,634	+ 489,834

Annexe aux comptes annuels. *)

Impôts directs.

Nous distinguons les impôts directs en deux espèces: généraux et spéciaux; les premiers sont établis essentiellement en faveur de l'État avec quelque participation des communes, les autres sont prélevés uniquement par les communes:

Impôts directs généraux.

Les impôts directs généraux sont de trois espèces:

1. Impôts sur les terrains;
2. » sur les maisons;
3. » sur le revenu de la richesse mobilière.

Les deux premiers impôts formaient avant 1864 un impôt unique qu'on nommait prédial.

En 1864 on a distingué l'impôt sur les terrains de celui sur les maisons; celui-ci a été fixé dans la proportion de 12% sur le produit brut annuel que les propriétaires ont dû consigner et prouver au moyen de la présentation des contracts de location. Du produit brut on a retranché, avant d'appliquer l'impôt, le 20% pour les maisons destinées uniquement à l'habitation, et le 30% pour les maisons servant aux usines, fabriques, etc.

Le montant de l'impôt sur les maisons, ainsi obtenu, à été ensuite retranché du total de l'ancien impôt prédial et le reste a servi â déterminer le contingent de l'impôt sur les terrains.

L'impôt sur les terrains de la commune de Turin est de 23% sur la valeur d'allivrement et revient à 11·50% sur le produit annuel.

L'impôt sur les produits de la richesse mobilière comprend cinq catégories distinctes:

a) Produit des créances hypothécaires, emprunts, primes, rentes sur les fonds publics, dîmes, etc.

Cette catégorie est imposée en raison de 13·20% sur le produit brut.

b) Produit du capital engagé dans des entreprises industrielles ou commerciales.

Cette catégorie est imposée à raison de 13·20% sur les 6/8 du produit net des dépenses de production, loyer des établissements, manutention des machines, salaire des ouvriers, etc.

c) Produit de l'oeuvre de l'homme sans concours du capital (rentes viagères, salaires, pensions, etc., non compris les employés de l'État, des administrations des provinces et des communes).

---

*) Les données les plus récentes contenues dans cette annexe se rapportent à l'année 1875.

Cette catégorie est imposée en raison de 13·20% sur les ⁵/₈ du produit brut.

d) Salaires, appointements, pensions et toute autre provision soit en nature, soit en argent faite par l'État, les provinces ou les communes à leurs employés.

Cette catégorie est imposée en raison de 13·20% sur les ⁴/₈ du produit brut, et l'impôt est retenu directement sur le solde par les différentes administrations qui sont responsables envers le trésor de l'impôt de leurs employés.

e) Produit des labourages, c'est-à-dire sur le salaire des cultivateurs des campagnes, ou participation aux récoltes.

Cette catégorie est imposée à raison de 5% du montant de l'impôt sur le terrain labouré. Cependant le labourage des campagnes qui ne paient pas 50 fr. d'impôt sur les terrains est exempt de l'impôt sur la richesse mobilière.

Participation de la commune aux impôts directs généraux.

Les communes peuvent pour les besoins de leurs budgets ajouter des centimes additionnels aux impôts directs sur les terrains et sur les maisons jusqu'au 100% de l'impôt principal en concurrence avec l'administration de la province.

Pour imposer des centimes additionnels en quantité supérieure à celle ci-dessus indiquée, les communes doivent faire constater que les impôts spéciaux que la loi leur accorde la faculté d'imposer ne suffisent pas aux dépenses obligatoires.

La ville de Turin n'a pas encore eu besoin de recourir aux impôts spéciaux en dehors de la taxe sur les personnes de service et sur les voitures ; son budget lui permet même encore de maintenir les centimes additionnels dans la proportion de 35 centimes sur chaque franc d'impôt de l'état.

Sur l'impôt des produits de la richesse mobilière les communes n'ont droit qu'à une participation de ³/₈ sur le 2%, et cela uniquement à titre de dédommagement des frais de service relatifs à cet impôt qui leur sont demandés par les règlements.

La perception des impôts directs constitue une dépense à la charge des communes et des provinces ; dans la commune, il y a un percepteur qui est responsable des impôts dus par les contribuables ; dans les chefs-lieux de province, il y a un receveur responsable des sommes que les percepteurs communaux doivent verser au trésor de l'État.

Les deux services de percepteur et de receveur sont mis à l'enchère et la prime de l'un et de l'autre est une charge des budgets de la commune ou de la province qui ont le droit d'en distribuer proportionnellement le montant entre tous les contribuables des impôts directs.

La perception des impôts directs pour la ville de Turin a été entreprise moyennant rétribution au percepteur communal de 1·50%, et au receveur provincial de 0·73%.

Nous donnons dans le tableau Nr. 4 le produit des impôts généraux en 1875, en y ajoutant le nombre des contribuables et les frais de perception.

Impôts spéciaux des communes.

De tous les impôts directs que les communes peuvent imposer aux habitants, la ville de Turin n'a jusqu'ici mis en vigueur que celui sur les personnes de service et les voitures.

Cet impôt doit être payé par les citoyens qui ont leur résidence dans la commune et qui, ayant à leur service des domestiques, les logent.

Cet impôt monte à 8 fr. par an pour une domestique et à 4 fr. pour un domestique mâle.

Tout propriétaire de voiture, soit pour service personnel, soit pour le service du public est soumis à l'impôt sur les voitures. Les voitures particulières à un cheval payent 30 fr., celles à deux chevaux 40 fr., celles avec armoirie le double; les voitures publiques à un cheval 20 fr., à deux chevaux 40 fr.

Le nombre des contribuables était en 1875 de 6265 ; le revenu de 69,685 fr.

Impôts indirects.

1. **L'octroi de consommation** est pour les grandes communes la plus grande ressource ; mais l'État a aussi sur cet impôt un droit de prélèvement pour quelques denrées.

La commune se charge du service de la perception et verse à l'État le revenu des octrois dus au gouvernement. La ville de Turin payait ci-devant au gouvernement la somme de 2.750,000 fr. pour les octrois de l'État, et en conséquence d'une nouvelle convention qui, conclue en 1875, exercera son effet sur les années 1876—1881, elle paiera la somme de 3.400,000 francs.

L'octroi est remboursé pour les denrées sortant de l'enceinte de la ligne, même pour celles qui auraient par diverses fabrications changé de forme, comme les huiles, les savons, les chandelles, les amidous, le chocolat, les pâtes, les viandes.

Les principales conditions en vue de profiter de cet avantage sont les suivantes :

1. Déclarer le genre des denrées que l'on veut exporter; 2. donner garantie moyennant le dépôt de 25 francs de rente sur la dette publique, d'observer exactement les prescriptions disciplinaires qui règlent la matière; 3. payer le droit de 20 fr. pour l'acte de concession; 4. payer le droit annuel de 10 fr. pendant la concession.

En 1875 la ville de Turin a remboursé, pour les denrées exportées hors la ligne de l'octroi, la somme de . . . . fr. 528,559·50

Les droits pour concessions accordées dans l'année se sont élevées à . . . . » 280·—

Les droits annuels à . . . . » 7,690·—

2. La vente en détail des boissons est assujettie à une taxe spéciale dont le tarif est le suivant:

	Unités de mesure	Taxe à l'état	à la commune a)[1]	b)[2]
Vin et vinaigre en tonneaux	hectolit.	7·—	2·80	3·50
Piquette en tonneaux	»	3·50	1·40	1·75
Vin et vinaigre en bouteilles	chacune	0·15	0·06	—
Alcools, eau-de-vie jusqu'à 59 degrés . .	hectolit.	8·—	3·20	4·—
dtto au delà de 59 degrés .	»	12·—	4·80	6·—
dtto en bouteille	chacune	0·20	0·08	—
Bière en tonneaux	hectolit.	7·—[1]	2·80	3.—
Boissons gaseuses	»	4·—[1]	1·60	2·—

La perception de la taxe ci-dessus s'effectue à forfait par une compagnie de débitants de boissons; la compagnie verse dans la caisse de la commune la somme annuelle qui a été contractée et, moyennant des arrangements faits avec les débitants en particulier, elle se rembourse de la somme nécessaire. Le revenu de cette taxe avait été établi en 1871 à 340,000 fr., il est à présent porté à 380,000 francs.

3. Depuis longtemps il existait une taxe sur l'abatage des bestiaux; c'était une espèce de dédommagement que la commune recevait pour les dépenses de vérification à l'égard de l'état de santé des bêtes que l'on voulait abattre.

En 1863, la ville de Turin, dans le but d'assurer davantage le service de surveillance et de police, a fait construire un grand abattoir dans lequel doivent être tués exclusivement tous les animaux qui servent à l'alimentation de la ville à l'intérieur de la ligne d'octroi.

A l'introduction des bêtes dans l'abattoir on paye:

Pour boeufs, taureaux, génisses par tête fr. 5·50; pour vaches fr. 2·50; veaux fr. 2·50; pour porcs fr. 5·50; pour brebis, moutons et chèvres fr. 0·30; pour agneaux et chevreaux franc 0·10.

En 1875, cette taxe a fourni un revenu de 161,884 francs.

Pour l'abatage des bestiaux, en dehors de la ligne de l'octroi, il y a une taxe spéciale, dont la perception est donnée à forfait à la même compagnie d'entreprise que pour la taxe sur la vente au détail des boissons, le maximum que la compagnie peut exiger est déterminé par le tarif suivant, lequel réunit la taxe sur l'abatage et celle de l'octroi des bestiaux.

		à l'état	à la commune	Total
Boeufs et génisses	par tête	40·—	—·—	40·—
Vaches et taureaux	»	25·—	—·—	25·—
Veaux âgés d'un an	»	22·—	3·—	25·—
Veaux au-dessous d'un an	»	12·—	3·—	15·—
Porcs	»	16·—	—·—	16·—
» tués pour usage particulier . . .	»	3·—	1·50	4·50
Agneaux, chevreaux, brebis	»	—·50	—·—	—·50
Viandes fraîches	par quintal	12·50	—·—	12·50
Viandes salées	» »	25·—	—·—	25·—

[1] A l'intérieur de la ligne d'octroi. — [2] En dehors de la ligne.

4. La fabrication des alcools, de leurs produits, de la bière et des boissons gazeuses est assujettie à un droit spécial en faveur de l'État ; les communes ont la faculté de surimposer une taxe qui, pour la ville de Turin, est la suivante :

Fabrication des alcools jusqu'à 59 degrés par hectolitre 4 fr.

    au-delà de 59 degrés . . . . 6 »

   de la bière . . . . 3 »

   des boissons gazeuses . . . . 3 »

Produit 3155 fr.

5. Taxe dite d'exercice public. Tout individu qui veut ouvrir une auberge, un restaurant, un café, un débit quelconque de vin, de liqueurs, de bière, etc., doit payer une taxe d'ouverture égale au 5% du loyer de la localité qu'il occupe ; il est ensuite assujetti à une taxe annuelle qui est d'un dixième de la taxe d'ouverture.

En 1875 le revenu total de la taxe d'exercice est monté à 12,909 francs.

6. Taxe sur les chiens. Tous les possesseurs de chiens doivent payer 15 francs par tête et par an.

Les chiens qui servent de guide aux aveugles, aux fermes, au bétail et aux maisons champêtres ne sont pas assujettis à la taxe.

Le revenu en 1875 en a été de francs 66,366·50.

Occupation des places publiques.

Les voitures publiques paient par an 48 et 42 fr., les omnibus pour chaque ligne 250 fr., les omnibus allant aux faubourgs 60, 120 et 180 fr., les voitures de remise et les charrettes à main 1·60 franc.

Marchés publics.

Marché aux cocons de vers-à-soie. La marchandise est exposée gratuitement au marché, elle n'est assujettie qu'aux droits de pesée.

Pour faire connaître l'importance de ce marché, on croit nécessaire de mettre sous les yeux le tableau suivant des quantités vendues pendant les années 1866 à 1875.

Année	Quantités en myria-grammes	Prix moyen	Valeur de la marchandise
1866	17,987	35·74	642,855·38
1867	26,471	67·30	1.481,498·30
1868	29,458	69·89	2.058,819·62
1869	50,476	47·15	2.379,849·10
1870	40,351	57·02	2.300,814·02
1871	53,038	37·22	1.974,074·36
1872	44,789	58·72	2.630,010·08
1873	33,204	63·79	2.118,083·16
1874	43,444	38·12	1.656,085·28
1875	33,013	40·80	1.347,062·45

Marché au vin. Le service de l'établissement est fait directement par l'administration communale. Tout le vin que l'on y introduit est analysé par un chimiste et paie un droit d'entrepôt de 0·50 par hectolitre et par semaine.

Le revenu en 1875 en a été de francs 24,567·40.

Marché aux bestiaux. Après l'ouverture des chemins de fer qui mettent Turin en communication directe avec les débouchés des grandes vallées des Alpes, il y avait lieu de croire que cette ville serait le centre du commerce des bestiaux. L'administration municipale a fait construire un grand parc avec des hangars, des auvents, des bâtiments pour écuries, granges à foin, etc., mais jusqu'à présent le nombre des animaux conduits à ce marché est tout-à-fait insignifiant, les producteurs et les commerçants continuent à préférer les anciens marchés de province; ainsi le revenu de cet établissement, qui figure dans le compte-rendu de 1875 pour la somme de fr. 5520, ne représente que le loyer des édifices pour auberge et le produit des balayures.

Subsides.

Ordinaires: Pour l'entretien de la route nationale militaire de Casal sur la droite du Pô, qui se trouve entre la ville et la barrière de l'octroi, le gouvernement paie une contribution de 1175 fr. par an, le parcours en est de 739 mètres.

Pour l'entretien de toutes les routes provinciales entre la ville et les différentes barrières, l'administration de la province paie une contribution de 15,604·30 fr. par an; le parcours total en est de 6789 mètres.

Le ministère de l'instruction publique paie à la ville de Turin la somme de 5000 fr. par an comme contribution des frais en l'école de dessin appliqué aux industries pour filles.

La principale application de cet enseignement a été la peinture sur porcelaine et la chromolithographie.

Extraordinaires: Pour dédommager la ville de Turin du transfert de la capitale fait en 1864, la loi de 18 décembre de la même année a autorisé le gouvernement à inscrire sur le grand livre de la Dette publique la rente de 1.067,000 fr. pour la commune. Sur cette rente, 300,000 fr. ont été assignés à la construction d'un grand aqueduc propre à fournir la force motrice aux établissements industriels. Ce canal a été achevé dernièrement et a coûté à peu près 4 millions et demi.

Le restant (767,000 fr. de la rente) a été laissé pour ainsi dire en restitution des sommes que la ville de Turin avait engagées depuis 1859 pour les travaux publics rendus nécessaires par le siège du gouvernement, tels que la construction du palais du parlement (qui a coûté 2.600,000 fr.), l'édification de la Place du Statut pour augmenter le nombre des logements (7.000,000 fr.).

De toute cette rente la ville n'a plus aujourd'hui de disponible que la rente de 192,000 francs.

Frais de police (1875).

Les frais du tribunal de police*) montaient à   .   .   .   .   8,640 fr.,
les frais du service général de la police à   .   .   .   .   .   262,762 »
(dont 32,250 pour traitement des inspecteurs et des délégués, 166,423
pour la garde urbaine, 41,243 pour gardes champêtres et 11,176
pour frais de bureau);

les dépenses pour la sûreté publique s'élevaient à   .   .   .   84,523 »
(dont 61,500 comme contribution de moitié au traitement du personnel, et le
reste comme frais de casernement).

Balayage et arrosage de la ville.

Frais totaux en 1875; 157,820 francs, dont:

8,900 fr. pour 1 chef et 5 assistants.

71,836 fr. pour le personnel des balayeurs (5 inspecteurs, 100 balayeurs
à la journée, pour l'arrosage).

32,774 fr. Service affermé pour le transport des chariots.

25,422 fr. Entretien des chariots et du matériel.

3,600 fr. Déblai de la neige et de la glace.

Instruction publique.

L'instruction publique se partage en deux catégories, p r i m a i r e ou
é l é m e n t a i r e et s e c o n d a i r e.

L'instruction p r i m a i r e est entièrement à la charge de la commune, soit
pour le corps des maîtres d'écoles, soit pour les frais de tout le matériel.

L'instruction s e c o n d a i r e est c l a s s i q u e ou t e c h n i q u e; la classique
comprend les cours du g y m n a s e et les cours du l y c é e; l'instruction t e c h-
n i q u e comprend les cours i n f é r i e u r s et s u p é r i e u r s et l'institut
i n d u s t r i e l.

Tous les frais pour édifices, meubles, matériaux scientifiques, etc. sont
au total à la charge de la commune; les dépenses des professeurs, par une
convention particulière faite avec le gouvernement, ont été réparties à peu
près de moitié entre la ville et le gouvernement.

Mais en dehors de l'instruction primaire et secondaire établies par la loi,
il y a une infinité d'écoles établies soit par la ville, soit par des sociétés ou
établissements spéciaux. La ville de Turin subvient à tous les frais, des premiers
et elle contribue à ceux des derniers.

La ville de Turin a la gloire d'avoir créé l'institution des écoles du
soir; dans les premières années ces écoles se bornaient à donner une instruction tout à fait élémentaire aux ouvriers adultes, peu à peu elles !ont augmenté le nombre des branches d'étude, de façon qu'aujourd', hui ce système
d'instruction est complet, car il y a des classes élémentaires pour les jeunes garçons

____

*) Les employés sont payés par l'état, mais il reçoivent aussi de la part de la ville
des indemnités (casuel) pour les services qu'ils rendent à l'administration communale.

et pour les adultes dans la ville, dans les faubourgs et même dans la banlieue ; il y a un cours d'instruction technique et des cours spéciaux de dessin au lavis pour les machines et l'ornementation, enfin un cours de commerce où l'on apprend le français, l'anglais, l'allemand, le droit commercial et la tenue des livres.

Nous donnons dans ce qui suit le nombre des écoles existant à Turin, avec le nombre des instituteurs, des élèves et les frais d'entretien en 1875.

I. Instruction primaire.

330 classes, 396 instituteurs, 15,291 élèves, dépenses 666,468 fr. à ajouter :

pour l'enseignement de la gymnastique . . . . 16,500 fr.
  »   »   du chant 21 . . . . 6,200 »
  »   »   du dessin linéaire 38 . . . . 5,660 »

Frais de l'instruction primaire 694,828 fr.

II. Instruction secondaire.

(2 lycées, 3 gymnases, 5 écoles techniques.)

Études classiques 21 classes 43 instituteurs 1995 élèves . . . . 47,486 fr.
Études techniques 16 » 83 » 701 » . . . . 98,725 »

Frais de l'instruction secondaire . . . 126,211 fr.

III. Instruction spéciale.

Écoles du soir	77 clas. 89 inst. 3504 élèves	7,950 fr.
Leçons d'écriture pour adultes*)	52 » 52 » 1851 »	9,300 »
École supérieure pour filles	4 » 19 » 90 »	23,307 »
» de dessin pour artisans (filles.)	4 » 5 » 47 »	20,241 »
Lycée de musique	12 » 12 » 201 »	21,900 »

Frais de l'instruction spéciale . . . . 61,698 fr.

Les taxes scolaires sont les suivantes.

École supérieure pour les jeunes filles Cours 2me et 3me . . 180 fr.
  »   »   »   »   »   » Cours 1er . . . . 150 »
  »   »   »   »   »   » Cours préparatoire . . 120 »
École de dessin industriel pour les jeunes filles . . . . . 40 »

Écoles du soir :
  École de Commerce 3me classe . . . . 20 »
  » » » 2me » . . . . 15 »
  » » » 1ère » . . . . 10 »
  Écoles de dessin pour les ouvriers ; classes supérieures . . . 5 »
  » » » » » » » inférieures . . . 3 »
  Écoles primaires pour les ouvriers . . . . 1 »

---

*) Les jours de fête.

Écoles du dimanche pour les ouvrières; classes d'arithmétique .   2 fr.
  »   »   »   »   »   »   » primaires . .   1 »

On n'accorde aucune exemption de taxe dans les susdites écoles, excepté pour le dessin industriel, où on reçoit gratuitement quelques jeunes filles de familles dénuées de fortune. Dans tous les cas, le nombre des élèves admises gratuitement ne doit jamais surpasser le tiers du chiffre total des élèves de l'école.

Voies de communication.

Il y a dans l'intérieur de la ville 38 places, d'une superficie de 14,421,528 métres carrés

167	rues, d'une longueur de 63,172 m.,	largeur de	6 à 24 m.
23	ruelles » » » 1,145 »	» »	3 à 11 »
20	allées » » » 13,726 »	» »	24 à 40 »
14	avenues » » » 13,165 »	» »	12 à 20 »
7	rues dans les faubourgs 3,205 »	» »	8 à 12 »
5	ponts 185 »	» »	12 à 20 »
43	routes communales . 321,145 »	» »	5 à 24 »

Les frais montaient en 1875 :

	personnel	matériel
pour les routes communales à	15,365 fr.	32,961 fr.
routes nationales et provinciales	12,608 »	23,834 »
allées et avenues	32,856 »	45,346 »
rues et places à l'intérieur de la ville	18,169 »	59,151 »

Les propriétaires qui fréquentent en quelque manière les chemins vicinaux sont annuellement réunis en congrès pour arrêter les dépenses à faire soit pour les grandes réparations soit pour les frais d'entretien ordinaire, soit encore pour la répartition des dépenses qui retombent à leur charge.

Pour quelques chemins, c'est la commune qui avance les sommes nécessaires, pour quelques autres ce sont au contraire les propriétaires qui les avancent à la commune.

En tout cas la commune prête un subside qui varie entre le 5 et le 10% du total de la dépense.

Inutile d'indiquer ici le nom de ces entreprises indépendantes qui ont une valeur tout à fait locale.

Leur bilan total en 1875 en a été de 569,910 francs.

Assistance publique et hôpitaux.

Les établissements de charité et de bienfaisance existant à Turin sont les suivants :

	Année de fondation	Total des dépenses annuelles, ordinaires
1. Grand hôpital de St. Jean Baptiste et de la ville de Turin	1400	312,055
3. Oeuvre de St. Paul	1563	211,432
4. Hôpital de l'ordre chevaleresque de St. Maurice et Lazare	1572	115.000
5. Archiconfrérie du Saint-Esprit	1575	6,154
6. Archiconfrérie de la Très-Sainte-Trinité	1577	5,597
7. Archiconfrérie de St. Jean Baptiste et de la Miséricorde	1578	7,848
8. Orphelinat pour filles	1579	48,236
9. Hôtel de Vertu	1587	65,400
10. Hôpital des fous et confrérie du Saint-Suaire	1598	495,520
11. Hôpital général de charité	1627	323,346
12. Congrégation des marchands	1660	10,234
14. Compagnie des accouchées	1732	9,579
15. Hôpital de la maternité	1732	111,610
16. Oeuvres Spitalier-Ayres	1734	2,390
17. Oeuvre de la providence	1735	75,462
18. Comité de Bienfaisance Juive	1755	40,507
19. Oeuvre Bogetto-Brunengo-Romero-Bistotti	1757	792
20. » Romero et Morano	1757	230
21. Couvent des filles des militaires	1764	25,029
22. Oeuvre de la mendicité instruite	1773	97,326
23. Pensionnat des veuves et des nubiles de condition civile	1775	64,000
24. Institut des Rosines	1780	92,900
25. Oeuvre Bogetto et Richeri	1780	305
26. » Bistotti, Graneri, Bogetto et Romero	1780	3,848
27. » Bogetto, Romero et Richeri	1780	390
28. » Bogetto, Romero et Valletti	1780	3,211
29. » Bogetto et Reiccio	1796	665
30. Hôpital de St. Louis	1796	160,986
31. Oeuvre Ciglié-Graneri	1796	229
32. » Tallone	1801	7,605
33. Conservatoire du Rosaire dit des Sapellines par le fondateur Sapelli	1806	34,000
34. Oeuvre Guramaglia	1811	14
35. » Riccio	1816	143
36. » Ansaldi-Macesi	1822	2,000
37. Hospice des enfants-trouvés (on en compte actuellement 5367)	1822	529,866
38. Oeuvre Falchero dans la Paroisse de l'abbaye de la Stura	1822	250
39. Petite maison de la divine providence	1827	—
40. Institut des sourds-muets	1834	29,964

23*

	Année de fondation	Total des dépenses annuelles ordinaires
41. Petite maison de charité	1837	6,000
42. Écoles enfantines (société et fondations particulières) . .	1838	55,938
43. Hospice de mendicité	1840	222,170
44. Hôpital ophthalmique et enfantin	1840	90,060
45. Bienfaisance vaudoise	1842	22,808
46. Couvent du bon pasteur	1843	40,000
47. Congrégations de charité (dans chaque paroisse) . . .	1845	176,028
48. Patronage des jeunes hommes sortis des maisons de correction et de peine	1846	17,277
49. Collége des petits artisans.	1850	85,000
50. Institut de la Sainte-Famille	1850	47,000
51. Oeuvre de Sainte Zita	1859	15,000
52. Comité des dames pour secours aux blessés dans les guerres d'indépendance	1860	5,000
53. Institut Barolo	1865	212,000
54. Institut national pour filles de militaires.	1866	64,000
55. Hospice celtique pour hommes	1866	31,847
56. Institut Bonafons	1869	65,000

Nous croyons qu'il sera intéressant de donner ici un court aperçu des tendances et des buts desdites institutions.

1. Grand hôpital de St. Jean Baptiste et de la ville de Turin. (Fondé en 1400.) On reçoit dans cet hôpital tous les pauvres d'âge, de nation et de religion quelconque; pourvu qu'ils n'aient pas des maladies chroniques, vénériennes ou contagieuses. Il y a 557 lits. C'est dans cet établissement que l'enseignement de la clinique médicale et de la chirurgie se fait par les professeurs de l'université.

3. Oeuvre de St. Paul. (Fondée en 1563.) Comprend quatre institutions :

1) Bureau de bienfaisance pour distribution de subsides aux pauvres honteux infirmes et aux pauvres qui se sont convertis à la foi catholique.

2) Institut de secours en vue de donner une bonne éducation religieuse et civile à des jeunes filles de condition civile, mais non aisée, l'admission s'y fait de 7 à 14 ans; il y a 120 places, dont 88 gratis; pour les autres, la pension est de 40 fr. par mois.

3) Services religieux — dont le principal est l'exercice spirituel que font à un sanctuaire situé dans une vallée éloignée de 40 kilomètres des personnes de certaines paroisses et de certaine condition qui ont droit au logement et aux repas.

4) **Mont-de-piété** — il est de deux sortes. Gratuit pour les gages dont le prix est inférieur à un franc et 50 cent., et à 6% d'intérêt pour les autres gages.

4. **Hôpital de l'ordre chevaleresque de St. Maurice et Lazare.** (Fondé en 1572.) L'ordre distribue annuellement la somme de 10,000 fr. aux personnes de mérite qui sont dans la détresse; l'hôpital contient 150 lits — 127 gratuits et 23 pour lesquels il faut payer.

5. **Archiconfrérie du St. Esprit.** (Fondée en 1575.) Hospice des catéchumènes, où sont reçues les personnes pauvres qui désirent embrasser la religion chrétienne; l'hospice a logé en 1728 Jean Jacques Rousseau.

Les dons et les subsides sont distribués selon la volonté des fondateurs.

6. **Archiconfrérie de la Très-Sainte-Trinité.** (Fondée en 1577.) Anciennement le but était de donner un logement aux pélerins qui allaient visiter Rome ou le Saint Sépulcre; mais les pélerinages ayant cessé, les fonds en ont été destinés à fonder un grand hospice pour les convalescens.

Les dots sont distribuées selon la volonté des fondateurs.

7. **Archiconfrérie de St. Jean Baptiste et de la Miséricorde.** (Fondée en 1578.) Elle administrait anciennement les prisons. Aujourd'hui son but consiste à donner des secours d'habillement et de médicaments spéciaux aux détenus, et des subsides à ceux qui sortent de prison pour les mettre à même de rentrer dans leurs foyers.

8. **Orphelinat pour filles.** (Fondé en 1579.) Les orphelines y sont reçues depuis l'âge de 8 ans jusqu'à 12. Elles y restent jusqu'à la mort, sauf le cas de mariage ou de placement près des parents.

9. **Hôtel de Vertu.** (Fondé en 1587.) On y admet des garçons de 11 à 14 ans pour leur apprendre un métier; les places sont au nombre de 100 dont 84 gratuites, 16 où l'on paie 30 fr. par mois. Les élèves restent dans l'établissement pendant 5 ans. Des contremaîtres dirigent les ateliers et sur les revenus ils paient un appointement à l'institut et à chacun des élèves.

10. **Hôpital des fous et confrérie du Saint Suaire.** Fondé en 1598 par la confrérie du St.-Suaire; c'est maintenant un institut d'ordre public. Il s'y trouve avec le consentement de l'autorité politique ou par arrêt des tribunaux des personnes aliénées. Les pauvres y sont admis gratuitement; les malades qui ne sont pas pauvres doivent payer une pension variant de 600 à 900 fr. par an. L'hôpital a deux maisons, l'une à Turin même, l'autre dans l'ancienne Chartreuse de Collegno, à 8 kilomètres de la ville. On y compte actuellement dans toutes les deux 470 hommes et 420 femmes aliénés.

11. **Hôpital général de charité.** (Fondé en 1627.) Fondé dans le but d'interdire la mendicité; les revenus en sont actuellement employés à donner logement, habillement et nourriture à deux catégories de personnes:

1) Aux personnes âgées invalides, dont on compte 220 hommes et 270 femmes.

2) Aux jeunes personnes, dont 180 garçons et 470 filles.

Les invalides sont reçus depuis 65 ans pour les hommes, et 60 ans pour les femmes.

Les jeunes gens de 6 à 9 ans peuvent demeurer dans l'hôpital jusqu'à 21 ans pour les garçons, et 25 pour les filles.

12. **C o n g r é g a t i o n   d e s   m a r c h a n d s.** (Fondée en 1660.) C'est une société de commerçants en tout genre dont les membres n'ont aucune obligation personnelle, leurs offrandes volontaires ont procuré à l'institut une rente de 4000 fr. Le but est de secourir les négociants que des revers ont jeté dans la misère.

14. **C o m p a g n i e   d e s   a c c o u c h é e s.** Fondée en 1732 par la Reine Polissène d'Hesse dans le but de prêter assistance aux femmes pauvres pendant leurs couches. Les femmes ainsi soulagées sont en moyenne au nombre de 1439 par an.

La compagnie est composée de 600 dames qui paient une contribution annuelle et recueillent des offrandes.

15. **H ô p i t a l   d e   l a   m a t e r n i t é.** Fondé en 1732 par ordonnance du Roi, il est administré par une Commission nommée par le Préfet. Son but est de donner asile aux femmes, soit nubiles, soit mariées, qui ne peuvent être assistées dans leurs couches. Il y a deux sections distinctes: la première pour les nubiles, on y fait l'école de sages-femmes sous la direction du chirurgien en chef; la seconde pour les mariées, on y fait le cours de clinique aux étudiants de l'université sous la direction du professeur d'ostéologie. Le nombre des femmes présentes à l'hôpital varie de 90 à 100. Quelques-unes de la première section sont admises au prix de 45 ou de 75 fr. par mois: toutes les autres y sont reçues gratuitement.

16. **O e u v r e   S p i t a l i e r - A y r e s.** (Fondée en 1734.) Les dots sont: 31 de 175 fr. accordées à de pauvres filles qui portent le nom de Spitalieri, et 6 de 165 fr. à de pauvres filles qui portent celui d'Ayres.

17. **O e u v r e   d e   l a   P r o v i d e n c e.** (Fondée en 1735.) C'est un pensionnat pour jeunes filles de condition civile. Les places sont au nombre de 110, dont 33 gratuites, 14 mi-gratuites ; la pension est de 40 fr. par mois. Les filles sont reçues depuis 8 jusqu'à 16 ans.

18. **C o m i t é   d e   B i e n f a i s a n c e   J u i v e.** (Fondé en 1755.) Secours aux juifs pauvres incapables de travailler; assignat de 30 fr. et petit trousseau aux accouchées pauvres; l'hôpital contient 13 lits; école primaire spéciale fréquentée par 216 enfants des deux sexes.

19. **O e u v r e   B o g e t t o - B r u n e n g o - R o m e r o - B i s t o t t i.** (Fondée en 1757.) Aumônes pour les pauvres de la paroisse de St. Eusèbe.

20. **O e u v r e   R o m e r o   e t   M o r a n o.** (Fondée en 1757.) Aumônes pour les pauvres de la paroisse de St. Étienne.

21. **C o u v e n t   d e s   f i l l e s   d e s   m i l i t a i r e s.** (Fondée en 1764.) Les administrateurs en sont nommés par le roi, les places sont au nombre de 62 destinées à de pauvres jeunes filles de 8 à 14 ans, et aux filles de militaires de

tous les grades, elles y sont admises par le conseil d'administration sur la pro-position du ministère de la guerre.

22. **Oeuvre de la mendicité instruite.** (Fondée en 1773.) Son but est l'instruction des pauvres de tout âge ; ils y sont pourvus de livres, papier, habillement et même de secours en argent et en nature ; et pour les filles de dots en cas de mariage.

Élèves garçons dans les écoles diurnes 1208
» » » » » du soir 320
> dans les écoles de filles 996

23. **Pensionnat des veuves et des nubiles de condition civile.** (Fondé en 1775.) On y admet les veuves et les filles qui ont dépassé l'âge de 25 ans ; il y a 15 places gratuites pour veuves et filles de personnes qui ont servi l'état. La pension varie de 370 à 500 fr. selon le logement. Actuellement il y a en tout 125 pensions.

24. **Institut des Rosines.** (Fondé en 1780.) On y reçoit des filles de 15 ans, qui peuvent y rester pendant toute leur vie. Il y en a actuellement 220. Elles n'ont d'autres charges que la dépense du premier trousseau. L'institut s'entretient des revenus des travaux des pensionnaires.

25—29. **Aumônes aux pauvres.**

30. **Hôpital de St. Louis.** (Fondé 1796.) Il a 173 lits gratuits pour infirmes attaqués de maladies chroniques. — L'administration distribue aussi des secours aux malades pauvres qui ne peuvent pas être reçus dans l'hô-pital par défaut de places vacantes.

31, 32, 34, 35. **Aumônes pour les pauvres des paroises respectives.**

33. **Conservatoire du Rosaire dit des Sapellines par le fondateur Sapelli.** (Fondé en 1806.) C'est un monastère destiné à retirer les jeunes filles qui, manquant de parents, sont en danger d'être aban-données ; on leur donne une éducation suffisante pour leur procurer le moyen de vivre de leur propre travail. Elles peuvent y être reçues depuis l'âge de 12 ans jusqu'à 20 ; les places sont au nombre de 100.

36. **Oeuvre Ansaldi-Macesi.** (Fondée en 1822.) Pensions pour tailleurs et tailleuses pauvres, dots pour leurs filles.

37. **Hospice des enfants-trouvés (on y en compte actu-ellement 5367).** (Fondée en 1822.) L'hospice pourvoit aux enfants par le moyen de nourrices auxquelles on paie une pension variant jusqu'à 6 fr. par mois. A l'âge de 12 ans, les nourrissons sont placés chez quelque famille qui s'oblige à les garder jusqu'à 20 ans ; les filles qui se marient ont une dot de 100 fr. L'hospice est entretenu par une contribution proportionnelle à la popu-lation de chaque commune de la province, selon la loi.

38. **Oeuvre Falchero dans la paroisse de l'abbaye de la Stura.** (Fondée en 1822.) Administrée par le curé en faveur des pauvres.

39. **Petite maison de la divine providence.** (Fondée en 1827.) Son existence est miraculeuse ; son patrimoine et son budget se résument en

ces mots: la Providence de Dieu qui a été la devise de son fondateur le Chanoine Cottolengo est actuellement celle de son Directeur co-fondateur, le Chanoine Anglesio. L'institut a obtenu en 1836 la médaille d'or de la Société Française Monthyon et Franklin. Le but de la maison est de recevoir toutes les personnes qui ne peuvent entrer dans les autres hôpitaux ou dans d'autres hospices. L'établissement occupe aujourd'hui un espace de près de 5 hectares de terrain, où l'on trouve de vastes infirmeries, des cours, des ateliers, des écoles, une église. Le nombre des personnes qui y sont actuellement réfugiées n'est pas au-dessous de 2500, partagées en 32 familles; chacune selon les maladies ou les ouvrages que les individus peuvent faire.

40. Institut des sourds-muets. (Fondé en 1834.) Il y a cinq places gratuites fondées par le roi, la commune et des bienfaiteurs — les élèves non gratuits paient une pension de 460 fr. — On en compte actuellement 65.

41. Petite maison de charité. (Fondée en 1837.) Etablie dans un des faubourgs du territoire, et destinée essentiellement aux malades incurables; on y compte 40 lits disponibles.

42. Écoles enfantines (société et fondations particulières). (Fondées en 1838.) On y reçoit les enfants des deux sexes, depuis l'âge de 2 ans jusqu'à 6; on y donne une instruction tout à fait élémentaire; ils y sont nourris et logés depuis le matin à 9 heures jusqu'à 5 du soir. Le chiffre total en est de 2857.

43. Hospice de mendicité. Fondée en 1840 par une compagnie d'actionnaires qui formèrent un capital de 200,000 fr. dans le but d'interdire la mendicité publique. L'établissement reçoit tous les pauvres que l'autorité de sûreté publique a surpris à mendier. Actuellement, la population de l'établissement est de 882 personnes, dont 585 hommes et 297 femmes; hommes capables de travailler: 273, femmes: 153. L'institut est dans des conditions financières très pénibles, car son budget présente toujours un déficit considérable; la charité publique cependant lui vient en aide par des souscriptions fréquentes.

44. Hôpital ophthalmique et enfantin. (Fondé en 1840.) Cet hôpital contient 300 lits dont 50 gratuits; les pensions y varient de 1·50 à 5 fr. par jour pour les personnes adultes et de 0·50 à 1 fr. pour les enfants.

45. Bienfaisance vaudoise. (Fondée en 1842.) Écoles; 208 élèves. Diaconie pour aumônes; refuge avec 12 lits; collége de petits artisans, 18 élèves; protectorat des enfants pauvres; un comité de demoiselles vaudoises visite les familles pauvres, distribue du travail et se charge de vendre les objets ainsi confectionnés. Le produit sert à l'éducation des enfants.

46. Couvent du Bon Pasteur. (Fondé en 1843.) 289 élèves en 4 catégories: pénitentes, égarées converties; madeleines, jeunes converties qui aspirent au voile; préservandes, jeunes filles en danger d'être égarées; pensionnat pour jeunes filles honnêtes.

47. **Congrégations de charité (dans chaque paroisse).** (Fondées en 1845.) La loi sur la bienfaisance publique porte que dans toutes les communes il doit y avoir une congrégation dans le but de recueillir les offrandes des particuliers et de les distribuer aux pauvres, ainsi que d'administrer les lieux de dévotion qui n'ont pas une administration particulière. Les membres de la congrégation sont nommés par le conseil communal.

48. **Patronat des jeunes hommes libérés des maisons de correction et de peine.** (Fondé en 1846.) Les jeunes hommes protégés sont maintenant au nombre de 32, ils vivent en commun et s'occupent des métiers de forgeron et de charpentier.

49. **Collége des petits artisans.** (Fondé en 1850.) Son but est de donner une éducation morale et un métier aux garçons pauvres ou abandonnés. L'institut a trois maisons: à Turin pour les métiers, à Chieri et à Moncuc pour les travaux d'agriculture. Le nombre des élèves est de 325. Les fonds principaux de l'établissement consistent en versements faits par les actionnaires.

50. **Institut de la Sainte Famille.** (Fondé en 1850.) Couvent pour jeunes filles jusqu'à 14 ans, — on en compte 220.

51. **Oeuvre de Sainte Zita.** (Fondé en 1859.) Couvent pour femmes en service; 3 catégories: élèves, hors de service et invalides. On en compte 92.

52. **Comité des dames pour secours aux blessés dans les guerres d'indépendance.** (Fondé en 1860.) En temps de guerre, le comité agit même sur le champ de bataille en procurant de la charpie, des compresses, médicaments, etc.; en temps de paix, son but est de donner des secours aux blessés et aux familles des soldats morts à la guerre.

53. **Institut Barolo.** (Fondé en 1865.) La Marquise Juliette de Barolo de Choiseu, la dernière représentante de la famille Barolo, issue de la maison de Savoie, a, en mourant, donné une administration à tous les instituts qu'elle et son mari avaient fondés, savoir: refuges pour les filles égarées (130); pour femme repenties (48); hôpital pour filles rachitiques (56); orphelinat (36); pour jeunes ouvrières qui sont habillées et logées gratuitement (36).

54. **Institut national pour filles de militaires.** (Fondé en 1866.) Son but est de donner une éducation à toutes les filles des militaires morts en combattant pour l'Italie. — Son fonds est le produit de la souscription publique qui a été faite au commencement de 1866, auquel ont été ajoutées, par la volonté du Roi et de Napoléon III, les sommes que la ville de Turin avait votées pour les monuments de Victor Emmanuel et de l'Empereur. L'institut a deux maisons: l'une pour les filles destinées à vivre de leur travail, l'autre pour celles que la fortune a favorisées d'un sort plus heureux; dans la première on compte 135 élèves, dans la seconde 50.

55. **Hospice celtique pour hommes.** (Fondé en 1866.) 53 lits, dont 36 gratuits. Cet hospice tient lieu d'une infirmerie instituée depuis 1775 dans l'hôpital de la Charité. Ont concouru à établir cet hôpital la commune, l'université et la confrérie de l'Annonciation qui en a l'administration.

56. **Institut Bonafons.** (Fondé en 1869.) Charles Bonafons, ancien concessionnaire des messageries sardes a laissé sa succession à la commune de Turin, à condition d'établir un institut semblable à ceux de Tours et d'Oullins en France, dans le but de recueillir les jeunes garçons abandonnés, qui se livrent ou pourraient se livrer au vagabondage. Les élèves sont maintenant au nombre de 60, la plus grande partie se vouent aux travaux de l'agriculture, les autres s'occupent de charpenterie. L'institut n'a pu encore prendre tout son développement, n'ayant pas encore entièrement liquidé la succession et ayant dû, ces années passées, pourvoir aux charges de la succession.

Éclairage de la ville.

La plus grande partie est éclairée au gaz par deux compagnies ; la ville est partagée en deux parties, l'une orientale, l'autre occidentale et chacune des deux compagnies en éclaire une au même prix, savoir : en raison de 0·25 le mètre cube de consommation ; le matériel des tuyaux en canalisation et des réverbères est fourni et entretenu par les compagnies auxquelles la ville paie un dédommagement de 0·10 par jour et par bec ; moyennant cette rétribution tout le matériel entrera, au terme de l'entreprise, en possession de la ville.

Le nombre des réverbères à gaz est de 2700, ils coûtent . fr. 422,394

L'éclairage des localités plus écartées, où l'on n'a pas encore établi de tuyaux se fait au moyen d'huile minérale ; il y a 220 réverbères de ce genre qui coûtent . . . . » 39,210

Surveillance : appointements à un expert chimiste. . . . » 1,600

Salaire d'un éclaireur . . . . » 817

Réparations des compteurs de contrôle et entretien du cabinet des expériences photométriques sur le gaz . . . . . . » 1,273

Dépense totale . . . fr. 465,295

Corps des pompiers. (En 1875.)

Traitement du corps des pompiers . . . . fr. 54,488

Récompenses des pompiers qui ont accouru aux incendies . » 7,468

Entretien du matériel . . . . » 3,366

4. Produit des impôts directs généraux pendant l'année 1875.

	Sur les terrains	Sur les maisons	Sur les rentes de la richesse mob.
Nombre des contribuables	2,196	3,371	8,526
Valeurs imposables	743,895	14.918,526	38.233,831
Impôts dus à l'État	222,703	2.294,302	5.046,444
Centimes additionnels dus à la Province . . .	62,426	678,665	—
» » dus à la Commune . . .	61,065	663,874	—
Frais de perception au Receveur provincial . .	2,081	21,703	36,839
» » » au Percepteur communal .	5,193	54,703	75,697
Frais d'administration dus à la Commune . . .	—	—	37,848

5. Octroi et consommation en 1874.

	Chiffre de la consommation	Mesure métrique	Produit de l'impôt
a) Boissons.			
1. Vin, moût.	hectolitre	689,817	—
2. Cidre	—	—	—
3. Bière	—	1,750	3.291,309
4. Eau-de-vie	—	4,952	—
5. Autres boissons	—	—	—
b) Comestibles.			
6. Bestiaux, viande, viande préparée, poissons et coquillages	kilogramme	11.760,387	1.192,863
7. Céréales et légumes secs, riz, farines, pain, pâtes	—	29.721,698	849,574
8. Sucre, sirop, miel et autres matières sucrées .	—	3.445,934	240,804
9. Thé	—	1,400	584
10. Café	—	541,700	27,087
11. Lait	—	—	—
12. Sel	—	—	—
13. Autres denrées	—	—	532,801
c) Autres objets.			
14. Servant à l'éclairage (gaz à forfait par deux sociétés)	—	—	121,144
15. Houille	—	—	—
16. Bois de construction	—	—	—
17. Bois de chauffage exempt d'impôt en 1875, mis en vigueur depuis 1876	—	—	—
18. Pierres	—	—	—
19. Tabacs			
20. Fourrages	kilogramm	13.453,400	204,094

6. Tarif des Octrois.

1. Octrois à l'État et aux communes.

	Mesure métrique	à l'État		à la Commune		Total	
		L.	c.	L.	c.	L.	c.
Boissons.							
Vins, vinaigres en tonneaux	hectolitre	7	—	2	—	9	—
» en bouteilles	chacune	—	15	—	10	—	28
Piquette	hectolitre	3	50	1	—	4	50
Moût	»	5	50	2	70	8	20
Raisins	quintal	3	50	1	70	5	20
Eau-de-vie au-dessus de 60 degrés en tonneaux	hectolitre	8	—	4	—	12	—
» au-dessous de 59 degrés » »	»	12	—	6	—	18	—
» en bouteilles	chacune	—	20	—	10	—	30
Viandes.							
Veaux pesant jusqu'à 150 kilogr.	quintal	10	—	2	—	12	—
» pesant 150 kil. et au-dessus	»	10	—	—	—	10	—
Boeufs, Buffles	»	10	—	8	—	18	—
Porcs	»	10	—	2	—	12	—
» petits	chacune	5	—	—	—	5	—
Brebis, moutons, chèvres	quintal	10	—	—	—	5	—
Agneaux et chevreaux	chacune	—	50	—	10	—	60
Viande fraîche	quintal	12	50	3	75	16	25
» sèche, lard	»	25	—	7	50	32	50
Denrées coloniales.							
Sucre	»	10	—	8	52	18	52
Farines et riz.							
Blé à l'introduction dans les moulins	»	2	—	—	40	2	40
Mélange de blé et de seigle »	»	1	40	—	20	1	60
Autres céréales, légumes, châtaignes, maïs	»	1	40	1	20	2	60
Farines blutées de blé et de riz	»	2	—	1	—	3	—
» » non blutées	»	2	—	—	50	2	50
Farines mélangées de blé et de seigle blutées	»	1	40	—	60	2	—
» » non blutées	»	1	40	—	20	1	60
Farines de toute autre espèce, hors celle de maïs blutées	»	1	40	—	10	1	50
» » » non blutées	»	1	40	1	20	2	60
Pain de blé	»	1	40	—	60	2	—
Pâtes de blé pour potages	»	2	—	2	—	4	—
Pâtes de toute autre espèce	»	1	40	—	60	2	—
Son de farine de blé	»	2	—	2	—	4	—

		L.	c.
Poissons frais de 2. Classe : autres espèces	quintal	5	—
» préparés	»	10	—
» salés, secs et fumés	»	5	—
Fromages de 1. qualité	»	10	—
» 2. »	»	5	—
Oranges, citrons	»	7	—
Fruits secs	»	10	—
Confitures et chocolat	»	20	—
Miel et moutarde	»	10	—
Café naturel, brûlé et en poudre	»	5	—
Café de chicorée, d'orge, de glands	»	5	—
Thé noir et vert	»	40	—
Tapioca et fécules	»	4	—

Combustibles et matières grasses.

		L.	c.
Bois de chauffage	»	—	30
Charbon de bois	»	—	60
» coks	»	—	50
Cire	»	15	—
Stéarine, blanc de baleine	»	10	—
Bougies stéariques	»	15	—
Gaz	mètre cube	—	2
Graisses non comprises dans le tarif de l'octroi dû à l'État	quintal	6	—
Savons, hors ceux de parfumerie	»	5	—

Fourrages.

		L.	c.
Foin, caroubes, et avoine en tige	»	1	—
Herbe	»	—	60
Paille	»	—	50
Avoine en grain	»	2	50
Feuilles pour litières et pour empailler	»	—	30

Objets divers.

		L.	c.
Charpentes	»	2	—
Meubles neufs	»	3	—
Parfumeries	»	20	—
Eaux d'odeur en tonneaux	hectolitre	5	—
» » en bouteilles	par bout.	—	10
Papier-tapisserie	quintal	15	—
Cirage	»	6	—
Amidon	»	4	—
Vernis	»	10	—

		à l'état		à la Commune		Total	
		L.	c.	L.	c.	L.	c.
Riz	quintal	2	—	1	—	3	—
» avec l'écorce	»	1	—	—	50	1	50
» pilé		—	67	—	33	1	—
Résidus des farines de toute espèce		2	—	—	70	2	70
Huiles, beurre, graisses.	»						
Huile végétale et animale hors les qualités suivantes	»	8	—	2	—	10	—
» de poisson	»	8	—	5	—	13	—
» de coco, de cacao, de palmier	»	8	—	6	—	14	—
» minérale	»	4	—	1	—	5	—
Suif	»	4	—	2	—	6	—
Fruit et semence produisant de l'huile jusqu'à 24 %..	»	2	—	—	—	2	—
40 %	»	2	—	—	50	2	50
au-dessus de 40 %	»	2	—	1	—	3	—
Beurre frais, fondu, salé	»	8	—	2	—	10	—

2. Denrées soumises à l'octroi au profit exclusif des Communes.

Boisson.		L.	c.
Bière en tonneaux	hectolitre	3	—
» » bouteille	chacune	—	3
Eaux gazeuses en bouteille	»	—	2
Eau de cidre, de limon, en tonneau	hectolitre	9	—
» » » » » en bouteille	chacune	—	10
Marc de raisin	quintal	1	4
Sirops	»	7	50
Glucose	»	7	50
Mélasse et levain de bière	»	4	—
Comestibles.			
Viandes préparées	»	32	50
Boyaux, tripes	»	15	—
Volailles	»	20	—
Gibier de 1. Classe (perdrix, faisans)	»	40	—
2. Classe (alouettes, lièvres, cerfs, daims, sangliers, chamois	»	20	—
Lapins	»	10	—
Truffes blanches	»	100	—
» noires	»	50	—
Poissons frais de 1. Classe: toute espèce de mer, truites, esturgeons, anguilles	»	30	—

7. Exposé de l'état de fortune d'après le compte définitif de 1874.

		Francs
1	**I. Actif :** Valeurs effectives	489,835
2	Valeur des propriétés (valeur évaluée).	—
	a) Bâtiments servant à l'administration et aux écoles 7,409,370	
	b) Maisons d'habitation appartenant à la commune . 5.159,000	
	c) Terrains communaux 977,875	
	d) Autres propriétés [1] 2.725,500	16.271,245
3	Papiers de valeur [2]	10.607,940
4	Valeurs mobilières [3]	590,500
5	Créances [4]	571,054
6	Autres objets actifs	—
	Total	28.530,574
1	**II. Passif :** Dette consolidée (emprunts à titres)	8.728,508
2	Capitaux passifs	3.550,348
3	Autres sommes passives (dette viagère)	195,775
	Total	12.474,631
	Bilan : Total de l'actif	28.530,574
	Total du passif	12.474,631
	Fortune	16.055,943

La ville possède en outre une bibliothèque inaugurée le 22 février 1869, contenant 40,000 livres, pour la plus grande partie scientifiques, et un musée fondé en 1863 et possédant une collection préhistorique et ethnologique, une collection d'art du moyen âge et 350 tableaux et sculptures.

---

[1] Canaux, enceinte. — [2] En rente sur la dette de l'état, évalués à 70 pour 5 fr. de rente, [3] 1681 obligations du chemin de fer de Savoie à 500, et 1000 obligations du chemin de fer de Cirié à 250. — [4] Valeur d'immeubles vendus avec délai de paiement.

8. Exposé de la dette.

Année de l'émission	Mode d'emprunt (Souscription publique ou autrement), nom du prêteur	Valeur nominale de l'emprunt	Montant versé après déduction de tous les frais	Amortissement annuel		Durée de l'amortissement	Etat de la dette à la clôture de l'année 1874
				intérêt	quote d'amortissement		
			francs				
avant 1830	Dettes perpétuelles par actes hypothécaires au nombre de 65	1.919,885	1.919,885	76.535	[1]		1.919,885
1853	Caisse d'épargne — dot	565,934	565,934	33,390	[2]		565,934
1867	Caisse des Dépôts et des Emprunts	1.300,000	1.300,000	54,548	54.235	20 ans	991.784
1830	Annuités de loterie	26,961	26,961	1,508		1896	26,961
1850	Emprunt par souscription publ. 4000 obligations	2.000,000	1.560,000	55,000		1 mai 1875	53,500
1853	Emprunt par souscription publ. 12,000 obligations	6.000,000	4.560,000	300,000		41 ans	4.188,500
1860	Emprunt par souscription publique 10,390 obligations	5.195,000	4.280,000	259,750			4.485,000

---

[1] On amortit à mesure des demandes, moyennant la remise de titres sur la dette de l'Etat, par une rente égale.

[2] Amortissement à volonté; la caisse a été créée par la ville, qui l'a administrée jusqu'en 1853.

État du Personnel.

Les sommes de la deuxième rubrique donnent le traitement, celles entre paranthèse l'indemnité de logement, etc.
Les positions marquées d'un * ont le logement gratis.

Nom de la place occupée	Nombre des personnes qui l'occupent et salaire annuel (indemnité)	Total francs	Nom de la place occupée	Nombre des personnes qui l'occupent et salaire annuel (indemnité)	Total francs
1. Administration centrale.			Attachés	2 à 1300	2,600
			Domestiques	4 à 1200, 1 à 720	5,520
Secrétaire	1 à 6000 (2000)	8,000	Total	9	13,620
Conservateur du cadastre	1 à 3600 (1000)	4,600			
Trésorier *)	1 à 5000	5,000	**3. Administration de l'octroi.**		
Chefs de bureaux	4 à 4000, 3 à 3500, 3 à 3000	35,500			
Sous-chefs de bureau	11 à 2500	27,500			
Attachés	16 à 2100, 16 à 1800, 14 à 1500, 14 à 1300	101,600	Directeur	1 à 5000	5,000
			Inspecteur	1 à 3500 (200)	3,700
Volontaires	7	—	Sous-inspecteur	1 à 2500 (200)	2,700
Concierge	1 à 840 (380)	1,220	Sous-chef de bureau	1 à 2500	2,500
Proclamateur	1 à 1400 (100)	1,500	Réviseur	1 à 2500	2,500
Domestiques	1 à 1200 (480), 8 à 780 (380), 13 à 720 (380), 1 à 790 (220)	26,270	Receveurs	3 à 2700 (200), 5 à 2500 (200), 7 à 2300 (200)	39,700
Chirurgien visiteur des nouveaux-nés pour en vérifier le sexe	1 à 1500	1,500	Attachés	14 à 2100 (150), 14 à 1800 (150), 12 à 1500 (150), 12 à 1300 (100)	95,400
Total	127	212,690	Peseurs	7 à 1500 (100), 6 à 1300 (100)	19,600
			Volontaires	3.	—
			Valets	21 à 780 (220)	21,000
2. Tribunal des Prud'-hommes.			Corps des gardes de l'octroi	2 à 2100 (150), 2 à 1600 (150)	8,000
Greffier	1 à 2500	3,000	Sergent	26 à 1140	29,640
Sous-greffier	1 à 3000	2,500	Caporaux	54 à 1020	55,080
			Gardes	195 à 900	175,500
			Total	388	461,720

*) Outre 6500 fr pour le personnel de la caisse à sa charge.

Nom de la place occupée	Nombre des personnes qui l'occupent et salaire annuel (indemnité)	Total francs
4. Service des ponts et chaussées.		
Ingénieur en chef . .	1 à 5600	5,600
Sous-chef	1 à 4000	4,000
Ancien	1 à 2800	2,800
Attaché *)	1 à 1500	1,500
Aides-ingénieur	2 à 2500, 2 à 2100, 2 à 1800, 2 à 1500	15,800
Dessinateur	1 à 1500	1,500
Inspecteur des routes	1 à 1600	1,600
Garde-magasin	1 à 1200 (200)	1,400
Aide-arpenteur	1 à 880 (150)	1,030
Corps des Cantonniers caporaux	2 à 960, 2 à 900	3,720
Cantonniers	15 à 750, 14 à 690, 3 à 630	22,800
Surveillants des canaux	2 à 100 (50), 1 à 50 (60), 1 à 700 (100)	1,230
Distributeurs des eaux ci-dessus	1 à 720 (100), 1 à 660 (120)	1,620
Service des jardins : Directeur	1 à 2000	2,000
Jardinier	1 à 1080, 2 à 960	3,000
Total	62	69,580
5. Service actif de la Police.		
Architecte en chef	1 à 4000	4,000
Architecte sous-chef	1 à 2100	2,100

*) Il occupe aussi la place de capitaine des Pompiers.

Nom de la place occupée	Nombre des personnes qui l'occupent et salaire annuel (indemnité)	Total francs
Inspecteurs	2 à 2800	5,600
Sous-inspecteur	1 à 1800	1,800
Délégué central	1 à 2700	2,700
Délégués de section	6 à 2000	12,000
Sous-délégués	6 à 1750	10,500
Surveillant du balayage des rues	1 à 2500	2,500
Corps des gardes de ville: Officier	1 à 2000	2,000
Maréchaux de logis	6 à 1320	7,920
Brigadiers	11 à 1188	13,068
Sous-brigadiers	11 à 1074	11,814
Gardes	122 à 960	117,120
Corps des gardes champêtres : Sergent	1 à 1380 (160)	1,540
Caporaux	4 à 1020 (130)	4,600
Sous-caporaux	4 à 960 (110)	4,280
Gardes	29 à 900 (110)	29,290
Corps des Pompiers; Capitaine	1 à 2500	2,500
Lieutenant	1 à 1800	1,800
Sous-officier comptable	1 à 1200	1,200
Fourrier	1 à 900	900
Pompiers	1 à 900, 1 à 840, 1 à 1200, 1 à 900 17 à 840	18,120
Subsistuts sergents	3 à 456	1,368
Caporal	8 à 342	2,736
Sous-caporal	10 à 324	3,240
Pompier	46 à 306	14.076
Aspirant	20 à 288	5,760
Total	320	284,532

Nom de la place occupée	Nombre des personnes qui l'occupent et salaire annuel (indemnité)	Total francs	Nom de la place occupée	Nombre des personnes qui l'occupent et salaire annuel (indemnité)	Total francs
6. Service de salubrité publique.			Portiers	1 à 720 (240), 1 à 480 (240) .	1,680
Médecins vérificateurs des morts	1 à 1800, 1 à 1500, 1 à 1400, 1 à 1200	5,900	Fossoyeurs	4 à 468 (120), 1 à 350 (50), 1 à 225 (50), 3 à 200 (50), 1 à 150 (50), 1 à 100 (50) .	4,095
Vétérinaires	1 à 1800, 1 à 1500, 1 à 1300	4,600	Total . .	28	16,515
Expert au marché des vins	1 à 1800	1,800	**11. Culte.**		
			Organiste	1 à 1292	1,292
Surveillants aux marchés des denrées alimentaires	2 à 600	1,200	Tapissier	1 à 250	250
			Sacristain	1 à 400	400
Total . .	10	13,500	Total . .	3	1,942
7. Marché aux vins.			**12. Théâtres.**		
Receveur	1 à 2400 (150)	2,550	Concierge	1 à 720 (120)	840
Attaché	1 à 1800	1,800	Portiers	2 à 600 (120)	1,440
Concierges	2 à 720 (240)	1,920	Total . .	3	2,280
Total . .	4	5,270	**13. Musée Municipal.**		
8. Marché aux bestiaux.			Gardiens	2 à 720 (240)	1,920
Concierge	1 à 720 (240) . . .	960	**14. Bibliothèque municipale.**		
9. Abattoir.			Directeur	1 à 3000	3,000
Concierges	3 à 720 (240) . . .	2,880	Sous-directeur . . .	1 à 1200	1,200
Timbreurs	2 à 780 (120) . . .	1,800	Distributeurs . . .	2 à 900	1,800
Total . .	5	4,680	Total . .	4	6,000
10. Service funèbre.			**15. Surveillance des maisons.**		
Chapelains du cimetière	1 à 2600, 1 à 800 . . .	3,400	Portiers	3 à 720 (240), 3 à 600 (100), 1 à 240 (100), 1 à 180 (100), 3 à 120 (50), 1 à 24 (50) .	6,744
Porteurs des bières . .	1 à 650, 6 à 510, 3 à 370 .	4,820			
Couturières	2 à 450	900			
Concierge surveillant du cimetière général .	1 à 1400 (240)	1,640			

Nom de la place occupée	Nombre des personnes qui l'occupent et salaire annuel (indemnité)	Total francs	Nom de la place occupée	Nombre des personnes qui l'occupent et salaire annuel (indemnité)	Total francs
16. Instruction publique.			École de dessin professionnel (filles).		
Écoles primaires.			Maîtres	3 à 2000	6,000
Directeur	1 à 4000 (3000)	7,000	Maîtresses	3 à 1500	4,500
Inspecteurs	2 à 3000 (220)	6,440	École supérieure (filles).		
Maîtres des classes supérieures	42 à 1500 (300)	81,000	Maîtres	4 à 1500	6,000
Maîtres des classes inférieures	50 à 1400 (200)	80,000	Maîtresses	6 à 1350	8,100
Maîtres suppléants	13 à 800 (200)	13,000	Lycées de musique.		
Maîtresses des classes supérieures	55 à 1200 (250)	79,750	Maîtres	12 à 1400	16,800
Maîtresses des classes inférieures	115 à 1100 (200)	149,500	Écoles du dimanche*) Écoles de soir*)		5,980
Maîtresses suppléantes	31 à 650 (200)	26,350	Écoles de commerce		6,500
Maîtres des écoles suburbaines	11* à 850 (50)	9,350	Écoles de dessin		13,500
Maîtresses des écoles suburbaines	26* à 700 (50)	19,500	Écoles primaires.		20,000
			Total	374 à 2400	558,300

*) L'instruction est donnée par le personnel régulier.

25*

Récapitulation.

		Nombre des personnes	Dépense totale (francs)
1.	Administration centrale	127	212,690
2.	Tribunal des prud'hommes	9	13,620
3.	Administration de l'octroi	388	461,720
4.	Service des ponts et chaussées	62	69,580
5.	Service actif de la police	320	284,532
6.	Service de salubrité publique	10	13,500
7.	Marché aux vins	4	5,270
8.	» » bestiaux	1	720
9.	Abattoir	5	4,680
10.	Service funèbre	28	16,515
11.	Culte	3	1,942
12.	Théâtre	3	2,280
13.	Musée municipal	2	1,920
14.	Bibliothèque municipale	4	6,000
15.	Surveillance des maisons	14	6,744
16.	Instruction publique	374	559,270
	Total .	1,344	1.660,983
17.	Police *)	?	332,902
	Total .	—	1.993,885

*) v. pag. 176.

Statistique des Finances

de la ville de

Venise (Venezia)

de 1865—1874.

POPULATION. 1865 : 120,390 — 1874 : 128,520.

Table des matières.

Recettes 1865—1874 . . . . (Tableau 1) *Page.* 199

Dépenses „ . . . . (Tableau 2) 200

Annexes aux comptes annuels. 201

Octroi et consommation en 1874 . . . . (Tableau 3) 202

Exposé de l'état de fortune en 1874. . . . . (Tableau 4) 202

Exposé de la dette . . . . (Tableau 5) 202

1. Recettes de la ville de VENISE

de 1865—1874.

	1865	1866	1867	1868	1869	1870	1871	1872	1873	1874
					F r a n c s					
1. Impôts directs	1.190,744	1.119,707	1.462,132	1.283,534	1.185,780	860,307	855,736	982,004	824,299	886,320
2. Impôts indirects	1.283,076	1.210,135	820,113	974,185	2.966,873	3.066,976	3.409,071	3.042,558	2.765,802	2.897,255
3. Produit de la fortune im- mobilière	39,427	39,212	9.724	12,621	11.444	3.938,851	12,276	15,872	14,154	8,747
4. Recettes provenant de la location des places publiques et des eaux .	35.280	32,845	33,686	40,771	51,592	51,422	55,688	53,190	52,607	60,713
5. Recettes provenant de la vente d'actifs	481	6,693	809	807	4,718	2,897	697	1,628	2,763	1,336
6. Recettes provenant d'em- prunts	—	1.476,366	266,667	854,322	2.362,820	582,294	2.091,379	732,540	401,950	724,558
7. Recettes provenant de subsides et de dons . .	49,383	49,383	49,383	—	—	—	—	—	—	—
8. Taxes scolaires	—	—	—	—	—	1,700	1,657	1,815	2,125	2,105

2. Dépenses de la ville de VENISE

de 1865 à 1874.

	1865	1866	1867	1868	1869	1870	1871	1872	1873	1874
	Francs									
1. Police	117,594	87,608	155,358	183,871	156,049	143.127	166,246	155,544	152,328	161,577
2. Balayage et arrosage des rues	31,093	29,131	33,005	33,610	29,141	41,897	63,941	52,479	50,989	48,250
3. Entretien des écoles (sans frais de construction) .	51,472	50,583	113,199	194.100	273,398	284,812	288,114	284,866	299,107	320,460
4. Voies de communication (chaussées, ponts, etc.).	199,740	246.250	336,203	649,039	580.133	360.372	515.744	250,310	354.681	283,322
5. Assistance publique . .	260,846	246.814	288,220	293,432	312.213	354,928	332,500	288,184	224,286	241,692
6. Frais des hôpitaux (sans frais de construction) .	370,206	348,542	1.636,594	425,675	415.136	433,429	430.442	416,527	337,745	339,147
7. Acquisition d'actifs . .	53,688	38,337	79,012	196,350	—	—	—	70.000	—	56.000
8. Intérêts des dettes et amortissement	49,524	385,237	31,208	279,945	292.132	439,458	945.562	816,325	467.812	521,423
9. Éclairage	240.359	243.719	253,078	248,959	246.531	249,683	253.451	251,580	253.528	253,935
10. Parcs	2.781	3,153	4,415	23,002	19,530	5,641	6,273	5,666	8,246	9,864
11. Corps des pompiers . .	57.071	56,527	58,028	60,801	124,847	94,298	108,127	93,732	88,868	89,432
12. Frais de cultes (sans frais de construction) .	13,183	11,394	9,328	7.577	8.052	6.802	7,019	6,140	5,990	6,242

Annexe aux comptes annuels.

Impôts directs et indirects.

Le nombre des contribuables à l'impôt foncier était en 1874 de 6205, celui des impôts sur la fortune mobilière de 5053. Le montant du premier impôt était de 2.033,816 francs, celui de l'autre de 1.167,624 francs.

L'octroi produisait en 1874: 3.267,541 francs, dont 1.746,027 pour l'état et 1.521,514 pour la commune.

La ville ne possède qu'une e n t r e p r i s e i n d é p e n d a n t e : les magasins de pétrole, dont le revenu était en 1874 de 17,620 fr.

Il n'y a pas de t a x e s s c o l a i r e s, l'instruction primaire étant gratuite.

La ville de Venise ne jouit pas de s u b s i d e s.

Frais de p o l i c e en 1874: 64,714 pour la moitié des traitements (l'autre moitié regarde l'état), 21,272 pour frais de casernes.

Dans la rubrique de l'a s s i s t a n c e p u b l i q u e se trouvent comprises les dépenses de l'hôpital et des orphelinats, dont les frais montaient à 580,839 francs en 1874.

État du personnel.

240,163 fr. pour les bureaux.

190,902 »   »   » écoles (dont 3116 pour indemnités)

en somme 431,065 francs.

3. Octroi et consommation en 1874.

	Produit de l'impôt
a) Boissons.	
1. Vin, moût	1.349,061
2. Bière	43,893
3. Eau-de-vie	84,649
4. Autres boissons	668
b) Comestibles.	
5. Bestiaux, viande, viande préparée, poissons et coquillages	556,900
6. Céréales et légumes secs, riz, farines, pain, pâtes	760,142
7. Sucre, sirop, miel et autres matières sucrées	10,831
8. Thé	143
9. Café	6,961
10. Autres denrées	147,047
c) Autres objets.	
11. Servant à l'éclairage	24,655
12. Bois de chauffage	111,912
13. Pierres	13,339

4. Exposé de l'état de fortune d'après le compte définitif de 1874.

		Francs
1	**I. Actif** : Valeurs effectives	33,578
2	Capitaux placés	12,000
3	Valeur des propriétés (valeur évaluée)	
	a) Bâtiments servant à l'administration et aux écoles 992,907	
	b) Maisons d'habitation appartenant à la commune . 85,166	
	c) Terrains communaux 7,999	
	d) Domaines avec tout ce qui s'y trouve (fundus instruct.) —	
	e) Autres propriétés 919,038	2.005,110
4	Papiers de valeur	135,800
5	Valeurs mobilières	673,003
6	Créances	1.223,686
7	Autres objets actifs	—
	Total	4.083,177
1	**II. Passif** : Dette consolidée (emprunts à titres)	8.733,784
2	Autres sommes passives	2.044,841
	Total	10.778,625
	Bilan : Total de l'actif	4.083,177
	Total du passif	10.778,625
	Fortune passive .	6.695,448

5. Exposé de la dette.

Année de l'émission	Mode d'emprunt (Souscription publique ou autrement), nom du prêteur	Valeur nominale de l'emprunt	Montant versé après déduction de tous les frais	Amortissement annuel et intérêt	Durée de l'amortissement	État de la dette à la clôture de l'année 1874
		francs				
1866	Par souscription	2.962,963	2.962,963	5 ½ %	1874à1888	2.901,235
1869	Emprunt à prix moyennant tirages, à chaque année	6.000,000	6.000,000	209,135 fr. 330,000	1870à1919	5.842,888

Statistique des Finances

de la ville de

PALERME

de 1865 à 1874.

POPULATION. 1865 : 201,382. — 1874 : 224,418.

26*

Table des matières.

		Page.
Recettes 1865—1874	(Tableau 1)	205
Dépenses „	(Tableau 2)	206
Bilan des recettes et des dépenses de 1865—74	(Tableau 3)	207
Annexe aux comptes annuels.		208
Octroi et consommation en 1874	(Tableau 4)	209
État du Personnel.	(Tableau 5)	209
Exposé de l'état de fortune.	(Tableau 6)	210
Exposé de la dette	(Tableau 7)	210

1. Recettes de la ville de PALERME

de 1865 à 1874.

	1865	1866	1867	1868	1869	1870	1871	1872	1873	1874
					f r a n c s					
Total des recettes	7.028,348	6.964,161	6.660,447	6.335,497	7.817,870	7.178,904	7.798,873	8.859,328	7.935,625	7.975,177
dont recettes extraordinaires.	2.144,768	2.293,805	1.213,078	746,205	1.721,471	1.145,422	1.435,469	1.664,131	599,181	510,808

Spécification des recettes

	1865	1866	1867	1868	1869	1870	1871	1872	1873	1874
1. Impôts directs	384,727	388,625	370,129	624,982	628,915	629,923	801,413	643,406	725,308	595,238
2. Impôts indirects	4.195,719	4.272,358	4.945,159	5.164,704	5.427,253	5.376,883	5.685,873	6.369,814	5.947,780	6.267,194
après déduction de la quote-part de l'état	3.323,273	3.399,912	3.133,655	3.335,200	2.337,253	3.767,047	3.463,022	4.146,963	3.306,628	4.181,062
3. Produit de la fortune immobilière	23,049	23,417	23,723	25,914	31,752	32,265	36,827	39,216	42,278	50,439
4. Produit de la fortune mobilière	245,860	250,303	256,945	251,622	392,045	274,845	269,098	288,389	271,923	262,166
5. Recettes provenant de la location des places publiques et des eaux . . .	7,549	8,469	4,876	6,973	4,565	3,140	5,330	4,928	4,018	4,496
6. Recettes provenant d'emprunts	1.998,347	1.763,653	680,000	—	1.000,000	536,204	763,796	1.138,155	421,845	80,000
7. Recettes provenant de subsides et de dons . .	—	4,000	4,000	4,000	29,750	5,818	7,818	5,808	5,808	5,808

2. Dépenses de la ville de PALERME

de 1865 à 1874.

	1865	1866	1867	1868	1869	1870	1871	1872	1873	1874
	francs									
Total des dépenses	6.990,125	6.983,383	7.007,816	6.635,364	7.653,514	6.674,543	6.971,001	8.382,522	8.713,714	7.964,511
dont dépenses extraordinaires	2.033,731	2.109,722	1.387,974	1.096,473	1.722,844	986,823	945,487	1.718,868	1.142,443	582,602

Spécification des dépenses.

	1865	1866	1867	1868	1869	1870	1871	1872	1873	1874
1. Police	145,765	159,454	159,422	151,869	146,745	154,104	153,142	142,376	170,804	153,612
2. Balayage et arrosage des rues	81,333	113,808	118,338	119,059	117,528	117,652	129,391	130,021	136,589	140,050
3. Frais de cultes (sans frais de construction)	135,364	116,497	115,436	115,590	121,582	123,178	123,942	136,908	137,386	137,333
4. Entretien des écoles (sans frais de construction)	352,935	342,896	316,018	319,811	337,204	352,637	372,456	383,055	380,637	414,889
5. Voies de communication (chaussées, ponts, etc.)	1.849,853	1.825,380	1.152,882	845,632	1.954,412	1.410,861	1.039,019	1.240,135	1.319,409	869.485
6. Assistance publique	203,213	186,127	151,165	145,718	174,922	203,637	201,446	194,186	200,495	230,187
7. Frais des hôpitaux (sans frais de construction)	29,175	18,640	18,640	18,641	18,640	18,640	26,119	26,123	26,122	26,122
8. Éclairage	474,751	487,387	466,992	484,742	468,966	465,866	463,228	471,958	480,259	501,951
9. Parcs	24,021	24,021	25,121	37,950	42,764	45,547	46,700	53,683	56,477	56,477
10. Corps des pompiers	55,959	36,478	24,061	42,241	34,282	42,081	48,750	56,326	54,083	55,836
11. Intérêts des dettes et amortissement	106,550	193,182	343,153	446,918	571,131	281,818	301,842	1.378,407	914,699	961,322
12. Dépenses d'administration et pensions	1.017,975	1.075,958	1.212,321	1.070,617	1.070,227	1.078,005	1.130,631	1.112,095	145,278	1.250,265
13. Dotation du théâtre	127,500	94,992	127,066	127,505	127,500	127,627	127,500	150,500	1.127,689	135,407
14. Dépenses en vue du choléra	105,056	218,477	447,023	350,004	40,000	40,000	25,000	—	—	—

3. Bilan de recettes et des dépenses de 1865—74.

	1865	1866	1867	1868	1869	1870	1871	1872	1873	1874
Compte ordinaire.										
Recettes ordinaires . . .	4.883,580	4.670,356	5.447,369	5.571,292	6.096,399	6.033,482	6.363,404	7.195,227	7.236,444	7.464,369
Dépenses ordinaires . . .	4.956,394	4.873,661	5.619,842	5.538,891	5.930,670	5.637,720	6.025,514	6.663,654	7.571,271	7.381,909
Surplus (+) ou déficit (—) .	— 72,814	— 203,305	— 172.473	+ 32,401	+ 165.729	+ 345,762	+ 337,890	+ 531,573	— 334,827	+ 82,460
Compte extraordinaire.										
Recettes extraordinaires .	2.144,768	2.293,805	1.213,078	764,205	1.721,471	1.145,422	1.435,469	1.664,181	699,181	510,808
Dépenses extraordinaires .	2.033,731	2.109,722	1.387,974	1.096,473	1.722,844	986,823	945,487	1.718,868	1.142,443	582,602
Surplus (+) ou déficit (—) .	+ 111.037	+ 184,083	— 174,896	— 332,268	— 1,373	+ 158,599	+ 489,982	— 54,767	— 443,262	— 71,794
Compte général.										
Recettes totales	7.028,348	6.964,161	6.660,447	6.335,497	7.817,870	7.178,904	7.798,873	8.859,328	7.935,625	7.975,177
Dépenses totales	6.990,125	6.983,383	7.007,816	6.635,364	7.653,514	6.674,543	6.971,001	8.382,522	8.713,714	7.964,511
Surplus (+) ou déficit (—) .	+ 38,223	— 19,222	— 347,379	— 299,867	+ 164,356	+ 504,361	+ 827,872	+ 476,806	— 778,089	+ 10,666

Annexe aux comptes annuels.

I. Impôts directs et indirects.

Les impôts directs et indirects ne grèvent que les terrains et les bâtiments; l'impôt mobilier est exclu par la loi. Les impôts sont exigés par l'État; les communes peuvent y ajouter des centimes additionnels pouvant s'élever au pair; cette surtaxe est répartie entre les communes et la province.

En 1874, la quote communale s'est élevée à fr. 484,432; somme répartie en deux parties égales, pour la commune et la province. Pour les terrains les centimes additionnels s'élevèrent à 0·723 et pour les bâtiments à 0·683.

Pour l'État, les impôts prélevés furent: terrains fr. 935,015; bâtiments: 354,635.

Les tarifs des impôts de consommation sont indiqués dans le tableau 11.

Le produit des impôts de consommation concernant l'année dernière est indiqué dans le supplément au formulaire No. 1.

II. Location des places publiques.

Les places publiques sont louées en raison de 0·10 ou 0·5 par mètre carré, en égard à l'importance des rues.

III. Subsides.

L'état et la province dépensent fr. 3808 de subsides pour l'entretien des routes.

Contribution pour le militaire à cheval 21,713 francs.

IV. Voies de communication.

Les frais d'entretien sont les suivants:
1. Pour les voies de communication, canaux, etc. .   .   .   fr. 373,741
2. Pour l'entreprise de nouvelles voies de communication .   » 255,926

V. Assistance publique.

En voici les frais:

I. Frais directs:
1. Service médical dans les faubourgs   .   .   .   .   . fr. 16,556
2. Distribution de médicaments   . .   .   .   »   800
3. Vaccination   .   .   .   .   » 2,000
4. Service   .   .   .   .   » 5,212

II. Frais indirects; subsides:
1. A l'hôpital   .   .   .   .   » 26,122
2. A la maison des enfants trouvés .   .   .   .   .   » 58,342
3. A la maison des pauvres   .   .   .   .   .   .   » 101,780
4. Aux autres maisons d'assistance .   .   .   .   .   » 39,497

4. Octroi et consommation en 1874.

	Produit de l'impôt
a) Boissons.	
1. Vin, moût .	1.599,460
2. Bière .	500
3. Eau-de-vie .	33,541
4. Autres boissons .	2,100
	1.635,601
b) Comestibles.	
5. Bestiaux, viande, viande préparée, poissons et coquillages .	705,693
6. Céréales, riz, farines, pain, pâtes .	2.285,975
7. Sucre, sirop, miel et autres matières sucrées .	150,023
8. Café .	10,277
9. Sel .	208,949
	3.360,917
c) Autres objets.	
10. Servant à l'éclairage .	77,219
11. Houille .	235,509
12. Bois de construction .	198,325
13. Bois de chauffage .	27;587
14. Tabacs .	27,301
	565,941
Total . .	5.562,459

5. État du Personnel.

		Employés. Nombre	Appointements
1	Employés à l'administration centrale .	84	152,500
2	» des administrations spéciales .	78	70,260
3	Receveurs et employés à la perception des impôts	98	100,090
4	Ingénieurs et maîtres-maçons .	19	55,625
5	Curés, aumôniers, coadjuteurs, etc. .	158	85,066
6	Médecins, chirurgiens, vétérinaires .	14	24,571
7	Instituteurs et institutrices .	251	226,740
8	Balayage et arrosage des rues, Édilité, Hygiène et jardins publics .	79	75,654
9	Musiciens .	47	26,956
10	Pompiers .	51	41,237
11	Gardes municipaux .	19	17,600
12	Gardes de l'octroi .	532	465,100
13	Huissiers, portiers .	219	109,616
14	Domestiques .	54	31,280
	Total . . .	1703	1.482,295

Le traitement des 272 employés en retraite monte à 107,835 francs.

6. Exposé de l'état de fortune
d'après le compte définitif de 1874.

			Francs
1	**I. Actif**: Valeurs effectives		1.130,655
2	Valeur des propriétés (valeur évaluée):		
	a) Bâtiments servant à l'administration et aux écoles	2.800,000	
	b) Maisons d'habitation appartenant à la Commune	300,000	
	c) Terrains communaux	490,000	
	d) Domaines avec tout ce qui s'y trouve (fundus intruct.)	3.300,000	
	e) Autres propriétés	3.400.000	10.290,000
3	Papiers de valeur		95,000
4	Valeurs mobilières		290,000
5	Créances		1.632,000
6	Autres objects actifs		150,000
	Total		13.587,655
1	**II. Passif**: Dette consolidée (emprunts à titres)		5.996,800
2	Capitaux passifs		4 078,532
3	Autres sommes passives		3.502,360
	Total		13.577,692
	Bilan: Total de l'actif		13.587,656
	Total du passif		13.577,692
	Fortune		9,963

Remarque: La commune possède une bibliothèque dans laquelle se trouvent:
15,300 ouvrages rares, 913 incunabili, 66,682 ordinaires, 2,709 manuscrits desquels 262 rares. Elle a encore un recueil de monnaies Arabo siculcs, illustré par Mortillaro dans sa publication de 1841 et enfin une collection de 300 portraits d'illustres siciliens.

7. Exposé de la dette.

Année de l'émission	Mode d'emprunt (Souscription publique ou autrement), nom du prêteur	Valeur nominale de l'emprunt	Montant versé après déduction de tous les frais	Quote annuelle d'amortissement et d'intérêt	Durée de l'amortissement	État de la dette à la clôture de l'année 1874
		francs				
1865	Dette consolidée entre les mains des créanciers de la Commune en titres de fr. 500 à 6%	661,800	661,800	46,326	33 ans	661,800
1868	Dette Charles Galland, titres au porteur de fr. 500, à 6%	3.750,000	3.000,000	279,720	28 ans	3.376,000
1874	Dette de la Banca Nazionale d'Italia, titres au porteur de fr. 500 à 5%	2.000,000	1.640,000	141,000	25 ans	1.959,000

STATISTIQUE DES FINANCES

DE LA VILLE DE

LIÉGE (LUIK)

pour les années 1865—1874.

POPULATION. 1865: 105,903. — 1874: 119,526.

Table des matières.

		Page.
Recettes 1865—1874	(Tableau 1)	213
Dépenses „	(Tableau 2)	214
Bilan des recettes et des dépenses de 1865—74	(Tableau 3)	215
Annexe aux comptes annuels:		
Impôts		216
Instruction publique		216
Exposé de l'état de fortune	(Tableau 4)	218
Exposé de la dette	(Tableau 5)	218

I. Recettes de la ville de LIÉGE

de 1865 à 1874.

	1865	1866	1867	1868	1869	1870	1871	1872	1873	1874
	Francs									
Total des recettes	6.033,627	3.806,000	4.867,891	8.256,495	8.997,085	5.996,938	5.394,073	5.228.375	6.259,231	7.722,560
dont recettes extraordinaires	3.692,769	1.277,856	2.507,888	5.097.974	5.625,320	2.638,696	2.357.885	2.093,209	3.153.305	4.437,395
Spécification des recettes										
1. Impôts directs	547,814	540.515	560.932	830,004	815.961	821,662	874,996	901,797	958,360	1.049,518
2. Impôts indirects (fonds communal créé par le gouvernement pour remplacer les octrois) . . .	1.267,363	1.267,363	1.267,363	1.267,363	1.267,363	1.267,363	1.267,363	1.267,363	1.267,363	1.267,363
3. Produit de la fortune immobilière	5,371	5,698	6,030	6,622	8.472	9,918	15,558	13,471	13,470	10,677
4. Recettes provenant de la location des places publiques et des eaux .	35,219	27,572	38,784	64,647	88,482	96,044	95,924	93,019	101,596	137,281
5. Taxes scolaires	48.785	48,384	47.686	47,606	47,540	51,665	49,501	57,368	58,218	61,574
6. Recettes provenant de la vente d'actifs	31,090	91,847	79,098	67,131	42,097	64,662	186,757	260,459	299,028	135.598
7. Recettes provenant d'emprunts	148,504	763,964	1.948,666	4.316,031	4.523,240	1.513,222	1.452,487	940,512	1.937,058	2.560,442
8. Recettes provenant de subsides et de dons . .	563,396	123,346	178,635	115.010	184,200	119,632	167,486	171,489	344,087	295,006

2. Dépenses de la ville de LIÉGE
de 1865 à 1874

	1865	1866	1867	1868	1869	1870	1871	1872	1873	1874
	Francs									
Total des dépenses	5.730,660	3.516,410	3.872,825	7.031,561	7.836,016	5.304,693	4.606,120	4.627,047	4.870,665	6.349,638
dont dépenses extraordinaires	3.469,488	1.171,728	1.572,757	4.413,096	4.549,542	2.048,924	1.724,369	1.595,062	1.838,283	3.217,473

Spécification des dépenses

	1865	1866	1867	1868	1869	1870	1871	1872	1873	1874
1. Police	124,290	126,840	129,040	129,040	144,540	133,540	129,740	140,940	145,392	151,450
2. Balayage et arrosage des rues	57,000	57,000	70,000	70,000	61,700	61,000	61,000	76,900	76,900	76,900
3. Frais de cultes (sans frais de construction)	1,110	1,110	1,560	2,260	2,260	3,260	3,260	3,260	3,260	3,260
4. Entretien des écoles	25,000	25,000	34,000	34,000	34,000	34,000	34,000	29,000	32,000	32,000
5. Voies de communication (chaussées, ponts, etc.)	1.061,138	1.776,993	1.147,723	1.031,142	1.470,050	910,293	1.130,968	1.285,128	349,950	882,989
6. Assistance publique	68,540	69,112	91,424	219,505	72,890	164,435	136,713	156,617	161,801	169,933
7. Frais des hôpitaux (sans frais de construction)	—	—	70,000	61,250	—	67,500	—	1,942	—	—
8. Éclairage	190,800	190,800	230,800	205,800	205,800	210,800	210,800	215,800	225,800	234,598
9. Acquisition d'actifs	268,644	194,051	446,863	418,896	428,203	168,000	102,061	142,550	34,454	263,986
10. Intérêts des dettes et amortissement	940,668	892,971	781,389	2.996,710	4.106,675	1.484,677	1.472,379	1.196,850	1.197,059	1.196,961
11. Parcs	49,660	26,100	17,381	28,000	18,000	18,000	18,000	18,000	18,000	21,000
12. Corps des pompiers	71,050	45,000	55,000	59,000	60,238	57,738	63,438	61,500	63,230	63,877

3. Bilan des recettes et dépenses de 1865—74.

	1865	1866	1867	1868	1869	1870	1871	1872	1873	1874
Compte ordinaire.										
Recettes ordinaires . . .	2.340,860	2.528,144	2.360,003	3.158,521	3.371.765	3.358,242	3.036,183	3.135,166	3.105,926	3.285,166
Dépenses ordinaires . . .	2.261,172	2.344,682	2.300,068	2.618,465	3.286,474	3.255,769	2.881,751	3.031,985	3.032,382	3.132,165
Surplus (+) ou déficit (—) .	+ 79.688	+ 183,462	+ 59,935	+ 540,056	+ 85,291	+ 102,473	+ 154,432	+ 103,181	+ 73,544	+ 153.001
Compte extraordinaire.										
Recettes extraordinaires .	3.692,767	1.277,856	2.507,888	5.097,974	5.625,320	2.638,696	2.357,885	2.093,209	3.153,305	4.437,394
Dépenses extraordinaires .	3.469,488	1.171,728	1.572,757	4.413,096	4.549,542	2.048,924	1.724,369	1.595,062	1.838,283	3.217,473
Surplus (+) ou déficit (—) .	+ 223,279	+ 106,128	+ 935,131	+ 684,878	+1.075,778	+ 589,772	+ 633,516	+ 498,147	+1.315,022	+1.219.921
Compte général.										
Recettes totales	6.033,627	3.806,000	4.867,891	8.256,495	8.997,085	5.996,938	5.394,073	5.228,375	6.259,231	7.722,560
Dépenses totales	5.730,660	3.516,410	3.872,825	7.031,561	7.836,016	5.304,693	4.606,120	4.627,047	4.870,665	6.349.638
Surplus (+) ou déficit (—) .	+ 302,967	+ 289,590	+ 995,066	+1.224,934	+1.161,069	+ 692,245	+ 787,953	+ 601,328	+1.388,566	+1.372.922

Annexe aux comptes annuels.

1. Impôts.

Nous donnons ci-bas le produit des impôts de l'état en 1874, en ajoutant le nombre approximatif des contribuables: [1])

Contribution foncière   410,760 fr.,   nombre des contribuables   8,600
»   personnelle   509,913 »   »   »   »   13,100
Droit de patente . . .   269,864 »   »   »   »   6,780
Mines . . . .   92,187 »   »   »   »   6

Total . .   1.282,724 francs.

II. Instruction publique.

1. É c o l e s   p r i m a i r e s   c o m m u n a l e s.

La contribution est fixée à fr. 1·50 par mois.

Dans le cas de fréquentation simultanée de plusieurs enfants d'une même famille, le second ne paie qu'un franc et les autres 50 cent.

Sont exemptés de cette contribution: 1. les enfants dont les parents sont secourus par le bureau de bienfaisance; 2. les enfants dont les parents n'ont pour toute ressource que leur journée d'ouvrier ou qui sont reconnus comme étant dans l'impossibilité de la payer.

Le chiffre des exemptions s'est élevé pour l'année scolaire 1874—1875 à 6411 élèves.

2. I n s t i t u t s   c o m m u n a u x.

La contribution scolaire aux instituts communaux est de 6 fr. par mois, soit 63 fr. pour la période du 1. octobre au 15. août.

Dans le cas de fréquentation simultanée de plusieurs enfants d'une même famille, le 2. ne paie que fr. 52·50 et les autres 42 fr.

En cas d'absences consécutives pour causes plausibles, il est fait une remise proportionnelle à la durée des absences.

Aucun élève ne peut être dispensé de payer la contribution scolaire aux instituts.

3. É c o l e   m o y e n n e   d e   g a r ç o n s.

La contribution scolaire est de 60 fr. annuellement.

Dans le cas de fréquentation simultanée de plusieurs enfants de la même famille, le 2. ne paie que 50 fr. et les autres 40 fr.

Les enfants de la même famille fréquentant à la fois l'école moyenne et l'un des instituts jouissent également des réductions arrêtées pour chacun de ces établissements.

---

[1]) Il y a en outre 20 sociétés anonymes et 36 assurances.

Le nombre des admissions gratuites ne peut s'élever à plus de 30% du chiffre des écoliers.

Pour l'année de 1874—1875, il y a eu 42 admissions gratuites.

Parmi les élèves qui sollicitent cette faveur, on choisit ceux qui, peu favorisés de la fortune, satisfont leurs professeurs, tant par leur conduite que par leurs progrès.

4. É c o l e m o y e n n e - p r o f e s s i o n n e l l e d e f i l l e s.

La contribution scolaire est fixée à 70 fr. pour la période du 1er october au 9. août.

En cas d'absences consécutives pour causes plausibles, il est fait une remise proportionnelle à la durée des absences lorsqu'elles dépassent quinze jours.

Dans le cas de fréquentation simultanée de plusieurs enfants d'une même famille, le second ne paie que 55 fr. et les autres 40 francs.

Lorsque des enfants d'une même famille fréquentent à la fois l'école moyenne-professionnelle, l'école moyenne des garçons et les instituts, l'élève qui suit les cours de l'école moyenne des filles paie le minerval entier et les autres jouissent des réductions arrêtées pour les deux derniers établissements.

La gratuité est accordée de droit aux élèves qui ont remporté la médaille ou un prix d'honneur au concours général des 1. divisions des écoles primaires et pour autant qu'elles aient satisfait à l'examen d'entrée.

L'école moyenne-professionnelle des filles vient de s'ouvrir et le chiffre des admissions gratuites n'est pas encore fixé pour l'année courante.

4. Exposé de l'état de fortune
d'après les comptes définitifs de 1874.

		Francs
	A c t i f.	
1	Capitaux placés	16.750,000
2	Bâtiments servant à l'Administration et aux écoles	5.600,000
3	Maisons d'habitation appartenant à la Commune	3.000,000
4	Terrains communaux	3.200,000
5	Valeurs mobilières	2.000,000
	Total	30.550,000
	P a s s i f.	
1	Dette consolidée (emprunts à titres)	37.338,000
	B i l a n.	
	Total de l'actif	30.550,000
	Total du passif	37.338,000
	Fortune passive	6.788,000

5. Exposé des dettes consolidées à la fin de 1874.

Année de l'émission	Mode d'emprunt (Souscription publique ou autrement), nom du préteur	Valeur nominale de l'emprunt	Montant versé après déduction de tous les frais	Amortissement, intérêt annuel	Durée de l'amortissement	État de la dette à la clôture de l'année 1874
		francs				
1853	Souscription publique	7.200,000	7.200,000	300,000	66	5.840,000
1860	id.	3.000,000	3.000,000	140,000	60	2.258,000
1863	Crédit communal	5.250,000	5.250,000	262,500	66	4.375,000
1868	Souscription publique (Errera-Oppenheim)	11.870,000	10.000,000	468,000	66	9.865,000
1874	id.	17.120,000	15.000,000	630,000	66	15.000,000

Statistique des Finances

de la ville de

STOCKHOLM

en 1874.

POPULATION. 1874: 150,446.

Table des matières.

		Page.
Recettes et dépenses 1874	(Tableau 1)	221
Exposé de l'état de fortune	(Tableau 2)	222
Annexe au compte annuel.		223

1. Recettes et Dépenses de la ville de STOCKHOLM

pendant 1874.

	1874			1874
	Francs			**Francs**
Total des recettes	8.939.466	Total des dépenses		7.385,699
Spécification des recettes		*Spécification des dépenses*		
1. Impôts directs	2.978.061	1. Police		534,890
2. Impôts indirects	2.234,113	2. Balayage et arrosage des rues		114,118
		3. Entretien des écoles		558,950
3. Produit de la fortune immobilière	405,909	4. Voies de Communication (chaussées, ponts, etc.)		1.618,108
4. Produit de la fortune mobilière	349.690	5. Assistance publique		663,776
5. Excédant des entreprises indépendantes	176.459	6. Frais des hôpitaux (sans frais de construction)		285,135
		7. Éclairage		179,936
6. Recettes provenant de la location des places publiques et des eaux	—	8. Déficit des entreprises indépendantes		98,083
		9. Acquisition d'actifs		425,267
7. Recettes provenant de la vente d'actifs	2.094,133	10. Intérêts des dettes et amortissement		1.340,040
		11. Tribunaux de la ville		285,932
8. Recettes provenant d'emprunts	185.218	12. Administration		153,494
9. Recettes provenant de subsides et de dons	339,545	13. Dépenses pour les immeubles de la ville		282,019
		14. Parcs		34.084
10. Taxes scolaires	—	15. Corps des pompiers		117,998
		16. Frais de cultes (sans frais de construction)		234,772

2. Exposé de l'état de fortune d'après le compte définitif de 1874.

I. Actif.

			Francs
1	Valeurs effectives		296,022
2	Capitaux placés		3.101,404
3	Valeur des propriétés (valeur évaluée)		
	a) Bâtiments servant à l'administration et aux écoles	6.314,101	
	b) Maisons d'habitation appartenant à la commune	3.912,862	
	c) Terrains communaux	76,689	
	d) Autres propriétés	3.523,879	13.827,531
1	Papiers de valeur		235,332
2	Valeurs mobilières		1.051,978
3	Créances		831,900
	Autres objects actifs		342,680
	Total		19.686,848

II. Passif.

		Francs
Dette consolidée (emprunts à titres)		10.417,381
Capitaux passifs		1.377,528
Autres sommes passives		132,876
Total		11.927,785

Bilan.

		Francs
Total de l'actif		19.686,848
Total du passif		11.927,785
Fortune		7.759.063

*) Y compris la valeur des églises estimée à 2.451,388 fr.

Annexe au compte annuel.

1. Les i m p ô t s d i r e c t s sont : impôts personnels, impôts sur le revenu et taxes immobilières. Le total des impôts personnels pour chaque personne varie dans les différentes paroisses de 2 fr. 8 cent. jusqu'à 3 fr. 12 cent. Une évaluation du revenu de chaque personne, ainsi que de tous les immeubles est faite chaque année par des comités nommés par les habitants de la ville. Du revenu évalué de cette manière, 1 % est payé comme impôt à l'état ; les revenus qui ne vont qu'à 555 fr. (400 couronnes) sont exempts de cet impôt et pour ceux qui surpassent ce chiffre, mais ne vont qu'à 2500 fr., 416 fr. sont exempts de l'impôt. De la valeur évaluée des immeubles un impôt de $\frac{1}{2}$ par mille est payé à l'état. Ces deux impôts font la base sur laquelle est fondé l'impôt principal que la ville a le droit de prélever. Le chiffre de ce dernier impôt varie aussi dans les différentes paroisses de 4·02% jusqu'à 4·69% du revenu évalué, et de 2·01 à 2·64 par mille de la valeur des immeubles. Il y a encore une autre taxe immobilière de 2 par mille de la valeur des immeubles, dont une somme fixée à 383,416 fr. est payée à la ville et le reste est versé dans un fonds destiné à l'amortissement de cette taxe. L'impôt personnel a été imposé sur 36,871 hommes et sur 49,787 femmes, au total sur 86,658 personnes. L'impôt sur le revenu a été imposé sur 35,691 personnes. La taxe immobilière a été imposée sur 3842 immeubles.

2. Dans l e s i m p ô t s i n d i r e c t s sont compris :

Un tantième des recettes de la douane, auquel la ville a droit comme bonification pour cession du revenu du quayage . . . . . . fr. 1.126,831·82

droit sur les navires et marchandises arrivant ou sortant du port de la ville . . . . » 538,341·90

droit sur les navires qui passent par les écluses de la ville » 26,362·51

taxe sur les chiens (6 fr. 94 cent. par chien) . . . . » 23,596·74

taxe sur l'eau-de-vie . . . . » 518,980·32

La dernière de ces taxes est payée par les personnes ayant le droit de vendre de l'eau-de-vie en petites quantités. Chiffre de la consommation de l'eau-de-vie : 2.679,944 litres.

3. L'e x c é d a n t d e s e n t r e p r i s e s i n d é p e n d a n t e s s e c o m p o s e :

a) de l'excédant de l'administration municipale des ventes à la criée 9352 fr. 82 cent. (recettes 52,501 fr. 60 cent. ; dépenses 43,148 fr. 78 cent.).

b) de l'excédant de l'aqueduc de la ville 167,106 fr. 12 cent. (recettes 438,407 fr. 33 cent.; dépenses 271,301 fr. 21 cent.).

4. La location des places publiques est gratuite.

5. Taxes scolaires. L'instruction publique étant gratuite, il n'y a pas de taxes scolaires. Les frais de l'instruction publique sont fournis par l'état et la ville.

6. Subsides. L'état contribue aux frais de police, aux frais provenant du devoir qu'a la ville de pourvoir la garnison de logements, à l'entretien des rues, à l'éclairage et à l'assistance publique, etc., les sociétés d'assurance contre l'incendie contribuent aux dépenses du corps des pompiers.

7. Frais d'écoles 39,324 fr. 75 cent. pour un internat et 49,763 fr. 44 cent. pour l'instruction secondaire. Le reste a été employé à couvrir les dépenses des écoles primaires de la ville ou comme subsides accordés à certaines institutions privées.

8. Voies de communications. Pavage des rues 551,283 fr. 47 ct.; égouts 255,460 fr. 75 cent.; nouvelles rues et élargissement des anciennes 189,717 fr. 93 cent.; travaux et construction hydrauliques, quais, etc. 621,646 fr. 10 centimes.

9. Le déficit des entreprises indépendantes se compose des sommes suivantes:

Mont-de-piété (dépenses 150,720 fr. 6 cent.; recettes 137,694 fr. 44 ct.) (déficit) . . . . fr. 13,025·62

Service des vidanges (dépenses 197,510 fr. 23 cent.; recettes 163,653 fr. 19 cent.) (déficit) . . . . » 33,857·05

Poids public (déficit) . . . . » 2,652·52

Poids au fer (dépenses 83,772 fr. 94 cent.; recettes 36,417 fr. 12 cent.) (déficit) . . . . » 47,355·81

Bureaux d'inspections de la viande de porc (dépenses 5,471 fr. 45 cent.; recettes 4,279 fr. 48 cent.) (déficit) . . . » 1,191·97

CHRISTIANIA

(Kristiania)

en 1874.

—

POPULATION. 1874 : 75,042.

Table des matières.

—— ————

			Page.
Recettes et dépenses 1874 .	. . . .	(Tableau 1)	227
Exposé de l'état de fortune	. . . .	(Tableau 2)	228
Exposé de la dette à la fin de 1874	. . . . . .	(Tableau 3)	229
Supplément à l'exposé de l'état de fortune	. . . . . .		230

1. Recettes et Dépenses de la ville de CHRISTIANIA

pendant l'année 1874.

	1874.			1874.
	Francs			**Francs**
Total des recettes	6.249,660	Total des dépenses		6.195,192
dont recettes extraordinaires (§. IX.)	3.205,000	dont dépenses extraordinaires (§. XII. et XIV.)		3.122,255
Spécification des Recettes:		*Spécification des Dépenses:*		
1. Impôts directs	1.748,205	1. Police		277,177
2. » indirects	551,665	2. Balayage et arrosage des rues		35,340
		3. Entretien des écoles		283,942
3. Produit de la fortune immobilière	104,970	4. Voies de communication (chaussées, ponts, etc.)		541,898
4. » » » » mobilière	38,000	5. Assistance publique		650,790
		6. Frais des hôpitaux (sans frais de construction)		207,807
5. Excédant des entreprises indépendantes	14,143	7. Éclairage		49,870
6. Recettes provenant de la location des places publiques et des eaux	218,585	8. Déficit des entreprises indépendantes		—
		9. Acquisition d'actifs		2.712,402
7. Recettes provenant de la vente d'actifs	27,550	10. Intérêts des dettes et amortissement		554,026
8. Recettes provenant d'emprunts	3.205,000	11. Nouvelles entreprises (moyen d'emprunt) principalement pour alignement et construction de rues		409,853
9. » » de subsides et de dons	100,025	12. Dépenses diverses		257,130
10. » diverses	212,600	13. Parcs		3,712
		14. Corps des pompiers		135,975
11. Taxes scolaires	28,917	15. Frais de cultes (sans frais de construction)		75,270

2. Exposé de l'état de fortune d'après le compte définitif de l'année 1874.

I. Actif:

		Francs
1	Valeurs effectives	503,180
2	Capitaux placés	127,853
3	Valeur des propriétés (valeur évaluée) :	
	a) Bâtiments servant à l'administration et aux écoles } 5.685,377	
	b) Maisons d'habitation appartenant à la commune }	
	c) Terrains communaux — 2.741,860	
	d) Domaines avec ce qui s'y trouve (fundus instructus) —	
	e) Autres propriétés — 3.203,386	11.630,623
4	Papiers de valeur	2.640,575
5	Valeurs mobilières	1.328,372
6	Créances	704,532
	Total	16.935,135

II. Passif:

		Francs
1	Dette consolidée (emprunts à titres)	8.294,755
2	Autres sommes passives	333,426
	Total	8.628,181

Bilan:

	Francs
Total de l'actif	16.935,135
Total du passif	8.628,181
Fortune	8.306,954

3. Exposé de la dette à la fin de 1874.

Année de l'émission	Mode d'emprunt, (par souscription ou autrement) nom du prêteur	Valeur nominale de l'emprunt	Montant versé après déduction de tous les frais	Amortissement annuel		Durée de l'amortissement	Etat de la dette à la clôture de l'année 1874 francs
				intérêt	quote d'amortissement en 1874		
			f r a n c s				
	I. Emprunt :						
1858	Norddeutsche Bank	837,210	97 p. %	5 p. %	14,512	40 ans	675,350
1859	Banque particulière de Copenhague (Privatbanken in Kjöbenhavn)	558,140	97½ p. %	5 p. %	8,372	40 »	454,884
1864	Mines d'argent de Kongsberg (Norvége), (Kongsbergs Sölvvärk)	111.630	pari	5 p. %	7.442	15 des 1873	96,744
1845—59} 1866—68}	Fonds publics sous la dépendance du ministère des cultes (Oplysningsvesenetzfond) :	1.019,163	p.	4 p. %	60,934	en partie 40a.	1.179,233
	17 Obligations	577,674	»	5 p. %		» 28 ans	
	6 Obligations	558,140	»	5 p. %	14,512	» 38½ »	486,140
1868	Caisse d'épargne de Christiania (Christiania Sparebank)	1.953,490	1.910,304	4½ p. %	64,744	» 30 »	1.880,370
1871	Emprunt par souscription						
1874	Emprunt par souscription de fr. 1.953,490 dont on n'a touché fin 1874 que	837.210	98½	4½ p. %	64.744	» 30 »	837.210
							5.609.931
	II. Dette résultant des achats de propriétés :						
1874	Mr. L. Meyer pour l'achat de Loengen	615.800	—	5 p. %	24,632	» 25 »	603,479
	Divers	—	—		—	—	372.043
							975.522
	III. Dette résultant des actions pour construction de chemins de fer :						
1857	Chemin de fer à Kongsvinger	279,070	pari	—	—	» 20 »	55,814
1869	» Christiania-Drammen	558,140	»	—	—	» 20 »	418,605
1874	» Christiania-Fredrikshald (Smaalenene)	837.210	»	—	—	» 20 »	816,278
	» jusqu'à concurrence de la ville a garanti le ¼ en action, comme payement du terrain exproprié dans la ville	279,070	»	—	—		279,070
1874	Högen-Mellerud	139,535	»	—	—	» 20 »	139,535
							1.709.302
	Dette totale à la fin de 1874						8.294,755

Supplément à l'exposé de l'État de fortune.

La commune de Christiania a une bibliothèque appelée »det Deichmanske«, qui lui a été léguée par un de ses habitants. Elle a 14,000 volumes, sans compter divers manuscrits et quelques petits recueils. Les écoles populaires, ainsi que les autres institutions de ce genre entretenues par la commune, ont aussi de petites bibliothèques ou des collections.

Les capitaux légués, gérés par les magistrats de Christiania ou par diverses autres administrations communales étaient à la fin de 1874 de fr. de 1.831,144·02, qui tous, pour ainsi dire, sont placés à 5% par an, sur hypothèque de propriétés; ceux qui ne le sont pas ainsi sont en espèces, en portefeuille ou en titres sûrs.

La maison des orphelins et trois asiles pour les pauvres qui sont sous la direction communale, mais dont les comptes ne font pas partie de ceux de la commune, ont les revenus suivants :

La maison des orphelins avait à la fin de 1874 :

En espèces	fr. 8,837·45	Obligations sur immeubles	fr. 269,094·65
Dépôt dans les banques	» 16,115·20	Restes à toucher	» 3,582·55

La maison en est assurée pour fr. 79,367·45 et la superficie de la propriété est de 2145 mètres carrés. — Elle a le privilége d'éditer le journal officiel de l'État et celui de l'archevêché de Christiania, dont l'impression se fait dans sa propre imprimerie et qui, en 1874, a produit un bénéfice net de fr. 21,767 45 cent. Cette institution touche la moitié des intérêts d'un legs de fr. 55,816 60 cent., nommé »Osterhauske Legat«.

L'asile des vieillards de la ville avait à la fin de 1874 :

En caisse	fr. 3,015·30	Obligations sur immeubles	fr. 122,981·86
Dans les banques	» 13,935·72	Restes à toucher	» 343·53

La maison en est assurée pour fr. 54,027·90 et la superficie de la propriété est de 5887 mètres carrés.

L'asile pour les veuves dit »Peder Mikkelsens Enkestue« avait à la fin de 1874 : en caisse et en obligations sur immeubles fr. 27,519·95.

La maison des pauvres dite »Sagbankens Fattighus« avait :

En obligations sur immeubles	fr. 37,099·07	En caisse	fr. 1,109·32
Dépôts dans les banques	» 5,789·65	Restes à toucher	» 326·72

Ni ces fortune, ni leurs intérêts annuels, ni les dépenses d'aucun de ces legs ou des institutions nommées ne sont insérées dans le tableau; cependant, nous devons ajouter que, parmi les propriétés de la commune, on a compté le Borgerskolen (école bourgeoise) et la maison d'éducation Foftes Gave, et que l'allocation de la caisse des pauvres, allouée à la maison dite Sagbankens Fattighus, est inscrite dans les dépenses communales.

Les legs ou les institutions de Christiania, qui ne sont pas sous la direction communale de la ville, ne figurent naturellement pas dans le présent tableau.

STATISTIQUE DES FINANCES

DE LA VILLE DE

COPENHAGUE

(Kjöbenhavn)

pour les années 1865—74.

POPULATION. 1870 ; 181,291.

Table des matières.

—

		Page.
Recettes 1865—1874	(Tableau 1)	233
Dépenses „	(Tableau 2)	234
Bilan des recettes et des dépenses de 1865—74.	(Tableau 3)	235
Exposé de la dette existante	(Tableau 5)	235
Exposé de l'état de fortune 1874	(Tableau 4)	236

1. Recettes de la ville de COPENHAGUE

de 1865 à 1874.

	1865	1866	1867	1868	1869	1870	1871	1872	1873	1874
	Francs									
Total des recettes	4.427,056	4.419,797	4.347,797	5.934,061	6.478,547	6.402,722	7.121,547	5.969,092	7.307,853	8.134,453
Spécification des recettes										
1. Impôts directs	2.978,610	3.039,170	3.043,330	3.119,440	3.142,220	3.342,220	3.179,440	3.553,080	3.672,140	3.985,410
2. Impôts indirects . . .	386,390	398,330	429,720	420,280	409,440	388,610	454,440	511,280	558,890	625,430
3. Produit de la fortune immobilière	171,283	200,975	203,822	240,433	229,722	210,100	304,339	270,519	290,061	306,406
4. Produit de la fortune mobilière	239,539	246,069	255,036	256,342	258,097	261,603	257,153	267,489	260,525	284,294
5. Excédant des entreprises indépendantes [1]) . . .	389,784	372,697	244,131	261,535	431,687	473,970	270,492	360,808	133,153	241,650
6. Recettes provenant de la location des places publiques et des eaux .	—	—	—	—	—	—	—	—	—	—
7. Recettes provenant de la vente d'actifs . . .	56,394	4,847	275	15,139	705,469	4,808	7,542	11,294	350,208	290,494
8. Recettes provenant d'emprunts	—	—	—	1.263,889	1.154,311	1.452,206	2.270,786	674,473	1.390,556	1.590,136
9. Taxes scolaires. . . .	—	—	—	—	—	—	—	—	—	—
[1]) L'usine à gaz	374,378	345,003	226,603	240,574	411,892	460,064	255,342	343,350	120,956	221,758
Bureau d'ajustement . . .	9,375	8,019	6,689	7,264	10,056	7,917	7,381	8,314	13,400	13,753
L'hôpital des aliénés (St. Jean)	5,531	19,675	10,829	13,697	9,739	5,989	7,769	9,144	8,797	6,139

2. Dépenses de la ville de COPENHAGUE

de 1865 à 1874.

	1865	1866	1867	1868	1869	1870	1871	1872	1873	1874
	Francs									
Total des dépenses	4.193,245	4.377,976	4.338,110	5.763,049	6.814,930	6.116,796	6.475,025	6.770,784	6.989,225	7.787,107
Spécification des dépenses										
1. Police	346,819	360,756	408,069	422,678	429,814	460,639	482,989	484,758	494,981	500,372
2. Frais de cultes (sans frais de construction)	—	—	—	—	—	—	—	—	—	—
3. Entretien des écoles (sans frais de construction)	253,589	262,378	269,083	291,808	306,119	326.008	359,297	375,528	418,722	454,386
4. Voies de Communication (chaussées, ponts, etc.), arrosage et balayage des rues	354,594	488,839	407,681	401,581	286,742	321,942	351,225	328,211	333,972	339,003
5. Assistance publique	814,458	890,647	970,953	1.087,283	1.010,872	926,222	937,903	969.047	961,172	985,472
6. Frais des hôpitaux (sans frais de construction)	475,111	502,478	490,372	525,533	556,675	529,667	570,158	615,958	697,519	777,142
7. Éclairage	—	—	—	—	—	—	—	—	—	—
8. Parcs	—	—	—	—	—	60,203	151,683	154,122	154,708	165,881
9. Corps des pompiers	—	—	—	—	—	—	—	—	—	—
10. Déficit des entreprises indépendantes [1]	931,347	938,696	931,881	962,065	978,671	970,106	989,540	984,957	1.019,273	1.071,560
11. Intérêts des dettes et amortissement	683,599	715,993	702,110	709,307	744,604	645,778	683,047	728,497	756,725	796,335
[1]) L'administration	340,961	346,863	341,556	353,351	360,785	358,387	380,782	381,304	388,429	415,035
Pensions et subsides	291,861	282,708	297,542	294,264	295,722	296,258	300,864	299,597	306,719	314,278
Établissements hydrauliques et aqueducs	141,875	141,303	128.261	155,450	175,539	172,292	167,025	176,967	201,194	202,114
Balayage des rues et vidange	156,650	167,822	164,522	159,000	146,625	143,169	140,869	127,089	122,931	140,133

3. Bilan des recettes et dépenses de 1865—74.

	1865	1866	1867	1868	1869	1870	1871	1872	1873	1874
Recettes	4.402,056	4.419,797	4.347,797	5.934,061	6.478,547	6.402,722	7.121,547	5.969,092	7,307,853	8,134,453
Dépenses	4.193,245	4.377,976	4.338,110	5.763,049	6.814,930	6.116,796	6.475,025	6.770,784	6.989,225	7.787,107
Surplus (+) ou Déficit (—) . .	+ 208,811	+ 41,821	+ 9,687	+ 171,012	— 336,383	+ 285,926	+ 646,522	— 801,692	+318,628	+ 347,346

4. Exposé de la dette existante.

Année de l'èm-prunt	Mode d'emprunt (Souscription publique ou autrement), nom du prêteur	Valeur nominale de l'emprunt	Montant versé après déduction de tous les frais	Amortissement annuel et intérêt		Durée de l'amortisse-ment	État de la dette à la clôture de l'année 1875
			f r a n c s				
1854	Emprunt par commandite (com-manditaires particuliers) . . .	8.575,000	8.333,333	4% c. 1%	c. 416,667	47 ans	6.568,611
1859	id. (commanditaire: la Banque Nationale)	5.877,778	5.587,242	4% c. 1%	c. 291,667	42 »	4.606,111
1869	id. (c. la B. Nat.)	9.666,667	8.646,393	4% 1%		41 »	9.016,944
1876	id. (souscription publique) . . .	15.277,778	—	4% c. $1^1/_2$		34 »	—

5. Exposé de l'état de fortune d'après le compte définitif de 1874.

		Francs
	I. Actif.	
1	Valeur des propriétés (valeur évaluée)	29.141,200
2	Papiers de valeur	8.513,203
3	Valeurs mobilières	875,797
4	Créances	239,278
5	Encaisse	1.672,517
	Total	40.441,995
	II. Passif.	
1	Dette consolidée (emprunts à titres)	20.781,806
2	Capitaux passifs	103,056
3	Autres sommes passives	229,180
	Total	21.114,042
	Bilan.	
	Total de l'actif	40.441,995
	Total du passif	21.114,042
	Fortune	19,327,953

Statistique des Finances

DE LA VILLE DE

ANVERS

pour les années 1865—74.

POPULATION: 1865: 123498, — 1874: 156,671.

Table des matières

		Page.
Recettes 1865–1874	(Tableau 1)	239
Dépenses ,, ,, ...	(Tableau 2)	239
Bilan des recettes et des dépenses de 1865–1874	(Tableau 3)	240

1. Recettes de la ville d'ANVERS

de 1865 à 1874.

	1865	1866	1867	1868	1869	1870	1871	1872	1873	1874
	Francs									
Total des recettes	9.710,587	19.378,194	24.080,512	17.824,945	12.329,786	7.690,294	8.527,434	5.650,808	7.645,361	9.103,801
dont recettes extraordinaires	6.941,889	362,521	9.437,417	11.466,392	4.278,128	2.417,144	3.205,704	603,756	1.824,557	2.559,594

2. Dépenses de la ville d'ANVERS

de 1865 à 1874.

	1865	1866	1867	1868	1869	1870	1871	1872	1873	1874
	Francs									
Total des dépenses	9.539,932	10.157,677	12.995,093	13.678,127	10.010,110	4.596,126	8.006,528	5.337,247	7.966,699	7.744,160
dont dépenses extraordinaires	28,980	127,387	146,333	48,700	39,970	42,702	24,061	51,640	43,921	79,858

Spécification des dépenses:

	1865	1866	1867	1868	1869	1870	1871	1872	1873	1874
1. Police	200,575	207,167	207,400	222,260	229,480	237,532	238,585	252,389	268,175	352,650
2. Balayage et arrosage des rues y compris le service des vidanges	152,048	165,183	140,300	153,881	147,800	187,884	171,404	206,398	297,927	452,643
3. Frais de cultes (sans frais de construction)	10,031	9,900	10,189	11,007	13,321	13,865	13,898	14,079	13,317	12,600
4. Assistance publique	318,433	333,167	346,085	403,727	448,436	400,887	351,298	366,012	419,921	426,813
5. Éclairage	108,000	111,706	125,600	130,000	135,000	145,300	76,697	83,373	92,500	101,550
6. Parcs et promenades	24,336	26,993	25,915	14,645	17,860	39,766	33,400	34,784	61,332	58,634
7. Corps des pompiers	65,432	80,272	90,291	83,146	78,551	79,858	86,513	83,086	88,763	112,855
8. Intérêts des dettes et amortissement	676,018	803,547	1.667,332	3.943,138	1.529,550	1.450,259	1.474,102	1.616,390	1.675,758	1.858,819

3. Bilan des recettes et des dépenses de 1865 – 1874.

	1865	1866	1867	1868	1869	1870	1871	1872	1873	1874
Compte ordinaire.										
Recettes ordinaires	2.768,698	19.015,673	14.643,096	6.358,553	8.051,658	5.273,150	5.321,730	5.047,052	5.820,804	6.544,207
Dépenses ordinaires . . .	9.510,952	10.030,290	12.848,760	13.629,428	9.970,140	4.553,424	7.982,467	5.285,607	7.922,778	7.664,302
Surplus (+) ou déficit (−) .	−6.742,254	+8.985,383	+1.794.336	−7.270,875	−1.918,482	+ 719,726	−2.660,737	− 238.555	−2.101,974	−1.120,095
Compte extraordinaire.										
Recettes extraordinaires .	6.941,889	362,521	9.437,417	11.466,392	4.278,128	2.417,144	3.205,704	6037,56	1.824,557	2.559,594
Dépenses extraordinaires .	28,980	127,387	146,333	48,700	39,970	42,702	24,061	51,640	43,921	79,858
Surplus (+) ou déficit) (−) .	+6.912,909	+ 235,134	+9.291,084	+11417692	+4.238,158	+2.374,442	+3.181,643	+ 552,116	+1.780,636	+2.479,736
Compte général.										
Recettes totales	9.710,587	19.378,174	24.080,513	17.824,945	12.329,786	7.690,294	8.527,434	5.650,808	7.645,361	9.103,801
Dépenses totales	9.539,932	10.157,677	12.995,093	13.678,128	10.010,110	4.596,126	8.006,528	5.337,247	7.966,699	7.744,160
Surplus (+) ou déficit (−) .	+ 170,655	+9.220,497	+11085420	+4.146,817	+2.319,676	+3.094,168	+ 520,906	+ 313,561	− 321,338	+1.359,641

Statistique des Finances

DE LA VILLE DE

BUCAREST (BUCURESCI)

de 1866—1874.

POPULATION. 1875 à peu prés: 200,000.

Table des matières.

———

		Page
Recettes de 1866—1875	(Tableau 1)	243
Dépenses „	(Tableau 2)	244
Bilan des recettes et dépenses 1866—74	(Tableau 3)	245
Annexe comtes de la dernière année.		
Impôts directs		246
Impôts indirects		247
Taxes communales		247
Location des marchés, halles et places publiques		247
Subsides		248
Frais de police		248
Voirie		248
Charité publique		248
Octroi et consommation 1876	(Tableau 4)	249
Exposé de l'état de fortune 1874	(Tableau 5)	250
État du Personnel		251

1. Recettes de la ville de BUCAREST

de 1866 à 1874.

	1866	1867	1868	1869	1870	1871	1872	1873	1874
					Francs				
Total des recettes	3.607,138	7.161,194	8.191,357	9.422,157	10.195,179	4.048,527	7.303,107	7.915,014	8.428,577
dont recettes extraordinaires	2.162.762	5.076,605	4.979,146	6.944.781	7.379,046	1.155.757	4.210,453	4.492,277	4.675,934
Spécification des recettes									
1. Impôts directs	75,822	89,594	299,804	240,524	185,943	180,293	591,705	610,132	570,991
2. Impôts indirects	911,774	868,150	1.563,377	1.573,771	1.521,214	1.803,598	1.689,560	2.252,597	2.265,402
3. Produit de la fortune immobilière .	12,017	21,560	28,889	27,799	42,978	128,513	46,364	38,240	43,115
4. Excédant des entreprises indépendantes	—	—	—	—	—	—	—	—	—
5. Recettes provenant de la location des places publiques et des eaux	210,596	299,191	241,737	223,059	207.394	324,476	316,866	235.790	235,105
6. Recettes provenant de la vente d'actifs	—	—	—	—	—	—	—	—	—
7. Recettes provenant d'emprunts .	2.162,762	5.076,605	4.668,497	6.382,749	7.025,902	1.155,757	3.942,364	3.910,965	4.675,934
8. Recettes provenant de subsides et de dons	136,858	267.767	433,343	233,888	388.242	153,970	119,970	119,970	119.970
9. Taxes scolaires [1])	—	—	—	—	—	—	—	—	—

[1]) L'instruction dans les écoles communales primaires est gratuite.

2. Dépenses de la ville de BUCAREST

de 1866 á 1874.

	1666	1867	1868	1869	1870	1871	1872	1873	1874
	Francs								
Total des dépenses	3.607,138	6.531,390	7.921,938	9.679,489	9.137,869	4.042,415	7.566,691	8.468,933	7.719,675
dont dépenses extraordinaires	1.453,776	4.575,987	4.581,134	5.807,872	5.648,816	865,709	2.709,126	4.054,635	3.915,925

Spécification des dépenses

	1666	1867	1868	1869	1870	1871	1872	1873	1874
1. Police	392,548	426,457	421,470	436,369	429,850	439,696	548,040	586,280	546,789
2. Balayage et arrosage des rues	214,706	85,842	178,893	179,488	293,381	185,968	201,879	257,295	210,565
3. Entretien des écoles	59,043	58,902	72,141	74,930	77,970	70,280	64,679	64,086	64,286
4. Voies de Communication	352,560	475,136	921,511	1.904,359	1.543,037	765,039	987,929	498,368	274,471
5. Assistance publique	33,082	138,474	201,426	206,139	25,653	37,515	25,199	47,942	25,790
6. Frais des hôpitaux	11,111	9,259	9,259	9,259	9,259	—	—	—	—
7. Éclairage	203,965	203,706	212,486	212,000	218,067	224,455	537,211	587,525	521,277
8. Acquisition d'actifs	—	—	—	—	—	—	—	—	—
9. Intérêts des dettes et amortissement	1.629,913	4.552,647	4.649,485	5.573,225	4.593,995	1.598,604	3.083,000	4.619,764	4.920,608
10. Parcs (jardins)	2,739	1,840	1,329	26,886	3,359	1,870	1,870	17,415	4,013
11. Corps des pompiers	111,556	111,111	113,244	113,244	111,111	111,111	112,243	114,875	140,000
12. Frais de cultes	—	4,047	3,216	3,444	6,698	15,470	15,958	11,670	10,534

3. Bilan des recettes et des dépenses de 1866—1874.

	1866	1867	1868	1869	1870	1871	1872	1873	1874
Compte ordinaire.									
Recettes ordinaires	1.444,376	2.084,589	3.212,211	2.477,376	2.816,133	2.892,770	3.092,654	3.422,737	3.752,643
Dépenses ordinaires	2.153,362	1.955,403	3.340,804	3.871,617	3.489,053	3.176,706	4.857,565	4.414,298	3.803,750
Surplus (+) ou déficit (—)	— 708,986	+ 129,186	— 128,593	—1.394,241	— 672,920	— 283,936	—1.764,911	— 991,561	— 51,107
Compte extraordinaire.									
Recettes extraordinaires	2.162,762	5.076,605	4.979,146	6.944,781	7.379,046	1.155,757	4.210,453	4.492,277	4.675,934
Dépenses extraordinaires	1.453,776	4.575,987	4.581,134	5.807,872	5.648,816	865,709	2.709,126	4.054,635	3.915,925
Surplus (+) ou déficit (—)	+ 708,986	+ 500,618	+ 398,012	+1.136,909	+1.730,230	+ 290,048	+1.501,327	— 437,642	+ 760,009
Compte général.									
Recettes totales	3.607,138	7.161,194	8.191,357	9.422,157	10.195,179	4.048,527	7.303,107	7.915,014	8.428,577
Dépenses totales	3.607,138	6.531,390	7.921,938	9.679,489	9.137,869	4.042,415	7.566,691	8.468,933	7.719,675
Surplus (+) ou déficit (—)	—	+ 629,804	+ 269,419	— 257,332	+1.057,310	+ 6,112	— 263,584	— 553,919	+ 708,902

Annexe aux comptes de la dernière année.

I. Impôts directs.

Les impôts directs de l'État sur lesquels la caisse communale prélève une partie, sont :

a) L'impôt personnel sur chaque famille, par an 13 francs 33 centimes

b) » pour les chausées » » » » 4 » 44 »

c) » des patentes, variant d'après les classes du commerce et des métiers ; les patentes fixes sont de 5 55 fr. jusqu'à 222·22 fr., les patentes proportionnelles s'élèvent jusqu'à 444 francs par an.

d) L'impôt foncier sur le revenu des propriétés immobilières est de 6%.

Le nombre des contribuables qui paient l'impôt personnel est de 23,079 chefs de famille.

Le nombre des contribuables qui paient des patentes pour commerce et métiers est de 9126 chefs de famille.

Le produit total des impôts désignés ci-dessus, qui ont été versés dans la caisse de l'État pour l'année dernière 1874, a été :

a) Impôt personnel . . . fr. 250,952

b) » pour les chaussées » 98,106

c) » patentes . . . » 269,070

d) » foncier . . . » 554,950

Sur le produit total des impôts de l'État, la caisse communale a prélevé un surplus de dixièmes additionnelles comme suit :

a) sur l'impôt personnel   4 dixièmes produisant un total de 103,370 fr.

b) » » pour les chaussées 4 » » » » » 39,240 »

c) » » patentes 4 » » » » » 107,620 »

d) » » foncier 4 » » » » » 221,980 »

e) La prestation de 3 jours de travail en nature . . . . . . 152,496 »

Ces trois jours de prestation communale sont destinés à la construction et à l'entretien des routes communales, mais les habitants des villes les paient en numéraire de la manière suivante :

Ceux qui sont considérés comme ayant une voiture (chariot) et des bestiaux, par an . . . . fr. 12 —

Ceux qui sont considérés comme n'ayant que leurs bras, par an » 4·50

II. Impôts indirects.

Ces impôts sont de deux catégories: Taxes, Octrois (accises).
Les taxes sont perçues par le service communal de perception.
Les octrois sont affermés. (Voir le tarif pag. 249.)

III. Taxes communales.

Tarifs en francs

Enregistrement des actes de l'état civil (pour les maria-
ges en proportion de la dot) pour un extrait d'acte
de naissance . . . . 1·—
Mètres courants de pavage (pour les façades des pro-
priétés), 3 classes . . . . 2·—, 1·50, 1·—
*) Cartes de jeu . . . . 4·07 le jeu complet
Fiacres (voitures publiques) . . . . 1·— par jour
Cafés, jardins publics, etc. . . . . 6% sur le loyer
Pour l'application des timbres communaux sur les me-
sures de poids, capacité et longueur . . . . . 0·30 pour un timbre
Taxes sur les constructions et réparations, 3 classes . 2·22—47·40
*) Pour le jaugeage des tonneaux et barils à liquides . . 1·— par pièce
*) » » mesurage des poids des marchandises (pesage) 0·25 pour 128 kilgr.
Billets de légitimation . . . . 1·— le billet
Sur le prix des animaux que l'on vend aux foires . . 0·50 par tête
Sur le bétail abattu à l'abattoir de la ville . . . . 1·— pour chaque boeuf ou vache
Pour les bals publics, représentations théâtrales, etc. . 5·50 par soir
Taxe annuelle sur les chevaux de luxe et de transport. 10·— par tête
Taxe sur les fabricants de braga (boisson acidulée
fabriquée avec du mil en fermentation). . . . . 20·— par fabricant
Taxe des commerçants ambulants pendant les jours de
foire . . . . 0·50 par jour
Pour les livrets des serviteurs proportionnellemement à
leur salaire . . . . 1·68—3·36
*) Sur les bestiaux attelés aux voitures chargées de four-
rage qui entrent dans la ville . . . . 0·05 par tête
*) Sur les bestiaux attelés aux voitures chargées de bois à
brûler, bois de construction et autres fardeaux . . 0·05 par tête

IV. Location des marchés, halles et places publiques.

La location des marchés et places publiques ne se fait pas selon des
tarifs déterminés, mais selon les prix résultant de la licitation pour chaque terrain
compris dans les places et marchés.

*) Ces taxes sont affermées.

Les lieux de marchés ont donné le résultat suivant pendant l'année dernière: 1874:

Lieux découverts (libres)	prix minim. fr. 80 maxim. 160 par an
» couverts avec compartiments	» » » 150 » 950 » „
Compartiments des halles	» » » 250 » 2200 » »

V. Subsides.

Les subventions qui sont inscrites sous le No. 10 du formulaire I des recettes sont accordées seulement par l'État.

a) Pour l'entretien des 4 principales rues de la ville . . fr. 111,111
b) » subsides aux églises pauvres . . . . »   8,970

VI. Frais de police.

La ville de Bucarest n'a pas une police communale à elle; la police de la ville est entretenue par l'État, mais la caisse de la ville donne au trésor de l'État les subsides suivants (A voir le total dans la rubrique I du formulaire des dépenses) :

I. Traitement de 110 sous-commissaires de IIe classe pour les quartiers.

II.   »   » 662 sergents de ville de jour et de nuit, avec leurs commandants.

III. Entretien des locaux et fourrage pour les brigadiers à cheval.

IV. Traitement du personnel du bureau des domestiques.

Pour le service purement communal on maintient seulement 9 commissaires de marchés.

VII. Voirie.

Pour les voies de communication, la commune afferme toutes les constructions et reconstructions de pavage et de ponts; quant aux réparations de simple entretien annuel, elles se font par le corps technique communal. Pour ces travaux la commune a dépensé chaque année les sommes qui sont indiquées dans la rubrique 5 du I. formulaire des dépenses.

VIII. Charité publique.

Dans la ville de Bucarest il y a des fondations spéciales pour l'entretien des hôpitaux ayant des administrations spéciales, indépendantes de la Mairie. Une de ces administrations reçoit de la commune les subsides notés dans la 6e rubrique du I. formulaire des dépenses. Excepté cela, il y a 9 médecins communaux qui sont chargés de traiter les malades pauvres à domicile. La commune dépense par an 4000 francs pour médicaments donnés aux malades pauvres traités à domicile.

4. Octroi et consommation en 1874.

	Accises communales (octrois)	Tarifs en Francs (mesures métriques)	Quantités consommées (mesures métriques)	Produit Francs
	Boissons.			
1	Vin nouveau	3·88	205,564	798,000
2	Vin vieux	11·65	5,204	60,608
3	Bière	3·88	13,097	50,842
4	Eaux-de-vie, esprits 1-ère qualité . .	19·41	16,955	329,110
5	Eaux-de-vie, esprits 2-ème qualité . . .	9·84	7,175	70,603
6	Eaux-de-vie préparée	4·27	361	1,543
7	Rhum, cognac	43·48	7,524	327,169
8	Liqueurs	86·26	927	79,965
9	Borvisse (eau minérale)	0·09	101,705	9,154
	Comestibles.			
10	Farine fine	0·03	780,015	24,533
11	Amidon blanc	0·07	112,733	8,864
12	Sucre	0·08	1.505,128	126,204
13	Café	0·15	210,715	33,135
14	Fruits coloniaux	0·04	832,985	32,747
15	Bonbons	1·57	11,184	17,588
16	Huile d'olives	0·14	489,762	66,484
17	Autres	0·16	22,453	3,530
18	Huile de toutes sortes	0·08	266,249	20,934
19	Thé	0·65	6,873	4,486
20	Riz	0·02	651,615	13,033
21	Poivre	0·04	13,868	546
22	Sardines et poisson salé	0·16	62,520	9,832
23	Poisson sec	0·04	243,336	9,567
24	Caviar noir	0·79	24,801	19,500
25	Caviar rouge	0·03	63,423	1,995
26	Olives grandes et petites	0·03	197,111	6,168
	Combustibles.			
27	Bougies stéarines	0·10	284,090	28,409
28	Bougies en cire blanche et rouge . .	0·79	789	621
29	Cire	0·31	30,242	9,512
30	Parafine	2·62	59,178	154,942
31	Gaz, pétrole	7·76	13,159	102,173
32	Goudron	3·89	594	2,309
33	Allumettes, douzaines de grandes boîtes	0·15	69,252	10,388
34	Allumettes, douzaines de petites boîtes	0·05	167,459	8,373

5. Exposé de l'état de fortune d'après le compte définitif de l'année 1874.

		Francs
	A c t i f :	
1	Valeurs effectives	—
2	Capitaux placés	—
3	Valeur des propriétés :	
	a) Hôtel communal, 2 bâtiments pour écoles, 9 boutiques à louer, établissement hydraulique, halle et marché couverts, nouvel abattoir, ancien abattoir, magasins de l'ancienne caserne*). 11.520,000	
	b) Établissement pour la manutention du pain et les magasins de réserve de la commune . . . 555,000	12.075,000
4	Papiers de valeurs	—
5	Valeurs mobilières	120,000
6	Créances	—
	a) arrérages de recettes des années précédentes . 2.093,880	2.093,880
7	Autres objets actifs	—
	Total	14.288,880
	P a s s i f :	
1	Dette consolidée**)	7.777,780
2	Capitaux passifs	—
3	Autres sommes passives	—
	a) Dette flottante en bons communaux ***). . . . 6.138,640	
	b) Sommes retenues sur le traitement des fonctionnaires pour le fond de retraite (des pensions) . . 441,286	6.579,926
	Total	14.287,706
	B i l a n :.	
	Total de l'actif	14.288,880
	Total du passif	14.357,706
	Fortune passive . .	69,000

*) Les capitaux placés dans toutes ces propriétés de la Ville produisent un revenu annuel de $2^{1}/_{2}\%$.

**) Emprunt à primes contracté et effectué par Mrs Bachritz, Jacques Landau et Jacques Poumay. La somme versée dans la caisse municipale était de $9^{3}/_{4}$ millions de francs. L'intérêt monte à 11%, la quote d'amortissement à 1.100,000 par an doit être amortisée en $22^{1}/_{2}$ années.

***) Pour couvrir cette dette la commune a fait dans l'année 1875 un emprunt de 8.000,000 par souscription publique, intérêt de 8%, émission de 90% amortissable en 30 ans.

6. État du Personnel.

Les sommes de la deuxième rubrique donnent le traitement, celles entre parenthèse l'indemnité de logement, etc.
Les positions marquées d'un * jouissent du logement.

Nom de la place occupée	Nombre des personnes qui l'occupent et salaire annuel (indemnité)	Total francs	Nom de la place occupée	Nombre des personnes qui l'occupent et salaire annuel (indemnité)	Total francs
Service central.			**Service sanitaire.**		
Le Maire	1 à 12000	12,000	Médecin en chef	1 à 4800 (1200) *)	6,000
Adjoints	3 à 6000	18,000	Médecins d'arrondissements	9 à 3960	35,640
Secrétaire	1 à 6000	6,000	Vaccinateurs	5 à 1200	6,000
Caissier	1 à 5400	5,400	Vétérinaires	1 à 2640	2,640
Chefs de divisions	2 à 5400	10,800	Sages-femmes	2 à 960	1,920
Chefs de bureaux et gra-des assimilés	7 à 3000	21,000	Secrétaire sténographe (pour le conseil d'hygiène)	1 à 3960	3,960
Vérificateurs, teneurs de livres et adjoints	10 à 2220	22,200	Coristes	1 à 1320	1,320
Copistes de deux classes	13 à 1300—1800	20,520	Médecin de la fontaine d'eau ferrugineuse	1 à (100) par mois	500
Avocats éphores	2 à 4800	9,600	Intendant de la fontaine d'eau ferrugineuse	1 à (60) »	300
Service extérieur.			Filles de service de la fontaine d'eau ferrugineuse	2 à (20) »	100
Intendant	1 à 2040	2,040			
Commissaires des marchés	9 à 2040	18,360			
Employés subalternes domestiques	11 à 240—1080	10,200			
Pensionnaires de la commune	34 à 148—6666	52,472	**Service de garde de la ville.**		
Offices de l'état civil.			Commandant	1 à 5280	5,280
Officiers civils	5 à 2700 (600)	14,100			
Copistes	10 à 1320	13,200			
Domestiques	5 à 540	2,700			

*) Les sommes inscrites dans cette colonne sont des frais de transport.

Nom de la place occupée	Nombre des personnes qui l'occupent et salaire annuel (indemnité)	Total francs
Adjoint	1 à 3960	3.960
Officiers	10 à 2400	24,000
Brigadiers	20 à 840 (480)	26,400
Sergents	630 à 720	453,600
Sous-commissaires II. cl.	110 à 720	79,200
Service de la garde ci-vique.		
Personnel du commandement	43	47,520
Service des cimetières.		
Personnel du culte et domestiques	20 à 240—1440	12,840
Service de constatation et de perception.		
Contrôleurs	5 à 3000	15,000
Adjoints	5 à 1800	9,000

Nom de la place occupée	Nombre des personnes qui l'occupent et salaire annuel (indemnité)	Total francs
Percepteurs	5 à 4800	24,000
Comptables	5 à 2220	11,000
Agents	28 à 1440	40,320
Adjoints	28 à 960	26,880
Copistes	10 à 1320	13,200
Service technique.		
Ingénieur en chef	1 à 12,000	12,000
Adjoint	1 à 9000	9,000
Ingénieur ordinaire	1 à 5520	5,520
Conducteurs	4 à 3600	14,400
» mécanicien	1 à 3000	3,000
Piqueurs	7 à 1200	8,400
Porteurs de chaines	4 à 600	2,400
Architecte	1 à 6000	6,000
Adjoint	1 à 4440	4,440
Conducteurs	2 à 2400	4,800
Chef de bureau	1 à 3000	3,000
Adjoint	1 à 2220	2,220
Archiviste-registrateur	1 à 2220	2,220
Copistes	2 à 1320	2,640
Paveurs	70—100 à 600—1260	91,400
Total	1140	1.260,612

Statistique des Finances

DE LA VILLE DE

BRESLAU

de 1866 à 1875.

POPULATION. 1867 : 166,418. — 1875 : 234.396.

Table des matières.

		Page.
Recettes 1866—1875	(Tableau 1)	255
Dépenses „ „	(Tableau 2)	256
Exposé de l'état de fortune 1875	(Tableau 3)	257
Exposé de la dette consolidée 1875	(Tableau 4)	257
Annexes aux comptes annuels (Impôts)		258

1. Recettes de la ville de BRESLAU

de 1866—1875.

	1866	1867	1868	1869	1870	1871	1872	1873	1874	1875
	Francs									
Total des recettes	3.155,081	5.730,528	5.485,058	5.555,464	4.824,345	5.010,588	7.093,530	6.931,912	8.198,929	9.066,076
dont recettes extraordinaires	—	—	—	2,063	—	—	—	110.625	150,000	—
Spécification des recettes										
1. Impôts directs	1.252.553	1.299,233	1.457,779	1.557,626	1.634,028	1.959,218	2.137,886	2.470,421	2.674,138	2.964,319
2. Impôts indirects	998,460	983,269	1.066,348	1.106,554	1.191,706	1.233,338	1.338,189	1.278,608	1.351.931	1.466,227
3. Produit de la fortune im-mobilière	268,848	243,701	229,128	237,109	223,613	225,330	264,983	283,208	1.223.250	187,360
4. Produit de la fortune mobilière	—	—	—	—	—	—	—	—	—	—
5. Excédant des entreprises indépendantes*)	327,527	224.199	224,329	258,830	515,905	498,456	535,786	660,474	716,439	1.052,403
6. Recettes provenant de la location des places publiques et des eaux	—	—	—	—	—	—	—	—	—	—
8. Recettes provenant de la vente d'actifs	—	—	—	—	146,175	750	5.312,584	125,458	61,530	442,376
7. Taxes scolaires	306,359	330,949	347,215	360,011	368,133	387,254	392,191	494,524	502,064	—
*) Banque de la ville	321,694	216,664	216,855	251,524	283,000	267,305	285,395	277,974	267,978	276,250
Mont-de-piété	5.833	7,535	7,474	7,306	7,905	6,151	6,641	—	2,211	7,403
Fabrique de gaz	—	—	—	—	225,000	225,000	243,750	382,500	646,250	768,750

2. Dépenses de la ville de BRESLAU

de 1866—1875.

	1866	1867	1868	1869	1870	1871	1872	1873	1874	1875
	Francs									
Total des dépenses	4.624,961	4.558,466	4.461,677	4.761,191	4.714,056	5.314,360	6.731,550	7.183,146	8.061,825	8.486,335
dont dépenses extraordinaires	541.931	203.711	97.046	372.417	50.256	270.704	480.334	326.071	25.205	122.514
Spécification des dépenses										
1. Police	31,400	37,260	37,442	37,219	40.902	43,111	54,987	54,794	88,167	77,979
2. Balayage et arrosage des rues	102,529	100,692	105,641	106,586	129,996	162,624	153,145	191,230	238,830	349,625
3. Entretien des écoles (sans frais de construction)	963,746	977,434	987,401	975,170	913,181	908,107	1.000,899	969,919	1.454,779	1.961,719
4. Voies de Communication (chaussées, ponts, etc.)	200,167	159,956	123,222	173,962	141,079	121,724	225,310	764,082	1.847,871	327,132
5. Assistance publique	325,469	544,147	212,482	575,599	612,534	582,895	674,865	954,564	734,851	752,942
6. Frais des hôpitaux (sans frais de construction)	?	91,778	112,702	124,965	108,232	142,152	162,065	177,020	196,102	157,510
7. Éclairage	—	—	—	—	—	—	—	—	—	—
8. Parcs	?	?	55,522	56,501	76,179	65,770	80,215	65,434	70,570	63,771
9. Corps des pompiers	101,906	101,419	105,270	102,052	121,294	127,687	142,545	187,059	229,251	169,460
10. Déficit des entreprises indépendantes	—	—	—	—	—	—	—	3,829 *)	—	—
11. Acquisition d'actifs	—	—	—	—	—	1.555,500	937,500	804,375	—	—
12. Intérêts des dettes et amortissement	387,806	676,551	741.761	907,380	1.012,479	1.071,454	1.082,164	1.082,219	1.657,027	1.688,794
13. Frais de cultes (sans frais de construction)	?	31,351	22.284	12,550	55,775	32,146	30.895	44.625	80,989	81,845

*) Mont-de-piété

3. Bilan des recettes et des dépenses de 1866—1875.

	1866	1867	1868	1869	1870	1871	1872	1873	1874	1875
Compte ordinaire.										
Recettes ordinaires	3.155,081	5.730,528	5.485,058	5.553,401	4.824,345	5.010,588	7.093,530	6.821,287	8.048,929	9.066,076
Dépenses ordinaires . . .	4.083,030	4.354,755	4.364,631	4.388,774	4.663,800	5.043,656	6.251,216	6.857,075	8.036,620	8.363,821
Surplus (+) ou déficit (−) .	− 927,949	+1.375,773	+1.120,427	+1.164,627	+ 160,545	− 33,068	+ 842,314	− 35,788	+ 12,309	+ 702,255
Compte extraordinaire.										
Recettes extraordinaires .	—	—	—	2.063	—	—	—	110,625	150,000	—
Dépenses extraordinaires .	541,931	203,711	97,046	372,417	50,256	270,704	480,334	326,071	25,205	122,514
Surplus (+) ou déficit) (−) .	− 541,931	− 203,711	− 97,046	− 370,354	− 50,256	− 270,704	− 480,334	− 215,446	+ 124,795	− 122,514
Compte général.										
Recettes totales	3.155,081	5.730,528	5.485,058	5.555,464	4.824,345	5.010,588	7.093,530	6.931,912	8.198,929	9.066,076
Dépenses totales	4.624,961	4.558,466	4.461,677	4.761,191	4.714,056	5.314,360	6.731,550	7.183,146	8.061,825	8.486,335
Surplus (+) ou déficit (−) .	−1.469,880	+1.172,062	+1.023,381	+ 7946,273	+ 110,289	− 303,772	+ 361,980	− 251,234	+ 137,104	+ 579,741

Annexe aux comptes annuels.

Impôts.

En 1875 le revenu des impôts directs montait à 8.221,313 francs et se composait des titres suivants :

Impôts communaux.

Impôt sur le revenu . .	2.409,261 fr.
Impôt de boucherie . .	1.391,654 »
Centime sur le malt . .	178,673 »
Impôt sur le gibier . . .	32,404 »
Impôt sur la bière . . .	53,683 »
Centime de l'impôt sur les maisons	315,891 »
Centime foncier	5,590 »
Impôt sur les chiens . .	54,537 »
Impôt de danse	13,103 »
Total	4.454,796 fr.

Impôts d'État.

Impôt sur le revenu . .	1.492,869 fr.
Impôt classé	736,929 »
Impôt sur le malt . . .	393,588 »
Droit de patente	508,167 »
Impôt sur les maisons .	623,785 »
Impôt foncier	11,179 »
Total	3.766,517 fr.

D'après les catégories principales ces impôts doivent être répartis comme suit :

	pour le compte de la ville	pour le compte de l'état	Total
a) impôts sur les objets	321,481 fr.	634,964 fr.	956,445 fr.
b) impôts sur les personnes:			
d'après le revenu	2.409,261 »	2.229,798 »	4.639,059 »
autres (sur les chiens, les métiers, les danses)	67,640 »	508,167 »	575,807 »
c) impôts de consommation:			
impôt sur la boucherie et le gibier	1.424,058 »	—	1.424,058 »
impôt sur la bière et le malt	232,356 »	393,588 »	625,944 »
Total	4.454,796 fr.	3.766,517 fr.	8.221,313 fr.

On paie pour la bière importée 66 pfenn. (82 cent) par hectolitre. Est exempt d'impôt : la bière importée en quantité moins grande qu' ¹/₈ d'hectolitre, celle qui ne fait que traverser la ville, et celle qu'on peut prouver étrangère selon la manière fixée par le règlement et qui a déjà été ou sera encore soumise à l'impôt par l'empire.

Le tarif de l'impôt sur le gibier est par tête:

1. bête fauve. . .	9 mark	— pfenn.		6. fasan, bécasse, outarde, coq de bruyère . . .	50 pfenn.
2. bête noire. . .	6 »	— »		7. lièvre	20 »
3. porc.	4 »	50 »		8. perdrix, canard . . .	10 »
4. cochon	2 »	— »			
5. chevreuil	2 »	— »			

Assistance publique.

La ville est divisée en 66 districts. Le nombre des assistés était en 1870 de 3,614, en 1874 de 3,425.

La commune paye pour les enfants 6 marcs par mois (dans les maisons d'asile 10$^{1}/_{2}$ marcs). La subvention accordée aux indigènes varie de 2—6 marcs par mois, plus en hiver, $^{1}/_{2}$ marc pour le chauffage (pour tout l'hiver). Les dépenses de l'assistance montaient en 1874:

Pour enfants assistés .	47.484 m.	Subsides de chauffage	8.343 m.
Secours aux pauvres . .	136.497 »	Autres subsides. . .	10.398 »
» » invalides . .	2.436 »		205.438 m.

Legs et donations 410.302

Le traitement des malades a coûté en 1874: 30.000 m.

Les recettes totales de l'assistance publique montaient en 1874 à 90.000 m., les dépenses (sans compter les legs) à 270.000.

Institutions de bienfaisance: 1) Maison des pauvres: Chiffre de ses habitants en 1874: 433; recettes 8000 marcs, dépenses: 96.000 marcs. 2) Maison pour l'instruction d'enfants protestants à Goldschmieden. Nombre des enfants en 1874; 96; dépenses 18.000 m. 3) Maison de travail: Nombre des habitants à la fin de 1874: 424. Recettes 97.000 m., dépenses 124.000 m. 4) Hôpital de tous les Saints. Chiffre des malades en 1874: 5858. Recettes 127.000 m., dépenses 280.000 (dont pour traitements: 32.000; frais de bureau 30.500; traitement 122.000; médicaments 45.000; habillement 14.000; chauffage 15.000).

Entreprises indépendantes.

Banque de la ville en 1875.

Le revenu montait à 9$^{3}/_{10}$ % (en 1874 9%). Le mouvement total des caisses était de 96 millions de marcs. La banque a escompté pour 33.6 millions lettres de change, a prêté sur effets 5.5, a reçu en dépôt une valeur de 4 m. et a en rendu tout autant. Les fonds de réserve montent à 650.000 m.; encaisse 600.000 et trésor un million en argent et en or.

Les actifs sont: lettres de change 6.2 m. m., prêts sur effets 2.8, papiers de valeur 0.7 m. m.; encaisse et trésor 1.6 m. m. Total 10.4 m. m. Passifs: capital 3 m., billets de banque 3 m., dépôts 2.9 m., fonds de réserve 650.000 et 1,800.300.

Taxes scolaires.

On a élevé les taxes en 1871 et en 1873. Elles s'élèvent

	pour indigènes	pour étrangers
écoles latines	72 m.	108 m.
écoles supérieures de filles .	72—90 m.	108 »
écoles moyennes	30—36 »	36—48 m.

A partir de l'année 1875 les écoles primaires sont gratuites.

Police.

Le personnel est payé par l'état; la commune n'a à satisfaire qu'aux dépenses du matériel.

33*

Exposé de l'état de fortune d'après le compte définitif de 1875.

			Francs
	I. Actif:		
1	Valeurs effectives		3.827,468
2	Capitaux placés		3.467,933
3	Valeur des propriétés (valeur évaluée)		
	a) Bâtiments servant à l'administration et aux écoles	17.853,675	
	b) Maisons d'habitation appartenant à la commune	20.031,075	
	c) Terrains communaux		
	d) Domaines avec tout ce qui s'y trouve (fundus instructus)	2.250,000	
	e) Autres propriétés	431,138	40.565,888
4	Papiers de valeur		7.192,293
5	Valeurs mobilières		3.750,000
6	Créances		375,000
7	Autres objets actifs *)		4.562,500
	Total		63.741,082
	II. Passif:		
1	Dette consolidée (emprunts à titres)		29.168,094
2	Capitaux passifs		1.473,750
3	Autres sommes passives *)		1.226,890
	Total		31.868,734
	Bilan:		
	Total de l'actif		63.741,082
	Total du passif		31.868,734
	Fortune		31.872,348

*) Capital de la banque de la ville.
*) Le fonds dit des casernes.

Exposé de la dette consolidée à la fin de l'année 1875.

Année de l'émission	Mode d'emprunt (Souscription publique ou autrement), nom du prêteur	Valeur nominale de l'emprunt	Montant versé après déduction de tous les frais	Amortissement annuel		Durée de l'amortissement	État de la dette à la clôture de l'année 1875
				intérêt	quote d'amortissement		
		francs					
1848	Emprunt de la ville	4.196,250	4.196,250	4 %	22,500 Fr. *)	40 ans	2.289,844
1845	»	4.500,000	4.500,000	4 ½ %	20,625 » *)	40 »	2.896,125
1866	»	12.187,500	11.595,566	4 ½ %	1 % *)	40 »	11.125,875
1874	Prêt de la fondation des invalides	13.125,000	13.031,440	4 ½ %	»	38 »	12.856,250
							29.168,094

*) Et les intérêts épargné

DE LA VILLE DE

Gênes (Genua)

de 1866 à 1875.

POPULATION. 1867 : 166,418. — 1875 : 234.396.

Table des matières.

		Page.
Recettes de 1866 à 1875.	(Tableau 1)	263
Dépenses „ „	(Tableau 2)	264
Bilan des recettes et des dépenses 1866—74.	(Tableau 3)	265
Tarif de l'octroi de la ville de Gênes.	(Tableau 4)	266
Produit des impôts de consommation pour l'année 1875.	(Tableau 5)	267
Exposé de l'état de fortune	(Tableau 6)	268
État de la dette	(Tableau 7)	268
Annexe aux comptes annuels.		
I. Impôts de l'état :		269
Impôt sur les bâtiments		269
Impôt foncier		270
Impôt sur le revenux		270
Impôt sur la mouture des céréales		271
II. Impôts communaux :		271
Impôt sur l'exercice des professions et des arts		271
Impôt sur les voitures et les domestiques		272
III. Entreprises indépendantes		272
Tableau des impôt d'état et de la commune		272
IV. Police municipale et hygiène publique		273
V. Exposé des frais des voies de communication et de l'aqueduc public		273
VI. Instruction publique		274
État du personnel	(Tableau 8)	275

1. Recettes de la ville de GÊNES

de 1866 à 1875.

	1866	1867	1868	1869	1870	1871	1872	1873	1874	1875
	Francs									
Total des recettes	7.744,308	9.298,209	9.045,291	13.313,013	14.836,868	11.765,538	10.628,571	10.255,977	12.318,974	11.661,804
dont recettes extraordinaires	786,962	1.367,596	2.113,750	5.389,989	5.310,241	3.289,372	1.810,495	1.685,254	3.315,179	2.355,286
Spécification des recettes										
1. Impôts directs	662,534	1.343,552	1.229,292	1.374,571	1.372,032	748,405	1.175,822	1.260,065	1.003,828	882,909
2. » indirects (ycompris ceux concernant le luxe, la consommation et les monopoles)	5.107,373	5.843,328	5.980,165	5.925,531	5.971,386	6.594,702	6.930,741	3.327,387	6.645,270	7.126,934
3. Produit de la fortune immobilière	223,472	229,111	248,067	308,732	315,560	340,313	424,144	622,006	600,649	509,250
4. Produit de la fortune mobilière	9,453	10,465	17,781	13,832	228,425	119,680	29,634	20,537	25,157	36,509
5. Recettes provenant de la location des places publiques et des eaux .	58,598	55,297	54,316	56,618	53,823	63,940	61,235	64,235	66,193	69,755
6. Taxes scolaires	2,520	2,333	4,379	3,252	2,287	3,609	3,215	8,590	17,719	26,744
7. Recettes provenant de la vente d'actifs. . . .	280,160	5,440	6,300	141,957	123,384	66,494	236,917	125,773	294,066	167,302
8. Recettes provenant d'emprunts	342,615	992,768	1.080,050	5.087,610	4.380,670	2.643,200	657,289	1.113,980	2.715,000	1.840,000
9. Recettes provenant de subsides et de dons . .	—	250,000	—	—	100,000	200,000	500,000	—	—	—

2. Dépenses de la ville de GÊNES.

de 1866 à 1875

	1866	1867	1868	1869	1870	1871	1872	1873	1874	1875
	Francs									
Total des dépenses	7.721,099	9.267,348	9.045,291	11.394,031	14.413,560	11.688,319	10.625,075	10.253,372	12.316,016	11.661,209
dont dépenses extraordinaires	3.097,945	2.717,378	2.454,248	4.786,726	6.218,118	3.340,998	2.967,183	3.320,251	4.561,696	4.264,537

Spécification des dépenses

	1866	1867	1868	1869	1870	1871	1872	1873	1874	1875
1. Police	284,802	237,950	366,964	263,523	404,667	351,169	303,426	604,390	498,210	374,396
2. Nettóyage et arrosage des rues	83,077	90,827	95,774	104,021	115,529	94,221	97,213	106,392	130,941	139,438
3. Frais de cultes (sans frais de construction)	8,574	8,555	11,715	11,595	11,724	11,732	11,635	11,720	11,716	11,706
4. Entretien des écoles	595,931	507,703	518,242	504,607	541,904	560,717	551,854	786,307	1.208,007	862,539
5. Voies de communication (chaussées, ponts et acqueducs)	2.109,865	1.760,962	1.798,402	1.049,482	1.780,337	1.218,788	1.326,209	1.628,848	2.643,620	2.311,012
6. Assistance publique	111,769	115,560	117,326	116,565	119,364	120,810	120.280	122,237	125,476	131,900
7. Frais des hôpitaux (sans frais de construction)	320,908	349,308	333,708	323,108	336,860	324,625	324,617	324,625	582,000	582,000
8. Éclairage	179,154	179,897	184,569	192,171	193,383	200,015	205,317	221,650	261,093	275,143
9. Parcs	51,411	68,323	48,340	38,181	40,977	50,819	39,361	27,648	35,625	41,146
10. Corps des pompiers	46,579	53,258	49,890	49,438	70,107	72,558	71,024	.102,550	127,700	138,399
11. Acquisition d'actifs	—	—	—	—	94,805	—	—	7.000,000	—	—
10. Intérêts des dettes et amortissement	1.239,983	1.143,521	1.399,458	2.396,070	1.979,093	1.959,559	1.4¹⁰,451	794,679	954,809	979,481

3. Bilan des recettes et dépenses de 1866—1875.

	1866	1867	1868	1869	1870	1871	1872	1873	1874	1875
Compte ordinaire.										
Recettes ordinaires . . .	6.957,200	7.930,800	6.931,500	7.923,000	9.526,600	9.476,400	8.818,100	8.570,700	9.003,800	9.306,500
Dépenses ordinaires . . .	4.623,100	6.549,900	6.591,000	6.607,300	8.195,400	8.347,300	7.657,900	6.933,100	7.744,300	7.396,700
Surplus (+) ou déficit (—) .	+2.334,100	+1.380,900	+ 340,500	+1.315,700	+1.331,200	+1.129,100	+1.160,200	+1.637,600	+1.259,500	+1.909,800
Compte extraordinaire.										
Recettes extraordinaires .	787,000	1.367,400	2.113,700	5.390,000	5.310,200	2.289,400	1.810,500	1.685,300	3.315,200	2.355,300
Dépenses extraordinaires .	3.097,900	2.717,400	2.454,200	4.786,700	6.218,100	3.341,000	2.967,200	3.320,300	4.561,700	4.264,500
Surplus (+) ou déficit (—) .	—2.310,900	—1.350,000	— 340,500	+ 603,300	— 907,900	—1.051,600	—1.156,700	—1.635,000	—1.246,500	—1.909,200
Compte général.										
Recettes totales	7.744,300	9.298,200	9.045,300	13.313,000	14.836,900	11.765,800	10.628,600	10.256,000	12.319,000	11.661,800
Dépenses totales	7.721,100	9.267,300	9.045,300	11.394,000	14.413,600	11.688,300	10.625,100	10.253,400	12.306,000	11.661,200
Surplus (+) ou déficit (—) .	+ 23,200	+ 30,900	—	+1.919,000	+ 423,300	+ 77,500	+ 3,500	+ 2,600	+ 13,000	+ 600

4. Tarif de l'octroi de la ville de GÊNES.

	Fr.	
Vin en tonneaux	10.50	l'hect.
» en bouteilles	—.20	chaque
Moût	8.25	l'hect.
Alcool au-dessous de 59° Gay-Lussac	12.—	»
Alcool au-dessus	18.—	»
Alcool et liqueurs en bouteilles	—.30	chaque
Bière et eaux gazeuses	3.—	l'hect.
Boeufs	8.—	les 100 k.
Vaches et taureaux	8.—	»
Génisses	10.—	»
Veaux	14.—	»
Porcs, truies et cochons	14.—	»
Moutons, brebis et chèvres	8.—	»
Agneaux et chevreaux	14.—	»
Grosse volaille	—.40	chaque
Menue volaille	—.15	»
Gibier	30.—	les 100 k.
Viande salée conservée, etc.	32.50	»
	12.—	»
Poissons secs et conserves	14.—	»
Poissons frais de 1-e classe	24.—	»
» » de 2-e »	12.—	»
» » de 3-e »	6.—	»
Farine de fromen	5.—	»
» de légumes	4.50	»
Froment et légumes moulus dans les moulins de la ville	4.40	»
Pâtes de froment et autres	6.50	»
Pain et biscuit	6.—	»
Riz	6.—	»
Graisses	6.—	»
Acides (gras)	12.—	»
Beurre	12.—	»
Huile végétale et animale	12.—	»
» » minérale	6.—	»
» » médicinale et volatile	12.—	»
Cire brute	12.—	»
Cire raffinée et manufacturé	20.—	»
Bougies de suif	10.—	»
» stéariques	20.—	»
Savon	12.—	»
Semences et fruits oléaginaux	3.—	»
Fromages	17.—	»
Oeufs	10.—	»
Sucre	8.—	»
Sirop	5.—	»
Confitures et chocolat	20.—	»
Café et Cacao	10.—	»

	Fr.	
Poivre	15.—	les 100 k.
Fruits frais et potagers	—.50	»
Champignons frais	3.—	»
Raisin	5.25	»
Fruits secs	1.20	»
Lait	4.—	»
Oréparations alimentaires végétales	10.—	»
Légumes secs, semences de fourrages	3.—	»
Foin	1.—	»
Paille, feuilles et herbes à fourrages	—.60	»
Bois	2.50	»
Charbon de bois	—.65	l'hectol.
Houille et coke	—.80	les 100 k.
Bois à brûler	—.60	»
Allumettes en bois	10.—	»
Ciments et enduits	—.50	»
Briques	2.—	millier.
Ordoises à couvertures	2.—	cent.
Ordoises de 1-ère classe	—.50	chaque
» » 2-e »	—.30	»
» » 3-e »	—.15	»
Marbre	—.50	les 100 k.
Pierres à batir	—.25	»
» à paver	—.25	»
Sable et gravier	—.05	»
Bois de construction 1-ère cl.	—.40	mèter
» » » 2-e »	—.25	»
» » » 3-e »	—.10	»
» » » 4-e »	—.05	»
» » » 5-e »	—.60	les 100 k.
Bois fin et pour teinture	2.—	»
Bois ouvré	4.—	»
Vernis	10.—	»
Couleurs pour peintures à huile	5.—	»
Meubles et pianos	8.—	»
Papier de 1-ère classe	20.—	»
» » 2-e »	7.—	»
» » 3-e »	5.—	»
Carton	2.—	»
Neige et glace	4.—	»
Parfumeries	30.—	»
Faiences de 1-ère classe	1.—	»
» » 2-e »	2.—	»
» » 3-e »	1.—	»
Ouvrages en métaux pour construction	2.—	»

5. Produit des impôts de consommation pour l'année 1875.

	Chiffres de consommation	Produit de
	Mesure métrique	l'impôt
Boissons.		
Vin, moût	Hectolitres	211,661	2.231,891
Cidre	»	—	—
Eaux gazeuses	»	3,644	10,933
Autres boissons	»	2,972	53,001
Comestibles.		
Bestiaux, viande, viande préparée, poissons et coquillages	Quintaux	94,943	956,805
Céréales et légumes secs, riz, farines, pain, pâtes	»	221,918	1.004,244
Sucre, sirop, miel et autres matières sucrées . .	»	22,812	118,436
Thé	»	—	—
Café	»	3,605	18,025
Lait	›	54,622	163,868
Sel	»	—	—
Autres denrées	»	77,733	429,252
Autres objets.		
Servant à l'éclairage	»	26,175	281,780
Houille	»	50,140	40,112
Bois de construction	Mètres	814,609	75,537
Bois de chauffage	Quintaux	136,737	82,037
Pierres	»	66,206	16,551
Tabacs	»	—	—

34*

6. Exposé de l'état de fortune.

(D'après le compte définitif de 1875.)

	Francs
I. Actif:	
Valeurs effectives (fonds effectivs de caisse à la clotûre de 1875)	595
Capitaux placés	9,665
Valeur des propriétés (évaluée)	
a) Bâtiments servant à l'administration et aux écoles . . 3.883,032	
b) Maisons d'habitation et boutiques, appartenant à la commune 389,963	22.177,729
c) Terrains communaux destinés à la construction des bâtiments 26,500	
d) Autres propriétés *) 17.878,234	
Papiers de valeurs	74,744
Valeurs mobilières	100,000
Créances	92,056
Autres objects actifs	—
Total . . .	22.454,789
II. Passif:	
Dette consolidée (emprunts à titres)	24.001,740
Capitaux passifs	2.775,863
Autres sommes passives (dette flottante au 31. décembre 1875. Bons du Trésor)	12.078,348
Total . . .	38.855,951
Bilan:	
État de l'actif	22.454,789
» du passif	38.855,951
Excédant du passif . . .	16.401,162

*) Magasins d'entrepôts généraux, théâtre, église.

La ville possède en outre une bibliothèque d'une valeur de 200.000 francs, et des musées d'une valeur de 300.000 fr.

7. État de la Dette.

Année de émission	Mode d'emprunt	Intérêt annuel	Amortissement	Durée de l'amortissement	État de la dette
de 1834—1849	souscription privée.	4	1		4.374,000
1849	souscription publique	$3^3/_4$	$1^3/_4$		324,000
1855—1873	souscription publique	à taux divers			9.850,000
1868[1])	titres livrés à l'entrepreneur . . .	5%		$14^1/_2$ ans	1.711,000
1868[2])	titres livrés à l'entrepreneur . . .	5—6%		dans à comencer	700,000
1869	plusieurs banques à Gênes	—		en 1875	7.042,740
					24.001,740

[1]) Pour la construction des magasins généraux au port; amortissable en $14^1/_2$.
[2]) Pour les travaux du cimetière.

Annexe aux comptes annuels.

I. Impôts de l'état.

Les impôts du gouverment sont:

1. Sur les bâtiments; 2. foncier; 3. sur le revenu ;4 sur la mouture des céréales, ce dernier impôt, direct pour la forme, est veritablement indirect en substance.

Les impôts communaux sont: 1. sur l'exercice des professions, des arts, du commerce et de l'industrie; 2. sur les voitures et les domestiques; 3 sur le bétail; 4. sur le prix des logements; 5. sur la famille; 6. sur les chiens.

Les impôts communaux sont exclusivement du droit de la commune; deux des gouvernementaux, l'impôt sur les bâtiments et l'impôt foncier, sont mixtes, les autres sont dévolus entièrement à l'État.

Impôts sur les bâtiments.

L'impôt sur les bâtiments est réglé par la loi organique du 26. janvier 1865 et par le règlement du 28. aôut 1870.

La quote au profit de l'État est fixée en fr. à 12·50 % plus $^3/_{10}$ pour frais de guerre, dont le total de fr. 16·25 % de rente prélevée sur les $^3/_4$ pour les bâtiments à l'usage d'habitations et sur les $^2/_3$ pour les bâtiments de nature industrielle. Les bâtiments nouvellement construits ne sont imposés que deux années après leur achèvement. La province et la commune ont le droit de surimposer à titre de centimes additionnels jusqu'à la somme de fr 12·50 %, c'est-à-dire jusqu'à la somme égale à la quote principale due à l'Etat; la province a le droit de surimposer pour la somme qui lui est nécessaire, la commune pour le reste. Néanmoins cette dernière a le droit d'excéder la limite fixée quand elle peut démontrer que ses revenus sont insuffisants à couvrir le passif de son budget et qu'elle a appliqué tous les six impôts que lui concède la loi.

L'aveu des rentes est fait sur les déclarations des propiétaires, révisées par l'agent des impôts et par une commission communale composée pour $^1/_3$ des membres nommés par le Conseil communal et pour autres $^2/_3$ par le gouvernement. Une autre commission, nommée pour $^1/_4$ par le conseil de province, pour $^1/_4$ par la chambre de commerce et pour les autres $^2/_4$ par le gouvernement, décide en appel sur les réclamations des contribuables et de l'agent même des impôts.

Impôt foncier.

L'impôt foncier est réglé par les lois du 14 juillet 1864, du 28. juin 1866 et du 26 juillet 1868.

Par la loi du 14 juillet 1866, on a établi la contribution foncière des bâtiments rustiques, urbains et autres déjà assujettis à l'impôt prédial en la répartissant par contingents entre les divers compartiments cadastraux du royaume et par les lois du 28. juin 1866 et du 26. juillet 1868 a été augmentée de $^3/_{10}$ à titre de frais de guerre pour le gouvernement.

La répartition des contingents parmi les diverses provinces comprises dans le compartiment cadastral a été réglée sur les répartitions d'impôts précédemment établis.

La répartition des contingents provinciaux a été réglée parmi les communes en proportion de la rente nette des terrains estimée d'après le résultat de la dernière période triennale.

Les provinces et les communes sont autorisées à surimposer des centimes additionnels sur la quote principale dans la même proportion que pour l'impôt sur les bâtiments.

Impôt sur le revenu.

L'impôt sur le revenu, a été établi par la loi du 14. juillet 1864, modifiée par d'autres lois postérieures afin de frapper les rentes qui n'avaient pas été comprises dans la 1. loi et assurer le prélèvement de l'impôt sur tous les revenus de biens mobiliers. L'impôt frappe cette rente dans la proportion suivante :

1. Pour la totalité pour celle provenant de l'emploi exclusif du capital;

2. Sur les $^6/_8$ pour celle produite par le capital et la main d'oeuvre. (Industrie et commerce);

3. Sur les $^5/_8$ pour celle qui provient uniquement du travail (professions);

4. Enfin sur les $^4/_8$ pour les employés de l'Etat, des provinces et des communes.

Le revenu qui ne dépasse pas 400 fr.; dans les proportions susdites, est exempt d'impôt. Sont aussi exempts d'impôts les revenus de la maison royale et ceux des sociétés de secours mutuel.

La quote entièrement dévolue à l'Etat est de 13.20$^0/_0$, y compris le $^1/_{10}$ à titre de frais de guerre.

L'aveu des rentes est fait sur les déclarations des contribuables soumises à l'examen des commissions communales et en appel aux commissions provinciales comme pour l'impôt sur les bâtiments.

Les communes et les provinces pour se rembourser des frais encourus par ces commissions ont le bénéfice des centimes de distribution, somme très insignifiante.

Impôt sur la mouture des céréales.

Cet impôt a été appliqué par la loi du 7 juillet 1868 modifiée par celle du 16 juin 1871 et toutes les deux reproduites dans la loi unique du 16 juin 1874.

Il est tout au profit de l'Etat, et on le fixe de deux façons: ou en s'entendant avec les meuniers, ou bien selon la quantité des céréales moulues, mesurées par les compteurs. L'impôt est de 2 francs pour chaque quintal de blé et de 1 franc pour les autres céréales.

II. Impôts communaux.

Impôt sur l'exercice des professions, des arts, industrie et commerce.

Cet impôt est payé aux communes d'après la loi du 11 août 1870 pour les dédommager de la suppression des centimes additionnels qu'elles avaient le droit d'imposer sur l'impôt des revenus.

Cet impôt frappe tous les exercices industriels, de commerce, les professions et les arts: ne sont exempts que les employés et les reventes de monopole de l'Etat.

Pour déterminer cet impôt, une commission communale choisie moitié par le Conseil communal et moitié par la Chambre de commerce répartit les contribuables en différentes catégories, auxquelles sont appliquées des quotes progressives dans la limite de 1 franc.

à 300 pour les communes de plus de 80.000 habitants
» 250 » » » » » » 40.000 à 80.000 h.
» 200 » » » » » » 20.000 à 40.000 »
» 150 » » » » » » 5.000 à 20.000 »
» 100 » » » » » » 2.000 à 5.000 »
» 50 pour toutes les autres.

Sur les réclamations des contribuables c'est la députation provinciale qui décide en appel.

A Gênes cet impôt est réparti en 14 catégories savoir: de fr. 5—10—15—20—30—40—50—75—100—125—150—200—250—300.

Impôt sur les voitures et les domestiques.

Cet impôt qui appartenait jadis à l'Etat a été concédé à la commune pour la raison indiquée dans le chapitre précédent.

Il est fixé une limite à la quote pour chaque voiture, de 60—50—40—30 et 20 fr. dans les mêmes proportions de susdite population.

Il est aussi fixé une limite sans distinction de commune de 10 fr. pour chaque domestique et de 5 francs pour les femmes de service.

Impôt sur les bestiaux.

L'impôt sur les bestiaux a été accordé aux Communes par la loi communale du 20 mars 1865 et par celle du 26 juillet 1868.

Les réglements pour son application varient selon les diverses provinces, car ils sont formulés par les députations relatives.

A Gênes, cet impôt n'est appliqué que depuis cette année, et la quote pour chaque tête de bétail est la suivante : Francs 30 pour les chevaux de luxe ; 10 francs pour les chevaux attachés aux industries ; 5 francs pour les vaches et les boeufs ; 2 francs pour les cochons et les chèvres ; 1 franc pour les brebis, agneaux et moutons.

Les contribuables doivent faire leurs déclarations qui sont révisées par la Junte communale, laquelle forme le rôle de tous ceux qui possèdent du bétail sur le territoire de la commune.

Les impôts de famille et sur le prix des loyers n'ont jamais été appliqués à Gênes.

III. Entreprises indépendantes.

(Institution Brignole-Sale-Deferrari.)

Bilan en 1875.

Recettes: Loyer du palais . . . . 49.265 frt 50 kr.
Subside de la caisse municipale . . . . 13.370 » 57 »

62.636 frt 07 kr.

Dépenses ordinaires à la charge de la ville par
acte de cession 12 janv. 1874 . . . . 15.942 frt 80 kr.
Appointements *) . . . . 6.400 » — »
Impôts . . . . 8.063 » 06 »
Maintien des fonds stables . . . . 2.000 » — »
Frais d'administration . . . . 2.000 » — »
Dépenses extraordinaires: fonds pour combler
le déficit de 1874. . . . . 12.030 » 21 »
Reconstructions et réparations . . . . 15.000 » — »
Frais pour la Bibliothèque . . . . 1.200 » — »

62.636 frt 07 kr.

Tableau des impôts d'état et de la commune.

Impôts du gouvernement				Impôts de la commune		
Nature de l'impôt	Nombre des contribuables	Sommes au profit de l'État	Centimes additionnels	Nature de l'impôt	Nombre des contribuables	Sommes au profit de la Commune
Sur les bâtiments . .	6,544	fr. 1.594,359	fr. 532,621	Exercice des professions.	6,249	fr. 280,864
Foncier . .	2,560	68,373	21,712	Voitures et domestiques .	4,117	43,076
Sur le revenu .	8,831	4.077,821	30,174	Bestiaux . .	1,263	25,803
Mouture des céréales . .						

IV. Police Municipale et hygiène publique.

L'occupation permanente du terrain public est divisée en 4 catégories selon l'importance du lieu; — la 1-ère catégorie est de 6 centimes par mètre carré et par jour; la 2-e de 4 centimes; la 3-e de 3 centimes. Lorsque l'occupation dépasse 8 mètres carrés, le maire fixe un tarif spécial mensuel. — Les permis depuis le mois de mai 1875 au mois de juillet 1876, s'élèvent à 436 dont 28 de 1-ère catégorie, 130 de 2-e catégorie et 278 de 3-e et 4-e catégorie.

Les voitures publiques à Gênes sont au nombre de 314 et chaque voiture paie un droit fixé à 1.52 par mois.

Exposé des frais de police de la ville de Gênes.

	1866	1867	1868	1869	1870
Police, aqueducs, latrines publiques, etc.	177,122	59,111	68,021	61,780	97,175
Abattoirs	19,675	20,308	20,434	19,980	22,624
Gardes municipaux	84,648	99,315	97,619	101,509	106,694
Agents de sûreté publique	—	56,139	176,097	75,395	111,106
Hygiène	2.758	3,078	4,794	4,858	67,068
Total	284,202	237,950	366,964	263,523	404 667

	1871	1872	1873	1874	1875
Police, aqueducs, latrines publiques, etc.	114,754	85,398	56,618	131,192	93,485
Abattoirs	22,876	23,415	29,254	27,087	28,230
Gardes municipaux	121,595	117,168	145,228	153,275	152,461
Agents de sûreté publique	66,869	64,718	32,670	129,124	72,720
Hygiène	25,074	12,725	345,319	53,532	25,500
Total	371,179	303,426	604,390	498,210	374,396

V. Frais des voies de communication et de l'aqueduc public.

	1866	1867	1868	1869	1870
Ouverture de nouvelles voies de communication	2.008,720	1.673,008	1.694,394	947,435	1.674,777
Entretien des voies de communication	74,253	62,696	80,212	76,612	85,000
ditto de l'aqueduc public	26,898	25,258	23,796	25,395	20,560
Total	2.109,865	1.760,962	1.798,402	1.049,482	1.780,337

	1871	1872	1873	1874	1875
Ouverture de nouvelles voies de communication	1.083,231	1.200,848	1.508,843	2.507,106	2.148,555
Entretien des voies de communication	108,464	97,969	95,000	115,379	135,053
ditto de l'aqueduc public	27,093	27,393	25,004	21,134	27,404
Total	1.218,788	1.326,209	1.628,848	2.643,620	2.311,012

VI. Instruction publique.

Les taxes scolaires sont les suivantes :

Gymnase municipal.

Francs 10 pour les premières trois classes, 1 fr. 30 pour les deux autres classes supérieures et fr. 5 pour l'école de dessin.

Ecole technique municipale.

Francs 10 pour chaque classe.

École supérieure des filles.

Fr. 10 pour la classe supérieure ; 20 pour chaque enseignement particulier. 60 fr. pour le 1-er cours.

École de dessin industriel et d'application.

Fr. 10 pour chaque classe.

S'il y a plusieurs frères ils ne paient que la moitié de la taxe ; lorsqu'un frère se trouve dans la classe supérieure et un autre dans la classe inférieure ils paient la plus haute.

Les élèves de l'école supérieure des filles jouissent du rabais de 25%.

8. État du personnel.

Les sommes de la deuxième rubrique donnent le traitement, celles entre parenthèse l'indemnité de logement, etc.
Les positions marquées d'un * jouissent du logement.

Nom de la place occupée	Nombre des personnes qui l'occupent et salaire annuel (indemnité)	Total francs	Nom de la place occupée	Nombre des personnes qui l'occupent et salaire annuel (indemnité)	Total francs
Employés administratifs.			**Bureau technique pour les travaux publics.**		
Secrétaire.	1 à 8500	8,500	Ingénieur en chef	1 à 5000 (2000)	7,000
Vice-secrétaire	1 à 5000	5,000	Ingénieur de section	1 à 3350 (1650)	5,000
Chef de la comptabilité	1 à 5000	5,000	Architecte de section	1 à 3350 (1150)	4,500
Trésorier	1 à 5000 (10,000) a)	15,000	Ingénieur de section ad-joint	1 à 2000 (500)	2,500
Chefs de bureau.	6 à 4400	26,400	Architecte de section ad-joint	1 à 2000 (500)	2,500
Inspecteur des écoles	1 à 4400	4,400	Surintendant à l'aque-duc	1 à 2100 (400)	2,500
Chef de section	1 à 3350 (1050) b)	4,400	Assistant des travaux	1 à 2100 (600)	2.700
Chefs de section	16 à 3350 b)	53,600	Assistants.	5 à 2100 (400)	12,500
Commis	18 à 2850, 24 à 2300, 26 à 1800, 1 à 1800 (400) c)	153,300	Dessinateurs	3 à 1800 (400)	6,600
Ecrivains adjoints	8 à d)		Ecrivains	2 à 2000 (200)	4,400
Salariés pour le service de l' Hôtel de la Ville.			Mesureurs.	3 à 1000 (200)	3,600
Gardien du palais	1 à 1800	1,800	Gardes des rues.	12 à 900	10,800
Indicateurs	3 à 1500	4,500	**Administration de l'oc-troi.**		
Crieur public.	1 à 1500 (200) e)	1,700			
Portiers	5 à 1400 (1200)	19,000	Directeur	1 à 6000	6,000
Domestiques	3 à 1000	3,000	Vice-directeur	1 à 5000	5,000
Coadjuteur du crieur public	1 à 1000	1,000	Réviseur	1 à 3900 (100)	4,000
			Autre	1 à 3900 (100)	4,000

a) Idemnité pour dépenses du personnel qui est à sa charge. — b) Gratification. — c) Idemnité personnelle. — d) Ces employés ont une gratification de 506 à 1250 frans — e) Idemnité d'affiche.

Nom de la place occupée	Nombre des personnes qui l'occupent et salaire annuel (indemnité)	Total francs
Vice-computiste . . .	1 à 3350	3,350
Receveur	1 à 3900 (650)	4,550
Receveur	1 à 3800 (350)	. 4,150
Receveur	4 à 3700 (350)	16,200
Receveur	3 à 3100 (350)	11,600
Inspecteurs	3 à 3700 (300)	12,000
Vérificateurs	17 à 3350	56,950
Commis de 1. classe .	26 à 2850	74,100
Commis de 2. classe .	34 à 2300	78,200
Commis de 3. classe .	35 à 1800	63.000
Employés adjoints . .	18 [1])	—
Écrivains	8 à 1500	12,000
Huissier	1 à 1450	1,450
Agent en chef . . .	1 à 1500	1,500
Agents	8 à 1450	11,600
Femmes de service . .	5 à 360	1,800
Gardes de l'octroi. [2])		
Commandant. . . .	1 à 3650 (300)	3,950
Brigadier en chef . .	1 à 2000	2,000
Brigadiers	8 à 1450	11,600
Vice-Birgadiers . . .	15 à 1300	19,500
Gardes d'élite . . .	15 à 1173	17.595
Gardes.	140 à 1100	154,000
Caporal d'administration	1 à 1200	1,200

[1]) Ils ont une gratification allant de fr. 500 à 1250. — [2]) Le corps des gardes est dans une caserne municipale.

Nom de la place occupée	Nombre des personnes qui l'occupent et salaire annuel (indemnité)	Total francs
Gardes municipaux.		
Commandant. . . .	1 à 3350 (400)	3,750
Brigadiers	2 à 1550 (200)	3,500
Vice-Brigadiers . .	9 à 1250 (200)	13,050
Gardes	91 à 1100 (200)	118,300
Pompiers.		
Capitaine	1 à 3350 (a)	3,350
Lieutenant	1 à 2000 (a)	2,000
Fourrier	1 à 1450 (a)	1,450
Sergeants de I. classe .	4 à 1250 (a)	5,000
Caporal-Fourrier. . .	1 à 1200 (a)	1,200
Caporaux de 1. classe .	10 à 1150 (a)	11,500
Trompettes	2 à 1150 (a)	2,300
Pompiers de 1. classe .	44 à 1100 (a)	48,400
Sergeants de 2. classe .	2 à 400	800
Caporaux de 2. classe .	4 à 350	1,400
Pompiers de 2. classe .	38 à 300	11,400
Pompiers adjoints . .	10 à 150	1,500
Bureau de l'anagraphe.		
Commis	1 à 1440	1.440
Commis	1 à 720	720
Employés adjoints au bureau des contributions.		
Commis	2 à 1600	3,200
Agent	1 à 1200	1,200

a) Avec le logement.

Nom de la place occupée	Nombre des personnes qui l'occupent et salaire annuel (indemnité)	Total francs
Agents	3 à 1080	3,240
Servant	1 à 1200	1,200
Frais restant pour le service supprimé de la garde nationale.		
Capitaine	1 à 1500	1,500
Lieutenant	1 à 1200	1,200
Servant	1 à 600	600
Employés a l' éclairage.		
Inspecteur	1 à 2300	2,300
Vice-Inspecteur	1 à 1200	1,800
Servants	2 à 1100	2,200
Surveillant des faubourgs	1 à 1100	1,100
Allumeur au faubourg de la Foa	1 à 350	350
Service nécroscopique dans l'intérieur de la ville.		
Médecins ordinaires	6 à 2100	12,600
Médecin extraordinaire	1 à 800	800
Service de santé publique pendant la nuit.		
Médecins	9 à 800	7,200
Pharmaciens	3 à 1400	4,200

Nom de la place occupée	Nombre des personnes qui l'occupent et salaire annuel (indemnité)	Total francs
Service de santé publique dans les faubourgs.		
Médecins	4 à 2000	8.000
Pharmaciens	5 à 300	1,500
Employés aux abattoirs.		
Vétérinaire	1 à 3350 (1000) (a)	4,350
Directeurs	2 à 2100	4,200
Vice-directeurs	2 à 1640	3,280
Gardiens	2 à 1400	2,800
Vice-gardiens	2 à 1200	2,400
Servants	4 à 1000	4,000
Employés de police municipale.		
Inspecteur	1 à 2300	2,300
Vice-inspecteur	1 à 1800	1,800
Inspecteur des voitures publiques	1 à 1800	1,800
Hygiène publique.		
Gardes de santé	5 à 1150	5,450
Servant	1 à 1200	1,200
Servant	1 à 1000	1,000
Service des cimetières.		
Gardien de la chambre funéraire	1 à 1800 (200)	2,000
Vice-gardien	1 à 1200	1,200

a) Indemnité pour frais d'un assistant.

Nom de la place occupée	Nombre des personnes qui l'occupent et salaire annuel (indemnité)	Total francs	Nom de la place occupée	Nombre des personnes qui l'occupent et salaire annuel (indemnité)	Total francs
Servants	2 à 450 (c)	900	Gardes à Malassana	1 à 360	360
Inspecteur du cimetière	1 à 2800 (c)	1,800	Gardes du siphon a Maghano	1 à 300	300
Chef-croque-mort	1 à 1000 (c)	1,000	**Musée d' histoire naturelle.**		
Croque-morts	4 à 900 (c)	3,600			
Gardiens	4 à 950 (c)	3,800			
Portier	1 à 600 (c)	600	Assistant en chef	1 à 2200	2,200
Conducteur de la voiture funéraire des hôpitaux	1 à 850 (c)	850	Assistant	1 à 1200	1,200
Aumônier major	1 à 1000 (c)	1,000	Assistant pour les préparations	1 à 1200	1,200
Sous-aumônier	1 à 800 (c)	800	Servant	1 à 960	960
Gardien du cimetière des Angeli	1 à 300 (c)	300	Servant	1 à 900	900
Gardien de celui de la Cava	1 à 60 (c)	60	**Cultivateurs des jardins publics.**		
Mesureurs publics du bois à brûler et du charbon.			Surintendant	1 à 1500	1,500
			Jardiniers	2 à 1100	2,200
			Gardien	1 à 1080	1,080
Mesureurs du charbon	2 à 700	1,400	Gardien	1 à 720	720
Mesureurs du bois à brûler	6 à 360	2,160	Ouvriers	12 à 900	10,800
Gardiens de l' aqueduc au-dedans de la ville.			**Personnel extraordinaire attaché aux travaux publics.**		
Gardiens	2 à 1050	2,100	Computistes	2 à 2160	4,320
Gardins de l'aqueduc hors de la ville.			Computistes	1 à 1800	1,800
			Computistes	1 à 1500	1,500
			Assistants	2 à 2400	4,800
Garde en chef	1 à 1200	1,200	Assistants	8 à 2160	17,280
Gardes	3 à 1050	3,150	Surveillant	1 à 1200	1,200
			Peseur	1 à 1800	1,800

c) Avec le logement.

Nom de la place occupée	Nombre des personnes qui l'occupent et salaire annuel (indemnité)	Total francs
Peseur	1 à 1260	1,260
Chefs d' escadre.	3 à 1680	5,040
Mesureurs	1 à 1080	1,080
Gardiens	1 à 1098	1,098
Gardiens	1 à 900	900
Bureau du juge de paix		
Chancelier	1 à 2800	2,800
Vice-chancelier	1 à 1800	1,800
Ecrivain	1 à 1200	1,200
Huissiers	2 à 800	1,600
Servant	1 à 600	600
Préture		
Préteur	1 à 1000	1 000
Procureur fiscal	1 à 1200 (300) (a)	1,500
Secrétaire	1 à 500	500
Vice-secrétaire	1 à 400	400
Vice-procureur fiscal	1 à 400	400
Employés du théâtre.		
Inspecteur gardien	1 à 2000	2,000
Portier	1 à 730	730
Servant	1 à 150	150
Orchestre municipal.		
Professeur des concerts	1 à 1800	1,800
Directeur	1 à 5000	5,000
1. Violon (di spalla)	1 à 1500	1,500

a) Pour frais de bureau.

Nom de la place occupée	Nombre des personnes qui l'occupent et salaire annuel (indemnité)	Total francs
1. Violon (concertino)	1 à 1000	1,000
1. Violon des seconds pour l'opéra	1 à 900	900
1. Violon pour les bals	1 à 1700	1,700
1. Violon du rang 2.	1 à 700 (550) (a)	1,250
1. Violoncelle	1 à 1200	1,200
1. Hautbois	1 à 900 (300) (a)	1,200
Professeur de harpe	1 à 1000	1,000
Professeurs de musique.	3 à 900	2,700
Professeurs »	5 à 800	4,000
Professeurs »	3 à 750	2,250
Professeurs »	8 à 700	5,600
Professeurs »	8 à 600	4,800
Professeurs »	1 à 550	550
Professeurs »	3 à 550	1,650
Professeurs »	1 à 500	500
Professeurs »	13 à 500	6,500
Professeurs »	3 à 450	1,350
Professeurs »	1 à 400 (100) (a)	500
Professeurs »	3 à 400	1,200
Professeurs »	1 à 350	350
Professeurs »	2 à 300	600
Donneur d'avis	1 à 70	70
Institut de musique.		
Directeur	1 à 2000	2,000
Professeur des notions premières	1 à 1200	1,200

a) Gratification.

Nom de la place occupée	Nombre des personnes qui l'occupent et salaire annuel (indemnité)	Total francs
Professeurs de chant choral	1 à 1500	1,500
Professeur de piano (classe élémentaire) .	1 à 1000	1,000
Professeur de piano (cl. de perfection) . . .	1 à 1500	1 500
Professeur de viole et de violon (classe élément.)	1 à 900	900
Professeur (classe de perfection)	1 à 1200	1.200
Professeur de violoncelle	1 à 1000	1,000
Professeur de violoncelle	1 à 700	700
Professeurs	4 à 600	2,400
Ecrivain	1 à 200	200
Surintendant	1 à 500	500
Portier	1 à 1000 (b)	1,000
Employés à la Darse		
Computiste	1 à 1800 400 (c)	2,200
Commandant du bassin	1 à 2000	2,000
Machiniste	1 à 2500	2,500
Ouvriers	2 à 1550	3,100
Servants pour services différents.		
Servant	1 à 1300	1,300
Servant	2 à 1200	2,400
Servant	1 à 1080	1,080
Servant	1 à 980	980

b) Avec le logement. — c) Gratification.

Nom de la place occupée	Nombre des personnes qui l'occupent et salaire annuel (indemnité)	Total francs
Servant	4 à 960	3,830
Servant	1 à 900	900
Servant	2 à 720	1,140
Servant	1 à 440	440
Servant	2 à 360	720
Servant	1 à 270	270

(Budget de 1875).

La somme payée par la commune à titre de pensions est de 143,408—68

Les gratifications sont abolies par le règlement.

Ecoles élémentaires pour les garçons
(dans l'intérieur de la ville).

Nom de la place occupée	Nombre des personnes qui l'occupent et salaire annuel (indemnité)	Total francs
Directeurs	8 à 1800 300 (a)	15,000
Maîtres supérieurs . .	38 à 1800	68,400
Maîtres inférieurs . .	31 à 1700	52,700
Assistans-suppléánts .	15 à 1300	19,500
Maître de gymnastique	1 à 1800	1,800
Maître de chant . . .	1 à 900	900
Bedeaux et portiers .	13 à 750	9750

a) Six directeurs ont le logement en nature, les autres reçoivent 300 fr. Les appointements des directeurs, des directrices, des maîtres et des maîtresses pour les écoles de garçons ou de filles est augmenté du 5-e pour chaque 5 ans de service valide et louable.

Nom de la place occupée	Nombre des personnes qui l'occupent et salaire annuel (indemnité)	Total francs
Écoles élémentaires pour filles.		
Directrices	7 à 1200 (300) (b)	8,700
Institutrices	67 à 1200	80,400
Assistantes - suppléantes	12 à 850	10,200
Maître de chant	1 à 900	900
Servantes et portières	12 à 600 (100) (c)	7,500
Salles d'enfance.		
Directrices	3 à 1200 (100) (d)	3,600
Institutrices	19 à 1200	22,800
Assistantes - suppléantes	5 à 850	4,250
Servantes et portiers	5 à 600 (100) (e)	3,300
Ecoles dominicales pour filles.		
Institutrices	18 (f) à 100 (1800)	—
Portières	5 à 20 (100)	—
Ecoles hors les remparts (pour garçons)		
Maîtres supérieurs	6 à 1500 200 (g)	9,200
Maîtres inférieurs	15 à 1300	19,500
Bedeaux	6 à 200	1,200

Nom de la place occupée	Nombre des personnes qui l'occupent et salaire annuel (indemnité)	Total francs
Les mêmes pour filles.		
Institutrices	15 à 1000	15,000
Servantes	6 à 200	1,200
Ecoles du soir (élémentaires)		
Directeurs	6 à 300 (1800)	—
Maîtres	31 à 300 (9300)	—
Assistants	6 à 300 (1800)	—
Bedeaux et portiers	6 à 100 (600)	—
Gymnase.		
Directeur	1 à 2500 (h)	2,500
Vice-directeur	1 à 1900	1,900
Professeurs pour les classes sup.	2 à 2500	5,000
Professeurs inférieures	3 à 2300	6,900
Professeurs d'arithmé-tique	1 à 1800 100 (i)	2,300
Professeurs de religion	1 à 700	700
Professeurs de dessin	1 à 600	600
Bedeaux	2 à 800 150 (j)	1,900
Portiers	1 à 750 (k)	750

b) Six directrices ont le logement en nature, l'autre reçoit 300 fr. — c) Trois ont le logement en nature et les autres trois reçoivent 100 fr. — d) Avec le logement en nature. — e) Deux ont le logement en nature, les autres reçoivent 100 fr. — f) Plusieurs de ces maîtresses appartiennent aux écoles municipales. — g) L'un de ces maîtres reçoit 200 fr. de gratification pour le soin de la direction de plusieurs classes.

h) Avec le logement en nature. Les appointements du directeur, du vice-directeur et des professeurs titulaires sont augmentés du 5-e pour chaque 6 ans de service valide et louable. — i) Pour traitement personnel. — j) Pour le logement. — k) Avec le logement.

Nom de la place occupée	Nombre des personnes qui l'occupent et salaire annuel (indemnité)	Total francs	Nom de la place occupée	Nombre des personnes qui l'occupent et salaire annuel (indemnité)	Total francs
Ecole technique (*n*)			Maîtresses ouvrages à l'aiguille . . .	1 à 300	300
Directeur	1 à 3000 500 (*l*)	3,500	Bedeaux et portier . .	1 à 400	400
Professeurs titulaires de 1. classe . . .	4 à 2250	9,000	**Ecole supérieure pour les filles.**		
Professeurs titulaires de 2. classe . . .	5 à 1800 800 (*m*) . . .	9,800	Directrice	1 à 1800 (*p*)	2,300
Professeurs titulaires de 3. classe . . .	2 à 1250	2,500	Maîtresses des cours pré-paratoires . . .	6 à 1200	7,200
Profess. titul. de science naturelle (cl. comm.) .	1 à 1500	1,500	Assistantes des cours préparatoires . . .	1 à 850	850
Professeurs titulaires de comptabilité (cl. comm.)			Professeurs des cours supérieurs	4 à 1000	4,000
Ecoles techniques du soir (*o*)			Maîtresses des cours su-périeurs	5 à 1200	6,000
Directeurs	2 à 500 (1000)	—	Maîtresses des cours su-périeurs.	6 à 600	3,600
Professeurs	29 à 300 (8700)	—	Assistantes des cours su-périeurs.	1 à 850	850
Assistants	2 à 400 (800)	—	Servantes	2 à 600	1,200
Bedeaux et portiers. .	2 à 300 (600)	—	Portière	1 à 600 (*q*)	600
Ecoles de dessin indus-triel pour les filles.			**Bibliothèque.**		
Directeur et professeur	1 à 1500	1,500	Bibliothécaire . . .	1 à 2300 (*r*)	2,300
Professeurs	2 à 1200	2,400	Vice-bibliothécaire . .	1 à 2100	2,100
Maîtresses assistantes .	1 à 600	600	Assistant	1 à 1700	1,700
			Distributeur	4 à 1500	6,000
			Garçon	1 à 900	900
			Portier	1 à 750	750

l) Pour le logement. — *m*) Le professeur de langue française reçoit 800 fr. pour l'enseignement qu'il donne de la même langue dans l'école commerciale. — *n*) Les appointements des directeurs et des professeurs sont augmentés du 5-e pour chaque 6 ans de service valide et louable. — *o*) Presque tous les professeurs des écoles du soir appartiennent aux écoles diurnes.

p), *q*), *r*) et *s*) Avec le logement.

Statistique des Finances

de la ville de

FLORENCE

de 1866—1875.

POPULATION. 1868 : 191,235. — 1875 : 177,012.

Table des matières.

		Page.
Recettes de 1866—1875	(Tableau 1)	285
Dépenses de „ „	(Tableau 2)	286
Bilan des recettes et des dépenses de 1866—76.	(Tableau 3)	287
Annexe : Impôts et taxes dans l'espace de 1866—1875		288
Consommation et octroi en 1876	(Tableau 5)	287
Exposé de l'état de fortune	(Tableau 4)	289

1. Recettes de la ville de FLORENCE

de 1866—1875.

	1866	1867	1868	1869	1870	1871	1872	1873	1874	1875
	Francs									
Total des recettes	5.674,225	7.904,409	10.637,849	9.826,037	10.204,210	11.408,114	11.202,299	11.626,818	11.061,179	15.328,542
dont recettes extraordinaires	93,382	256,516	1.028,207	299,043	477,336	820,606	290,070	1.071,551	167,518	2.205,923

Spécification des recettes

	1866	1867	1868	1869	1870	1871	1872	1873	1874	1875
1. Impôts directs	836,625	1.691,014	3.219,898	2.472,795	2.399,634	2.280,223	2.665,686	3.109,174	2.707,726	3.755,415
2. Impôts indirects (avec ceux de luxe, de consommation et les monopoles)	4.314,431	5.646,300	6.022,098	6.626,474	7.083,769	7.082,180	6.331,154	5.875,336	5.993,866	6.966,446
3. Produit de la fortune immobilière	120,996	170,742	164,232	215,430	239,382	236,032	163,074	207,344	229,647	307,011
4. Produit de la fortune mobilière	258,805	178,921	133,061	266,837	115,436	101,151	138,377	99,318	100,964	335,371
5. Recettes provenant de la location des places publiques et des eaux	28,060	34,427	28,846	31,847	26,105	26,572	24,723	24,944	25,419	25,734
6. Taxes scolaires	—	—	320	10,980	12,549	11,527	9,238	—	27,030	6,137
7. Recettes provenant de la vente d'actifs	—	—	—	—	—	—	—	—	—	—
8. Recettes provenant d'emprunts	—	114,070	930,140	81,734	—	—	—	—	—	2.173,667
9. Recettes provenant de subsides et de dons	—	—	—	—	—	1.217,000	1.217,000	1.217,000	1.217,000	1.217,000

2. Dépenses de la ville de FLORENCE

de 1866—1875.

	1866	1867	1868	1869	1870	1871	1872	1873	1874	1875
					F r a n c s					
Total des dépenses	8.759,781	14.586,256	16.781,823	18.446,896	18.668,093	19.646,715	20.733,297	20.017,512	22.056,521	23.712,050
dont dépenses extraordinaires	3.023,366	6.149,161	7.327,700	7.317,458	6.308,048	6.601,402	6.791,343	4.715,857	5.335,631	7.671,858
Spécification des dépenses										
1. Police	313,583	411,970	410,592	407,399	416,743	433,287	445,734	453,439	464,498	343,061
2. Balayage et arrosage des rues	193,188	207,345	251,355	213,116	218,024	255,655	176,095	179,372	184,408	191,903
3. Frais de cultes (sans frais de construction)	20,644	7,330	3,892	3,859	4,503	3,465	3,370	3,664	1,021	2,445
4. Entretien des écoles (sans frais de construction)	397,021	366,500	422,984	478,592	664,927	756,256	864,908	991,832	915,123	786,153
5. Voies de Communication (chaussées, ponts, etc.)	2.364,344	4.559,539	5.060,507	5.036,124	4.708,620	5.152,549	3.900,241	3.636,866	2.952,613	2.123,788
6. Assistance publique	281,997	376,026	288,021	339,002	354,758	606,963	364,432	460,623	387,777	296,641
7. Frais des hôpitaux (sans frais de construction)	265,216	323,000	354,000	380,500	310,470	342,594	370,777	433,819	443,694	360,772
8. Éclairage (si ce n'est pas une entreprise communale)	329,153	367,385	342,502	408,815	401,929	473,743	443,669	461,230	421,378	354,812
9. Parcs	93,150	139,124	113,667	230,834	253,591	312,616	408,497	407,416	347,342	190,935
10. Corps des pompiers	56,578	74,505	71,549	69,296	66,084	65,757	67,865	75,287	73,630	75,129
11. Intérêts des dettes et amortissement	1.226,179	1.706,575	2.577,678	3.748.259	4.033,391	4.367,717	5.270,461	5.825,237	6.880,017	7.076,089

3. Bilan des recettes et des dépenses de 1866—1875.

	1866	1867	1868	1869	1870	1871	1872	1873	1874	1875
Compte ordinaire.										
Recettes ordinaires . . .	5.580,843	7.647,892	9.609,642	9.526,994	9.726,873	10.587,508	10.912,229	10.555,267	10.893,661	13.122,619
Dépenses ordinaires . .	5.736,414	8.437,094	9.454,123	11.129,438	12.360,045	13.045,313	13.941,954	15.301,655	16.720,890	16.040,192
Surplus (+) ou déficit (—)	— 155,571	— 789,202	+ 155,519	—1.602,444	—2.633,172	—2.457,805	—3.029,725	—4.746,389	—5.827,229	—2.917,573
Compte extraordinaire.										
Recettes extraordinaires .	93.382	256,516	1.028,207	299,043	477,336	820,606	290,070	1.071,551	167,518	2.205,923
Dépenses extraordinaires	3.023,366	6.149,161	7.327,700	7.317,458	6.308,048	6.601,402	6.791,343	4.715,857	5.335,631	7.671,858
Surplus (+) ou déficit (—)	—2.929,984	—5.892,645	—6.299,493	—7.018,415	—5.830,712	—5.780,796	—6.501,273	—3.644,305	—5.168,113	—5.465,935
Compte général.										
Recettes totales	5.674,225	7.904,409	10.637,849	9.826,037	10.204,210	11.408,114	11.202,299	11.626,818	11.061,179	15.328,542
Dépenses totales	8.759,781	14.586,256	16.781,823	18.446,896	18.668,093	19.646,715	20.733,297	20.017,512	22.056,521	23.712,050
Surplus (+) ou déficit (—)	—3.085,556	—6.681,847	—6.143,974	—8.620,859	—8.463,883	—8.238,601	—9.530,998	—8.390,694	—10.995,343	—8.383,508

Annexe.

Impôts et taxes dans l'espace de 1866—1875.

Année	objets fabriqu'es	terrains	mobilier	voitures et les domestiques	voitures publiques	Taxe de famille	Autres	Total
			Impôts sur les					
1866	319,560	62,644	639,190	—	—	—	—	1.021,393
1867	962,826	58,130	846,151	4,084	—	—	—	1.871.191
1868	1.102,827	61,397	2.297,036	76,936	—	—	—	3.538,196
1869	1.342,910	76,230	1.191,890	104,718	—	247,373	—	2.963,121
1870	1.370,077	75,983	1.058,972	65,016	650	247,373	—	2.818,071
1871	1.370,796	75,801	291,090	114,761	870	252,179	5,340	2.110,838
1872	1.763,971	76,684	290,636	101,305	290	252,179	11,532	2.496,597
1873	1.715,268	59,227	87,889	101,305	11,450	269,485	96,750	2.341,373
1874	1.697,396	59,122	95,584	90,018	7,264	269,485	96,750	2.315,619
1875	2.226,343	97,840	83,385	90,018	7,264	770,434	111,318	3.386,602

5. Consommation et octroi en 1876.

		Chiffre de la consommation		Produit de l'impôt
		Mesure métrique		
	Boissons.			
1	Vin, moût	Hectolitres	281,155	2.812,385
2	Cidre.	»	—	—
3	Bière	»	3,240	9,721
4	Eau de vie	»	4,449	80,281
5	Autres boissons	»	1,135	2,810
	Comestibles.			
6	Bestiaux, viande préparée, poissons et coquillages	Quintaux	90,722	1.644,149
7	Céréales et légumes secs, riz, farines, pain, pâtes	»	226,136	766,141
8	Sucre, sirop, miel et autres matières sucrées	»	14,582	172,987
9	Thé	»	44	662
10	Café	»	4,910	34,371
11	Lait	»	39,070	117,211
12	Sel	»	—	—
13	Autres denrées	»	—	—
	Autres objets.			
14	Servant à l'éclairage	Quintaux	28,018	249,096
15	Houille	»	51,801	27,431
16	Bois de construction	»	47,157	47,157
17	Bois de chauffage	»	307,128	61,426
18	Pierres	Stères	13,442	8,919
19	Tabacs	»	—	—

4. Exposé de l'état de fortune d'après le compte définitif de l'année 1875.

			Francs
	I. Actif:		
1	Valeurs effectives		155,681
2	Capitaux placés		1.452,089
3	Valeur des propriétés (valeur évaluée)		33.878,603
4	Papiers de valeur		
5	Valeurs mobilières		1.399,498
6	Créances		1.541,961
7	Autres objets actifs		
		Total	38.427,833
	II. Passif:		
1	Dette consolidée (emprunts à titres)		87.280,001
2	Capitaux passifs		18.248,428
3	Autres sommes passives		3.054,773
		Total	108.583,202
	Bilan:		
	Total de l'actif		38.427,833
	Total du passif		108.583,202
	Excédant du passif		70.055,369

Statistique des Finances

DE LA VILLE DE

B O S T O N

pour les années 1865—74.

POPULATION: 1865: 192.324. — 1871: 250.526.

St. Louis

POPULATION. 1867: 230,000. — 1875: 450,900.

San Francisco

POPULATION. 1870: 148,473. — 1874: 203,554.

Table des matières.

Boston.

		Page.
Recettes et dépenses de la ville de Boston (et Suffolk Comity en 1874/5 (Tabl. 1)		293
Tableau de quelques dépenses remarquables . . . . . . (Tableau 2)		293
Dépenses pour les écoles . . . . (Tableau 3)		294

St. Louis.

Recettes et dépenses 1866 à 1874		295
Dettes		296
Taxes et recettes		296
Fortune de la ville		296

San Francisco.

Recettes et dépenses de 1865 à 1874		297
Renseignements sur les recettes et dépenses les plus remarquables . .		297
Exposé de l'état de fortune		298
Exposé de la dette existante		298

1. Recettes et dépenses de la ville de Boston (et Suffolk County)
en 1874/5.

Total des Recettes.	Francs 110.406,528	Total des dépenses	Francs 110.406,528
Spécification :		*Spécification :*	4.137,064
		Police	23.710,385
Impôts directs . . .	61.795,413	Assistance publique (In-	
		stit. publ.)	7.045,095
Impôts indirects (Taxe		Entretien des écoles .	3.516,199
sur les chiens). . .	64,701	Construction des écoles	653,741
		(répar. 1.706,103	
Emprunt	29.181,250	nouvelles rép. 1.810,096	
Taxes	678,014	Autres constructions pu-	
		bliques	11.156,860
Service d'eaux . . .	6.587,086	Voies de communication	2.458,778
		Commission sanitaire .	601,585
Bac d'East Boston . .	1.015,000	Hôpital de la ville . .	8.420,247
Intérêts	13.761,319	Service d'eaux . . .	3.254,120
		Eclairage de la ville .	2.237,613
Institutions publiques .	344,714	Impôts d État . . .	4.070,759
		Interêts de la dette .	10.297,434
		Amortisation de la dette	14.759,927

2. Tableau de quelques dépenses remarquables (en dollars).

Année	Corps de pompiers	Police	Hygiène publ.	Pavage	Égout	Eclairage
1860—1861	96,292	234,527	142,039	206,334	57,117	139,483
1861—1862	80,420	256,165	136,076	199,364	28,530	142,974
1862—1863	90,984	254,308	139,490	160,203	17,306	160,916
1863—1864	109,835	331,634	151,833	154,522	23,460	162,143
1864—1865	135,730	344,972	186,695	148,561	20,410	192,071
1865—1866	137,552	404,834	193,112	162,802	44,820	211,026
1866—1867	151,625	454,079	248,963	264,783	40,391	219,495
1867—1868	180,218	433,945	248,717	270,361	41,055	237,272
1868—1869	229,047	512,830	288,097	409,815	76,736	271,167
1869—1870	286,275	552,921	306,162	708,086	101,624	291,694
1870—1871	333,891	578,345	298,893	874,047	130,749	324,755
1871—1872	399,250	575,324	338,798	940,036	118,875	347,534
1872—1873	605,310	643,043	369,228	956,815	160,000	356,563
1873—1874	691,640	683,893	446,877	965,475	227,828	384,760
1874—1875	591,848	811,588	467,433	1.254,463	241,393	440,910

3. Dépenses pour les écoles.

Année	Nombre des écoliers	Traitement des instructeurs et des officiers	Dépenses imprévues	Construction d'écoles	Dépenses totales	Par écolier
1853—1854	22,528	198,226	54,680	21,942	274,848	11,23
1854—1855	23,739	229,269	59,807	100,803	389,879	12,18
1855—1856	23,749	230,759	61,700	150,212	442,671	12,32
1856—1857	24,231	232,395	71,100	47,459	350,954	12,52
1857—1858	24,732	265,727	80,871	225	346,623	14,01
1858—1859	25,453	275,784	79,824	105,186	460,794	13,97
1859—1860	25,328	284,920	89,549	144,563	519,032	14,79
1860—1861	26,488	294,395	114,136	223,854	632,385	15,42
1861—1862	27,081	308,348	110,427	155,392	574,167	15,46
1862—1863	27,051	319,066	113,847	101,954	534,867	16,00
1863—1864	26,961	332,710	132,762	5,871	471,343	17,26
1864—1865	27,095	380,833	172,332	90,610	643,775	20,41
1865—1866	27,204	412,551	163,271	200,554	776,376	21,16
1866—1867	28,002	503,597	176,109	101,575	781,281	24,27
1867—1868	27,982	561,170	211,536	188,790	961,496	27,61
1868—1869	33,994	738,198	244,479	346,610	1.329,287	28,90
1869—1870	35,442	739,346	248,067	612,338	1.599,751	27,86
1870—1871	36,758	838,367	293,232	443,680	1.275,279	30,79
1871—1872	41,778	886,940	329,639	97,801	1.314,380	29,12
1872—1873	37,745	953,502	338,971	454,230	1.746,703	34,24
1873—1874	43,258	1.041,375	377,681	446,664	1.865,720	32,80
1874—1875	46,464	1.249,499	474,875	356,670	2.081,044	37,11

St. Louis.

Recettes et Dépenses de 1865 à 1875.

Année	Recettes francs	Dépenses francs	Assiette de l'impôt	Valeur de la propriété imposée francs
1865—1866	90.008,272	107.619,384	1 $^{3}/_{10}$	502.585,177
1866—1867	92.398,545	157.414,573	1 $^{5}/_{10}$	550.969,359
1867—1868	102.787,020	150.884,774	1 $^{4}/_{10}$	542.240,100
1868—1869	112.348,878	303.472,008	1 $^{35}/_{100}$	559.218,969
1869—1870	140.882,913	—	1 $^{50}/_{100}$	662.557,084
1870—1871	150.793,120	133.477,473	1 $^{50}/_{100}$	730.028,346
1871—1872	161.522,076	155.982,256	1 $^{50}/_{100}$	760.948,646
1872—1873	162.113,009	163.772,432	1 $^{50}/_{100}$	825.649,567
1873—1874	171.563,065	196.658,381	1 $^{50}/_{100}$	914.961,752
1874—1875	144.571,474	195.501,383	1 $^{50}/_{100}$	871.869,064
1875—1876	196.645,136	195.167,803	2 $^{50}/_{100}$	847.523,274

Il n'y a pas d'impôts pour les pauvres vu le petit nombre des indigents. Il ya un fond à la disposition du Mayor pour les cas d'extrême indigence, dont 76,120 sont distribués par an. Il existe un hôpital et une maison des pauvres sous le contrôle des organs de la ville et de l'état.

Dettes.

Outre une faible somme affectée à la construction de nouvelles rues, le montant des dettes s'élevait en 1873 à D. 545,669 pour l'établissement de l'éclairage au gaz de la ville et rapportant annuellement 6%. d'intérêt.

Taxes et recettes.

Le taux d'imposition des immeubles est fixé à $1\frac{1}{2}$%.

Les recettes annuelles proviennent des points suivants:

1. Impôt général. Il a pour base l'imposition de $1\frac{1}{2}$% sur les propriétés, évaluées aux $\frac{3}{5}$ de leur valeur réelle. Les immeubles imposables de la ville s'évaluaient à D. 180.288,030. En tenant compte de quelques exemptions, le montant de cet impôt s'élevait à . . . . D. 2.704,320

2. Recettes des marchés, licences, docks 585,609

3. Les machines hydrauliques, construites par la ville, ont produit en 1873 un revenu de. 423,829

4. Revenu des parcs 47,168

Total   3.760,926

Fortune de la ville.

La fortune de la ville se composait des objets suivants:

1. Machines hydrauliques et biens fonds 6.850,854
2. Parcs 3.072,200
3. Marchés et biens-fonds 762,850
4. Bâtiments 172,000
5. Docks 700,000
6. Hôpitaux 370,000
7. Autres propriétés 625,891

D. 12.553,795

San Francisco.

Recettes et dépenses de 1865 à 1874.

Année	Total des recettes	Total des dépenses	Différence
		f r a n c s	
1865/6	8.243,870	11.129,059	−2.885,189
1866/7	9.346,901	11.958,233	−2.611,332
1867/8	9.979,008	12.003,644	−2.024,636
1868/9	12.414,389	12.480,491	− 66,102
1869/70	14.571,305	13.623,497	+ 947,808
1870/1	14.201,824	14.309,556	− 107,732
1871/2	15.546,466	15.543,542	+ 2,924
1872/3	16.237,219	16.011,706	+ 225,513
1873/4	18.841,196	16.228,876	+2.612,320
1874/5	24.251,456	22.508,934	+1.742,522

Renseignements sur les recettes et dépenses les plus remarquables

de 1874/5.

Recettes.

Impôts directs	17.892,547
Produit de la fortune immobilière.	587,685
Recettes provenant de la location des places publiques et des eaux. .	3,015
Recettes provenant de la vente d'actifs . . .	387,628
Recettes provenant d'emprunts	2.607,114
Recettes provenant de subsides et de dons . .	5.380,586

Dépenses.

Police	1.191,777
Nettoyage et arrosage des rues	1.461,666
Entretien des écoles (sans frais de construction) .	3.553,251
Voies de Communication (chaussées, ponts, etc.)	40,468
Assistance publique . .	378,203
Frais des hôpitaux (sans frais de construction) . .	495,310
Éclairage.	1.473,724
Parcs	559,863
Corps des pompiers . .	1.170,929
Acquisition d'actifs. . .	1.099,433
Intérêts des dettes et amortissement	1.823,311

Les frais du personnel montaient dans cette année à 2.271,550 francs, dont 2.161,651 pour paiements et 109,899 pour indemnités personnelles.

Exposé de l'état de fortune d'après le compte définitif de l'année 1874.

		Francs
	A c t i f :	
1	Valeurs effectives 1.406,115	
2	Valeur des propriétés (valeur évaluée)	
	a) Bâtiments servant à l'administration et aux écoles 12.687,500	
	b) Tarrains communaux 33.175,275	47.268,890
3	Autres objets actifs	2.015,900
	T o t a l	49.314,790
	P a s s i f :	
1	Dette consolidée	18.424,787
2	Autres sommes passives	425,508
	T o t a l	18.850,295
	B i l a n :	
	Total de l'actif	49.314,790
	Total du passif	18.850,294
	F o r t u n e . .	30.464,495

Exposé de la dette existante.

Année de l'émission	Valeur nominale de l'emprunt	Amortissement annuel intérêt	État de la dette à la clôture de l'année 1875	Année de l'émission	Valeur nominale de l'emprunt	Amortissement annuel intérêt	État de la dette à la clôture de l'année 1875
	f r a n c s				f r a n c s		
1858	2.628,850	208,075	—	1872	5.075,000	53,287	—
1862/3	548,100	182,700	—	1872	761,250	—	—
1863	2.400,475		—	1871	862,750	53,287	—
1864	55,825	243,600	—	1873	203,300	6,344	—
1864	1.913,270	507,500	—	1873	380,625	—	—
1865	1.268,750	65,975	—	1874	634,375	—	—
1866/7	9.997,750	106,575	—	1875	634,375	—	—
1867	1.248,450	86,275	—	1874	1.015,000	—	—
1870	1.446,375	76,125	—	1874	761,250	—	—
							18.424,784

Statistique des Finances

DE LA VILLE DE

LONDRES

de 1865 à 1874.

POPULATION. 1870 : 3.221,394 — 1873 : 3.356,073.
City of London. 1871 : 74,897.

Table des matières.

Page

Comptes des diverses branches des dépenses locales dans la Capitale (*y compris la City*) 1870/1, 1871/2, 1872/3 301

Recettes et dépenses de la City of London 1872 302

Comptes des diverses branches des dépenses locales dans la capitale (y inclus la City) pour chacune des années 1870/71, 1871/2, 1872/3.

Branches de la dépense locale	1870/1	1871/2	1872/3
	francs		
Secours publics, y compris les emprunts aux dépôts de mendicité remboursés. . .	41.152,570	43.923,225	40.772,150
Toutes les autres dépenses communales payées par la taxe des pauvres. . .	3.508,025	3.935,450	3.731,475
Dépense extraordinaire pour la réparation des dépôts de mendicité et des hospices pour les pauvres	7,384,175	7.352,125	*) 7.352,125
Total . . .	52.044,770	55.210,790	51.855,750
Direction locale par les »Vestries«**) etc. (sans compter »The Metropolitan Board of works« (conseil des Travaux municipaux) Entretien des routes, etc. Approvisionnement d'eau, Éclairage, Égouts, etc. . .	33.280,370	32.497,220	39.095,100
Conseil des Travaux municipaux, Travaux Publics, Égouts, etc.	35.070,200	29.565,650	29.565,650
Corporation et Commissionaires des Égouts de la ville de Londres, Travaux publics, Égouts	25.793,050	25.793,050	23.231,450
Police municipale.	21.490,400	23.314,060	23.995,500
»School Boards« (Conseils pour les Écoles)	—	—	11.104,075
»Burial Boards« (Conseils pour les Enterrements) etc.	1.064,650	3.999,180	3.611,000
Total de la dépense locale	168.743,450	170.379,950	182.458,275

*) Les comptes de la dépense des emprunts pour la construction et la réparation des dépôts de mendicité, etc., par les autorités de l'assistance publique ne peuvent pas être donnés pour cette année. Nous les avons pris égoux à ceux de 1871/2.

**) Les vestries sont, d'après leur origine, des corporations ecclésiastiques, dans le but de construire des églises dans leur cure. Mais à Londres on leur a imputé des fonctions communales, comme le nettoiement des rues, la canalisation, etc.

Recettes et dépenses de la City of London pour l'année 1872.

Recettes	Francs
Taxes	4.318,870
Péages, impôts et droits (y compris ceux des marchés) .	4.923,170
Rente, etc. des biens	6.023,000
Vente des biens	500,000
Contributions du gouvernement *)	54,170
Emprunts (non compris des sommes prélevées pour le remboursement des emprunts)	6.250,000
Autres recettes	1.990,620
Total . . .	24.059,830

*) Ce partage est plutôt de la nature d'un remboursement que d'une contribution.

Dépenses	Francs
Police	1.859,300
Égouts	5.806,800
Réparation des ponts	60,620
Direction des biens et des marchés	1.220,820
Emprunts remboursés	1.065,620
Intérêts des emprunts	5.759,150
Dépenses extraordinaires	6.063,800
Autres dépenses	1.445,340
Dépense totale	23.231,450

Statistique des Finances

de la ville de

B E R L I N

de 1869—1875.

POPULATION. 1867 : 702,437. — 1876 : militaires y compris 966,808.

Table des matières.

		Page.
Recettes de 1869—1875	(Tableau 1)	305
Dépenses „ „	(Tableau 2)	308
Bilan des recettes et des dépenses	(Tableau 3)	310
Annexe à l'exposé du budget municipal.		
I. Impôts directs et indirects		311
II. Écoles		311
III. Voies de communication		312
IV. Assistance publique		312
V. Entreprises indépendantes		312
VI. Location des places publiques		313
Exposé de l'état de fortune à la clôture de 1873	(Tableau 4)	314
Exposé de la dette à la fin de 1875	(Tableau 5)	315
État du personnel au 1 janvier 1877.	(Tableau 6)	316

1. Recettes de la ville de BERLIN

de 1869 à 1875.

	1869	1870	1871	1872	1873	1874	1875
	Francs						
Total des recettes	22.336,007	28.732,885	27.921,831	30.733,412	33.213,717	45.560,789	44.913,939
dont recettes extraordinaires	1.923,754	5.055,506	2.857,594	4.738,196	1.873,766	6.003,764	6.811,345

Spécification des recettes

	1869	1870	1871	1872	1873	1874	1875
1. Impôts directs :							
Impôt sur les maisons	1.895,740	1.983,124	2.126,921	2.312,129	2.647,974	3.292,672	3.845,616
Impôt sur les loyers	4.578,063	5.715,132	6.261,516	7.419,267	9.177,874	10.980,701	11.759,822
Impôt communal sur le revenu	1.067,634	1.709,335	4.282,949	5.945,304	7.897,164	8.480.549	10.045,767
Impôt sur les chiens	204,290	211,482	208,835	215,650	264,932	290,890	315,665
Impôt pour l'exemption de relais	7,469	6,656	—	—	—	—	—
2. Impôts indirects :							
(Y compris ceux de luxe, de consommation et de monopole)							
Centimes additionnels sur la mouture et les abattoirs	3.636,862	3.936,757	4.006,387	4.345,282	4.387,474	4.209,780	—
Impôt sur le gibier	—	85,850	94,390	105,905	108,547	104,830	—
Impôt sur les brasseries	248,140	257,440	315,729	397,131	498,627	482,269	482,962
Droits	124,470	25,884	22,299	24,076	34,665	18,631	17,511
Frais de procédure	30,121	28,760	33,990	70,654	111,480	89,662	83,946
Héritages sans héritiers	12,824	7,184	4,122	1,364	4,567	7,936	26,807
Fermage des enterrements	19,101	—	—	—	—	—	—
Part au produit brut de l'impôt de l'état sur la mouture	931,191	996,134	981,601	1.032,044	1.025,086	937,052	—
3. Produit de la fortune immobilière :							
Recettes d'immeubles dans la ville (biens fonds écoles, hopitaux, pesage)	228,106	281,631	317,715	358,109	351,734	423,746	484,977

	1869	1870	1871	1872	1873	1874	1875
				Francs			
Recettes d'immeubles hors de la ville . . .	206,099	133,709	104,434	91,009	189,550	265,999	378,080
Parcs et jardins	—	—	4,661	1,726	2,467	1,971	1,109
4. Produit de la fortune mobilière :							
Capitaux et intérêts de la ville	112,854	164,822	130,466	125,802	376,399	1.718,424	1.103,026
Intérêts de capitaux d'hôpitaux, établissements, écoles pour les pauvres	59,831	61,106	61,371	63,370	62,240	57,724	58,950
Églises et recettes de divers hôpitaux et établissements	1,575	1,904	2,169	987	2,591	1,412	876
Intérêts des affaires entreprises avec le banquier Schickler	25,935	32,697	10,166	—	—	—	—
5. Recettes des entreprises indépendantes :							
Fabrique de gaz	1.889,104	2.005,339	2.090,837	2.648,464	1.302,056	2.978,216	2.222,710
Machines hydrauliques	—	—	—	—	—	—	1.321,691
6. Recettes des places et d'eaux publiques :							
Places aux marchés	50,250	50,250	62,531	63,375	63,375	80,437	80,437
7. Taxes scolaires :							
a) Écoles supérieures	844,205	893,749	946,230	989,760	1.027,557	1.247,137	1.284,362
b) Écoles communales	224,436	47,991	51,605	62,354	65,509	70,274	81,966
8. Recettes de la vente de divers objets :							13,145
a) Recettes de la vente de divers objets . .	—	—	—	—	—	—	—
b) d'immeubles vendus	297,877	230,231	35,762	567,825	—	—	—
c) d'édifices démolis	13,944	3,157	33,170	27,331	—	—	—
d) de la vente de pierres	402	6,552	275	—	—	—	—
e) d'objets inutiles	12,080	3,295	2,450	1,822	—	—	—
f) de capitaux de rachat	11,925	5,226	3,000	16,610	—	—	—
9. Recettes d'emprunts :							
Recettes de 20,000 obligations de l'emprunt de 1866 de la ville de Berlin	765,585	2.575,661	1.900,984	989,696	699,067	2.861,067	3.339,924

	1869	1870	1871	1872	1873	1874	1875
				Francs			
10. Recettes de subsides et de donations:							
Legs de la direction des pauvres, des hôpitaux et autres établissements	114,750	324,961	108,809	106,694	81,461	78,659	78,471
	—	—	—	—	136	—	—
Dédommagements accordés par l'empire pour frais occasionnés par la guerre de France	—	—	—	—	—	—	412,500
Secours aux invalides de la Landwehr	—	—	—	—	2,536	2,547	2,535
Secours aux familles de la Landwehr	—	—	—	—	35,290	4,434	804
Subside royal pour démolition	18,750	—	—	—	—	—	—
Contributions volontaires	21,345	6,040	15,572	4,755	—	—	—
Contributions de la ville pour les frais de canalisation	12,487	12,487	12,487	—	—	—	—
Sommes prélevées sur d'autres caisses et fonds pour écoles, hôpitaux et autres	226,372	279,759	233,022	240,266	232,315	203,094	209,781
Autres recettes.							
Frais de logement et de nourriture	50,336	52,895	59,441	74,701	101,605	87,879	156,886
Taxes et certificats des employés civils	—	—	—	—	—	734	7,847
Pensions	42,531	46,300	47,834	57,014	92,490	119,482	127,511
Contributions des riverains pour l'élargissement des rues	141,319	136,054	199,564	200,484	—	—	—
Frais de détention rendus par la police	159,131	—	—	—	—	—	—
Secours rendus par la caisse des pauvres	194,775	217,114	238,686	290,491	334,072	318,094	314,614
Pensions	62,095	75,520	51,790	—	—	—	—
Profit des détenus dans la maison de travail	35,369	35,462	35,212	24,832	40,685	41,369	41,244

2. Dépenses de la ville de BERLIN

de 1869 á 1875.

	1869	1870	1871	1872	1873	1874	1875
	Francs						
Total des dépenses	18.149,162	26.679,114	23.843,107	30.733,412	34.048,363	45.165,480	46.134,020
dont dépenses extraordinaires	3.724,367	10.921,079	1.852,587	9.807,294	6.605,949	11.930,277	10.567,235
Spécification des dépenses							
1. Police.	680,072	631,031	1.035,444	1.162,184	1.131,895	1.081,769	1.330,411
Gardes de nuit	179,070	· 175,495	181,136	175,850	256,469	390,821	413,694
2. Nettoyage et arrosage des rues	916,262	946,829	1.242,512	1.329,132	1.587,241	2.003,989	2.518,330
3. Frais des cultes (Sans construction)	29,030	13,975	40,812	3,355	3,355	3,312	18,302
4. Entretien des écoles : *a*) Écoles supérieures	1.582,370	1.521,791	1.575,280	1.836,475	2.165,307	2.297,746	2.516,999
b) Écoles communales	1.699,047	1.911,375	2.246,436	2.727,915	3.223,719	3.786,411	3.996,792
5. Voierie : (Pavage, ponts)	1.035,837	1.850.081	1.279,149	2.412,174	2.429,251	4.892,206	4.603,355
6. Assistance des pauvres . . .	2.707,404	2.935,330	2.981,552	3.282,121	3.220,242	3.327,279	3.423,604
» des orphelins. . . .	623,099	638,795	690,672	749,025	803,442	834,886	800,975
7. Frais des hôpitaux	543,216	570,900	696,685	830,502	1.237,459	1.527,847	1.746,960
8. Éclairage	986,090	1.004,871	997,530	1.032,321	1.123,441	1.193,821	1.322,395

	1869	1870	1871	1872	1873	1874	1875
				Francs			
9. Parcs.	18,517	61,882	160,877	325,559	250,190	328,046	375,001
10. Pompiers	726,644	707,661	775,666	971,506	1.133,751	1.227,931	1.330,674
11. Acquisition d'immeubles. . .	2.529,252	3.692,547	2.124,990	5.766,345	6.523,566	5.889,872	5.305,280
Pour la canalisation, y compris les travaux préparatoires	34,091	79,040	79,651	78,796	69,904	4.474,916	4.897,402
12. Intérêts et amortissement des dettes.	1.552,020	5.407,687	1.815,400	3.776,650	2.818,740	4.929,952	5.366,084
Autres dépenses.							
Subventions et dons à diverses sociétés et établissements	7,500	348,846	22,500	45,000	41,250	61,825	29,719
Pour fêtes	14,795	—	582,245	27,696	592	13,886	3,710
Rachat de monopoles de maisons libres d'impôts («Freihaus») . .	105,164	43,954	9,646	6,022	—	37,762	27,265
Frais de l'administration militaire y compris les secours accordés aux vétérans, invalides familles de Landwehr et hommes de la reserve	137,514	1.630,756	2.551,189	244,577	153,864	101,785	88,506

3. Bilan des recettes et des dépenses de 1869—1875.

	1869	1870	1871	1872	1873	1874	1875
Compte ordinaire.							
Recettes ordinaires	20.412,254	23.677,379	25.064,237	25.945,216	31.339,950	39.557,025	38.102,594
Dépenses ordinaires	14.424,795	15.758,135	16.990,520	20.926,119	27.442,419	33.235,202	35.566,785
Surplus (+) ou déficit (—) . .	+5.987,459	+7.919,344	+8.073,717	+5.019,097	+3.897,531	+6.321,822	+2.535,809
Compte extraordinaire							
Recettes extraordinaires . . .	1.923,754	5.055,506	2.857,594	3.788,196	1.873,766	6.003,789	6.811,345
Dépenses extraordinaires . . .	3.724,367	10.921,079	6.852,587	9.807,294	6.605,949	11.930,277	10.567,235
Surplus (+) ou déficit (—) . .	—1.800,614	—5.865,572	—3.994,994	—5.019,097	—4.732,182	—5.926,514	—3.755,890
Compte général							
Recettes totales	22.336,007	28.732,885	27.921,831	30.733,412	33.213,717	45.560,789	44.913,939
Dépenses totales	18.149,162	26.679,114	23.843,107	30.733,412	34.048,363	45.165,480	46.134,020
Surplus (+) ou déficit (—) . .	+4.186,845	+2.053,771	+4.078,724	—	—834,651	+ 395,309	—1.220,081

Annexe à l'exposé du budget municipal.

I. Impôts directs et indirects.

A. Ce sont les impôts directs qui constituent la source des impôts, attendu que les impôts indirects, de mouture et des abattoirs ont été abandonnés depuis 1875.

Les impôts directs sont les suivants :

1. Impôt sur les maisons ; il est payé par les propriétaires à raison de $2^2/_3$ % du revenu des immeubles.

2. Impôt sur les loyers ; cet impôt est prélevé sur les propriétaires et les locataires à $6^2/_3$ % du montant des loyers.

3. Impôt communal sur le revenu ; il se prélève sur tous les habitans, qui ont plus de 532 francs de revenus annuels sous forme de centimes additionnels ajoutés à l'impôt d'état (impôt de revenu et de classe). Ces centimes montaient en 1875 à 60 %.

4. Impôt sur les chiens ; il se prélève sur les chiens de luxe pour lesquels on paie annuellement 9 marcs. Les chiens de garde et de trait ne sont pas imposables.

(Ces impôts sont exclusivement prélevés pour la ville.)

B. Produit des divers impôts en 1876 :

1. Impôt sur les maisons . . . . 4.262,161 francs
2. Impôt sur les loyers . . . . 12.429,929 »
3. Impôt communal sur le revenu (60 %) . . . . 7.653,825 »
4. Impôt sur les chiens . . . . 358,206 »
5. Impôt sur les brasseries . . . . 442,859 »

Ad 5 : c'est un impôt indirect sous forme de 25 % de supplément ajouté au même impôt payé à l'état.

II. Écoles.

Les écoles communales reçoivent tous les élèves gratuitement. En revanche, dans les écoles supérieures : gymnases, écoles réales et professionelles, la taxe scolaire annuelle s'élève par élève à 96 marcs. Les élèves particulièrement bien doués et assidus sont aussi reçus gratuitement dans les écoles supérieures. Un certain nombre de bourses sont délivrées; à savoir:

a) dans les écoles supérieures qui n'ont pas d'école élémentaire préparatoire 10 % du chiffre des élèves;

b) dans celles qui ont une école élémentaire préparatoire; 8 % du chiffre des élèves, Les fils et les frères des maîtres sont reçus gratuitement.

III. Voies de communication.

Il faut remarquer que jusqu'en 1875 l'entretien des routes qui existaient jusqu'en 1838, avaient incombé à l'état, et que celui de celles qui ont été construites depuis 1838 ont incombé à la ville. Mais, depuis le 1. janvier 1876: *a*) l'entretien de toutes les routes et des ponts a été confié à la ville contre une rente annuelle de 695,539 marcs payée par l'état; *b*) et celui des routes d'état de la banlieue de Berlin contre une rente annuelle de 283,880 marcs; l'arrangement a eu lieu pour les rentes de la 1 catégorie; par rapport à celles de la seconde, la stipulation mentionnée n'a pas été effectuée et en 1876 c'était encore l'état qui subvenait aux frais.

Les dépenses pour 1875 se répartissaient comme suit:

pavage et drainage	4.000,000 francs
Chaussées	80,000 »
Ponts	1,250 »
Pavage au granit	383,750 »

IV. Assistance publique.

Nous extrayons du compte général de 1875 les principales positions suivantes:

		Recettes	Dépenses	Subventions
Orphelinat Frédéric	francs	800,000	152,500	647,500
Maison de travail et d'aliénés .	»	776,250	93,750	682,500
Hôpital Frédéric Guillaume . .	»	217,500	42,500	175,000
Maison de refuge pour vieillards .	»	62,500	6,250	56,250
Hôpital à Friedrichshain . . .	»	595,000	135,000	460,000

V. Entreprises indépendantes.

Fabriques de gaz. Total de la production en 1875/6 58.533,000 mètres cubes de gaz; dont

7.233,000 = 13·54 % ont servi à l'éclairage public

620,000 = 1·16 » à l'éclairage des bâtiments communaux

45.565,000 = 85·3 » » » privé et

5.142,000 = ont été perdus par évaporation. La consommation par flamme dans les rues est évaluée à 716,625 mètres cubes par an (= 3675 heures). L'intensité de la lumière équivalait à celle de 16 bougies.

La valeur des fabriques communales de gaz monte à 43·7 millions de francs ; l'entreprise doit à la caisse communale 16¹/₂ millions, aux créditeurs 1·87 million, de sorte que les fabriques représentent pour la commune un actif de 25·4 millions de francs. Le capital dépensé par la commune a produit un revenu de 13·97 % calculé d'après le capital total de 41 millions de francs.

VI. Location des places publiques.

Pour les marchés: Pour un chariot 16 cent., par mètre courant 5 cent., pour chevaux et bœufs 16 cent. par tête.

Pour les foires: par mètre courant pour boutiques ¹/₂ franc, pour étalages 27¹/₂ cent., pour la foire de Noël par mètre courant ¹/₂ franc à 1 franc.

4. Exposé de l'état de fortune à la clôture de 1873.

			Francs
	Actif :		
1	Encaisse		4.136,512
2	Capitaux placés		2.370,146
3	Valeur immobilière (pure évaluation)		
	a) Bâtiments servant à l'administration et aux écoles	55.019,764	
	b) Immeubles à l'intérieur de la ville	10.238,239	
	c) Immeubles hors de la ville	8.877,454	
	d) Domaines	—	
	e) Autres immeubles	—	
			74.135,465
4	Papiers de valeur		1.292,955
5	Meubles		12.834,127
6	Créances		1.092,634
7	Autres actifs		2.556,682
	Total		98.418,514
	Passif :		
1	Dette consolidée (Emprunt à titres)		36.185,494
2	Autres Capitaux passifs		—
3	Autres passifs :		
	a) Dettes immobilières	2.702,437	
	b) Comptes ouverts à couvrir	6.463,009	
	c) Hypothèques	17,812	
	d) Fondations appropriées	3,202	9.186,457
	Total		45.351,951
	Bilan :		
	Somme de l'actif		98.418,514
	Somme du passif		45.371,950
	Fortune		53.046,562

5. Exposé de la dette à la fin de 1875.

Années	Mode d'emprunt, (par souscription ou autrement) nom du prêteur	Valeur nominale de l'emprunt	Amortissement annuel		Durée de l'amortis-sement	État de la dette à la clôture de l'année 1875 francs
			intérêt	quote d'amortissement		
			f r a n c s			
1828 [1]	—	13.833,750	Au 1. janv. 1828.—1. janv. 1843, 4 %, au 1. janv. 1843. 3 $^{1}/_{2}$	1 %-et intérêts épargnés	1895	5.451,844
1846 [2]	—	5.650,000	Au commencement 3$^1/_2$ % réduit le 1. janv. 1849. à 5 % le 1. juillet 1852. à 4$^1/_2$ %	1 %-et intérêts épargnés	1890	3.270,281
1849 [3]	—	3.750,000	Au 1. janv. 1839.—1. juillet. 1852. 5 % Au 1. juillet. 1852. réduit à 4 $^1/_2$	1 %-et intérêts épargnés	1890	2.193,675
1855 [4]	—	1.875,000	4$^1/_2$ %	1 %-et intérêts épargnés	1896	1.368,750
1866 [5]	En partie soucription publique, en partie vendu à la bourse	11.250,000	5 % réduit le 1. avril 1872. à 4$^1/_2$ %	1 %-et intérêts épargnés	1906	10.484,062
1869 [6]	A la bourse	7.500,000	5 % réduit le 1. avril 1872. à 4$^1/_2$ %	2 %-et intérêts épargnés	1897	6.851,250
1870 [7]	A la bourse	9.375,000	5 % réduit le 1. avril 1872. à 4$^1/_2$ %	2 %-et intérêts épargnés	1897	8.562,500
1874 [8]	Dette pour le fonds des invalides de l'empire allemand	37.500,000	4 $^1/_2$ %	1 %-et intérêts épargnés	1912	36.732,500
1875 [9]	A la bourse	30.000,000	4 $^1/_2$ %	2 %-et intérêts épargnés	1904	30.000,000

[1] La dette en obligations avant 1828. était à 5 % — [2] Pour l'établissement du gaz. — [3] Pour le règlement du budget communal après les événements de 1848. — [4] Pour le même but. — [5] En conséquence de la mobilisation de l'armée. — [6] Pour l'agrandissement de l'établissement du gaz. — [7] Pour l'achèvement de l'hôtel de ville, des hôpitaux et de la maison pour les aliénés. — [8] Pour l'acquisition et l'agrandissement de l'établissement des eaux. — [9] Pour l'agrandissement de l'établissement communal du gaz, la construction des édifices pour les écoles supérieures et leur amortissement.

6. État du personnel au 1. janvier 1877.

Nom de la place occupée	Nombre des personnes et total de la dépense	Nom de la place occupée	Nombre des personnes et total de la dépense	Nom de la place occupée	Nombre des personnes et total de la dépense
	francs		francs		francs
Membres payés du conseil administratif (Magistrats)	17, 203,281	**Pompiers. [3]**		**Instituteurs communaux.**	
		Directeur	1, 11,250 (1125 indemnité)	Directeurs	94, 374,310
Employés des Bureaux et des Caisses	378, 631,562 (3344)	Inspecteur	1, 6,375	Maîtres	871, 2.332,625
Receveurs des impôts		Sous-inspecteurs	4, 20,362	Maîtresses	302, 528,694
Inspect. des combustibl.		Sergents	55, 115.594	Maîtresses d'ouvrages à l'aiguille	376, 153,690
Employés du pesage.		Pompiers	202, 363,525	**École des sourds-muets.**	
Inspecteurs des immeubl.	224, 584,656	Pompiers	513, 648,750	Directeur	1, 5,175
Garçons de bureau	182, 385,829	Ingénieurs. Employés du télégraphe	10, 26,037	Maîtres	5, 17,937
Employés d'administration et du service technique	147, 515,296			Maîtresses	1, 2,175
Écrivains à la journée et rémunération	214, 409,505 [1]	**Nettoyage des rues. [4]**		**Écoles de gymnastique.**	
Police.		Employés	30, 77,687	Directeurs	9, 23,662
Sergent à pied	209 } la ville ne	Inspecteurs et ouvriers	788, 1.036,812	Maîtres et domestiques	9, 10,900
Agent de police à pied	1818 } paye que les	Cochers	30, 40,106	**Médecins.**	
Sergent à cheval	12 } frais de	**Écoles supérieures.**		Médecins des pauvres	49, 59,625
Agent de police à cheval	187 } matériel.	Directeurs	21, 175,500	Chirurgiens	1, 487
Gardes de nuit. [2]		Professeurs	362, 1.897,485	Pensions et subventions accordées aux employés, instituteurs, à leurs veuves et orphelins d'après l'état de 1877.	463,826
Inspecteur	1, 2,475	Instituteurs primaires	52, 181,162		
Sous-inspecteurs	39, 80,437	Maîtres de chant	21. 50,400		
Gardes	394, 295,500	Maîtres de dessin	21, 54,225		
		Maîtresses	24, 54,637		
		Concierges	21, 35,925	**Total de la dépense**	10.077,062

[1] Pour écritures 356.919 fr. (se payant par feuille). — [2] Pour vêtement 3,070 fr., armes, pensions 20,771 fr. — [3] Secours et pensions 7,655 fr. [4] Pour vêtements 25,000 francs.

Statistique des Finances

de la ville de

PARIS

1873.

POPULATION : 1872 : 1,851,792.

Table des matières.

		Page.
Remarques préalables sur la statistique des finances de la ville de Paris		319
Recettes en 1873	(Tableau 1)	326
Dépenses en 1873	(Tableau 2)	327
Recettes ordinaires et dépenses ordinaires	(Tableau 3)	329
Annexe aux comptes annuels		
Impôts directs		330
Octroi et consommation		330
Taxes		333
Entreprises		333
Produit des droits sur les ventes en gros dans les halles		333
Emprunts		334
Police		334
Sapeurs-Pompiers		335
Voies publiques et plantations		335
Boues et résidus		336
Instruction publique		336
Assistance publique		338
Tableau des hôpitaux et hospices	(Tableau 4)	339
Recettes et dépenses de l'assistance publique	(Tableau 5)	342
Mouvement des enfants assistés	(Tableau 6)	343
Éclairage		344
Égouts		345
Travaux de Paris en 1873		345
État général des produits d'octroi pendant 1873	(Tableau 7)	348
Exposé de la dette	(Tableau 8)	352

Remarques préalables sur la statistique des finances de la ville de Paris.

La statistique que nous donnons ici des finances de la ville de Paris a été tirée de matériaux qui n'étaient pas entièrement homogènes.

Comme aux autres grandes villes, nous avons aussi envoyé à la ville de Paris notre questionnaire, avec la prière de bien vouloir y répondre. En réponse à cette demande nous avons reçu un tableau pour les recettes, un pour les dépenses, et un autre (publié dans ce volume au Nr. 8) sur l'état des dettes.

Nous sommes d'autant plus reconnaisant à la Préfecture de la Seine de l'exposé qu'elle nous a fait parvenir que la consultation des volumineux comptes généraux qu'il a nécessité a dû occasionner un pénible travail. Mais comme les tableaux envoyés ne répondaient pas à beaucoup des questions posées par notre questionnaire international, que même les chiffres donnés ne représentaient qu'une partie des recettes et des dépenses, et qu'ils ne donnaient pas d'explication sur les détails concernant le service financier que nous avions demandée (renseignements qui se trouvent dans ce volume pour presque chaque ville sous le titre d'»annexe«) et que, sans cela, il était souvent impossible de se faire une juste idée de la signifaction des chiffres: nous avons été forcé de reconstruire nous-même la statistique des finances de Paris.*) Nous avons dans ce but fait

---

*) Pour nous justifier de ne pas publier les données que nous étaient envoyées par l'organe le plus compétent, nous reproduisons la remarque que nous avons faite dans la lettre que nous avons adressée à la date du 19. mai 1877 à la Préfecture de la Seine, où nous disions, que aprés avoir étudié lesdits tableaux nous étions arrivé à la conviction qu'il nous était impossible de les publier dans la statistique internationale pour les causes suivantes:

»—1. Le but principal de la statistique internationale est de présenter au public des données comparables.

C'est pourquoi il a fallu rédiger avec le plus grand soin des instructions générales qui permissent d'extraire des budgets les plus disparates des différentes grandes villes les objets de même nature.

Il semble qu'en s'occupant de la rédaction des tableaux qui nous ont été envoyés on ne s'en soit pas tenu aux régles posées, ce qui fait que la comparabilité est rendue impossible.

Exemple: Les comptes des grandes villes sont absolument incomparables si l'on vient à confondre les recettes et les dépenses proprement communales avec celles provenant d'exploitation d'entreprises pour ainsi dire commerciales, comme par exemple les banques communales, les mines, les fabriques de gaz, les machines hydrauliques, etc. Les instructions donnent des renseignements exacts sur la manière de traiter ces diverses positions. La ville de Paris possède

un extrait du Compte Genéral de 1873, en y ajoutant certains commentaires, en ayant surtout recours a cet égard à l'»Annuaire de Paris de 1872« ouvrage dont l'auteur est anonyme, mais qui est très riche en renseignements de toute espèce.

Quant à ce qui concerne les chiffres, nous avons cru devoir soumettre à un nouveau remaniement ceux de l'année 1873, comme étant la plus récente qu'on pût prendre en considération, en rétablissant à notre manière et d'après le plan que nous avons arrêté pour la statistique internationale des finances les comptes généraux de cette année. Nous présentons le résultat de ce travail dans les Tableaux 1 et 2, ainsi que dans les articles où nous faisons remarquer qu'ils sont tirés des comptes généraux.

Nous réclamons l'indulgence au cas que, en conséquence d'une fausse interprétation du compte général, quelque erreur se soit glissée dans notre travail, ce qui était presque inévitable, du moment que le dépouillement et l'interprétation des nombreuses positions dont se composent les comptes d'une grande ville n'étaient pas entrepris par les agents mêmes de sa comptabilité, qui seuls sont à même de les classer et de s'en former une idée juste, parce que, connaissant la nature de l'administration, ils peuvent recourir aux actes dont la consultation peut leur être nécessaire.

Et ce travail était d'autant plus difficile qu'on avait affaire au mode de comptabilité si compliqué auquel on a recours en France, et dont on peut dire avec raison que non-seulement il s'oppose à ce qu'on puisse s'en faire un aperçu général, mais qu'il rend même les choses entièrement incompréhensibles à toute personne qui ne peut consacrer des journées entières à l'étude de comptes annuels. Le grand intérêt que présente le maniement des finances d'une capitale comme Paris nous servira d'excuse, si nous nous occupons ici d'une manière détaillée du système de comptabilité qui y est suivi, et si nous croyons ne pas devoir taire les remarques que nous avons faites, ni les impressions que

---

autant que nous sachions trois entreprises de ce genre, c'est sa machine hydraulique, les abattoirs et les entrepôts. Ce ne sont cependant pas celles qu'on a fait rentrer dans la rubrique des »entreprises spéciales« puisque nous y trouvons consigné :

Subvention de l'Etat,

Remboursement des dettes,

Grands travaux d'architecture et de voierie, etc.

2. Le budget des dépenses de la ville de Paris se compose pour le service de 1873 de 18 budgets spéciaux dont le premier est le budget primitif.

Vu que les dépenses totales montaient à 338.998,000 fr. tandis que le budget primitif ne donnait que 118.131,000 fr., on peut voir combien peu le budget primitif est à lui seul capable de donner une juste idée de l'état des finances de cette ville. Mais il me semble que les tableaux dressés ne concernent que le budget primitif. Exemple : les dépenses pour intérêt des dettes et amortissement sont évaluées à 85.800,000 fr. C'est justement la somme que donne pour cette dépense le budget primitif. Voir page 337 (du Compte Gén.) : R é c a p i t u l a t i o n d u b u d g e t p r i m i t i f : 1. Dette municipale 85.815,240·06. — Mais il y a d'autres dépenses de dette municipale, par ex. 649,000 fr. page 361 ; — à la page 341 je trouve encore »Remboursement en capital des bons de la Caisse des Travaux 14.004,060 fr, — portion de la dette comm., capital et intérêt échéant en 1873. 6.887,569·23.—«

(Nous reviendrons plus bas sur cette dernière circonstance.)

nous avons éprouvées en nous occupant de la pénible rédaction des tableaux 1. et 2. que nous avons tirés des comptes généraux.

Dans ces comptes généraux les recettes et les dépenses se répartissent chacune en 17 chapitres que nous donnons dans le troisième tableau.*) Après la clôture de chacune de ces parties se trouvent, sous le titre de »Développements«, quelques tableaux détaillés sur la comptabilité des diverses branches.

Nous avons le regret de dire que la répartition en chapitres, qui, en présentant de plus grands groupes, ne devrait servir qu'à f a c i l i t e r l'aperçu général, ne favorise pas du tout la réalisation de ce désir.

Il est surtout difficile de s'orienter à l'égard des chapitres des dépenses. Tandis qu'en recourant au budget des recettes, on doit avoir surtout en vue de faire connaître la nature des sources d'où elles proviennent, le budget des dépenses doit être établi de manière qu'on puisse facilement se faire une idée générale du but et de l'emploi des sommes dépensées. Par conséquent, dans chacune des parties du budget, les positions hétérogènes devraient être séparées les unes des autres, et toutes celles qui sont homogènes — non d'après leur f o r m e, mais d'après leur n a t u r e — devraient être réunies. Or, dans le budget des dépenses de la ville de Paris se trouvent surtout deux chapitres (»Travaux de Paris« et »Octroi et autres services de perception«) qui, par leur nature même, rentrent dans les branches les plus différentes de l'administration communale. On ne peut, par exemple, douter un seul instant que l'entretien, aussi bien que l'établissement de nouvelles écoles, ne doive rentrer dans le budget de l'enseignement, ni que — quand on a réservé un chapitre spécial pour le culte, les cimetières, les halles et marchés, comme c'est le cas, suivant l'usage établi à Paris, — les dépenses relatives à l'entretien ou à la construction d'églises, à l'agrandissement ou à l'établissement de nouveaux cimetières, à l'éclairage, aux conduites d'eaux, à la construction de nouvelles halles, que toutes ces diverses positions ne doivent trouver place ailleurs que dans leurs chapitres sépciaux. Et cependant nous trouvons toutes ces dépenses réunies dans le grand chapitre XII des »Travaux de Paris«, où se trouvent outre cela encore les frais relatifs au pavage, et aux promenades! Nous trouvons encore réunies, et même en partie confondues dans ce chapitre XII, des positions tout à fait hétérogènes; nous y voyons p. e. figurer les frais de construction de l'Hôtel de ville ainsi ceux des écoles, de la canalisation et du nettoyage des rues!

On est aussi surpris de trouver réunis dans un même chapitre les frais occasionnés par les octrois, la surveillance des entrepôts, l'expédition d'actes civils et l'entretien des abattoirs, — tout autant de positions qui ne se trouvent réunies que parce qu'il y a quelque possibilité de les comprendre sous le titre de »Services de perception«. Mais en établissant les cadres des budgets et des comptes, on ne peut pas se laisser guider plutôt par l'apparence que par l'essence des choses. L'analogie du titre n'est qu'une circonstance purement fortuite.

---

*) On n'y trouve pour les recettes que 15 chapitres, la »Vente d'immeubles et »l'exploitation des voiries« manquant dans la comparaison de l'Annuaire de Paris.

Outre cela il faut remarquer à l'égard des comptes définitifs de la ville de Paris que les titres du budget des recettes ne sont pas en harmonie avec ceux du budget des dépenses.

Si, en faisant la répartition du budget des recettes, on s'est astreint au principe, recommandable à bien des égards, d'individualiser certaines branches d'exploitation, et si en conséquence, on a réservé aux recettes des chapitres spéciaux pour les halles et marchés, les poids publics, les abattoirs, les entrepôts et les octrois : il serait désirable que le budget des dépenses fût établi d'une manière analogue. Nous n'irions pas cependant jusqu'à exiger que chacune des branches d'exploitation eût indispensablement son chapitre spécial dans le budget des dépenses; mais celles qui correspondent devraient cependant être réunies, parce que sans cela, il y aurait difficulté à établir la balance de ces parties de l'administration des finances.

Nous remarquerons enfin que l'aperçu général des comptes définitifs de la ville de Paris est surtout rendu difficile par le mélange des budgets ordinaires, extraordinaires et supplémentaires et leurs nombreuses subdivisions, — reproche, qui, du reste, a déjà été adressé à ce système par des personnes plus compétentes que nous.

Les comptes définitifs de la ville de Paris et particulièrement ceux de 1873 sont en effet établis de la manière suivante :

Système du Budget et des Comptes Généraux de la ville de Paris en 1873.

I. Recettes:

Nr. d'ordre

1. *A*) Budget   I. Recettes ordinaires. (pag. 1—67).
2. primitif.   II. Recettes extraordinaires. (pag. 68—73).
3. Budget supplémentaire — I. Recettes ordinaires. — Exercice antérieur à 1873. — 1. Constaté en 1872. — *a*) Du budg. primitif. (p. 74—91).
4. *b*) Du budg. supplém. (p. 92).
5. 2. Constaté en 1871 et antérieurement (p. 92—103).
6. Recettes supplém. de 1873. — 1. De 1872 et antér. non constatées. (p. 104—108).
7. 2. De 1873 non prévues au budg. primitif. (p. 109—111).
8. II. Recettes extraordinaires. — Antérieures à 1873. (p. 114—117).
9. Recettes supplém. de 1873 — 1. De 1872 et antérieures non constatées. (p. 118).
10. 2. De 1873 non prévues au budg. primitif. (p. 119).
11. Fonds spéciaux. — *a*) Exerc. antér. à 1873. (p. 120).
12. *b*) Recettes supplém. de 1873. (pag. 120).

II. Dépenses.

1. *A*) Budget primitif.   I. Dépenses ordinaires (pag. 330—337).
2. *B*) Budget spécial.   II. Dépenses extraordinaires (pag. 338—357).

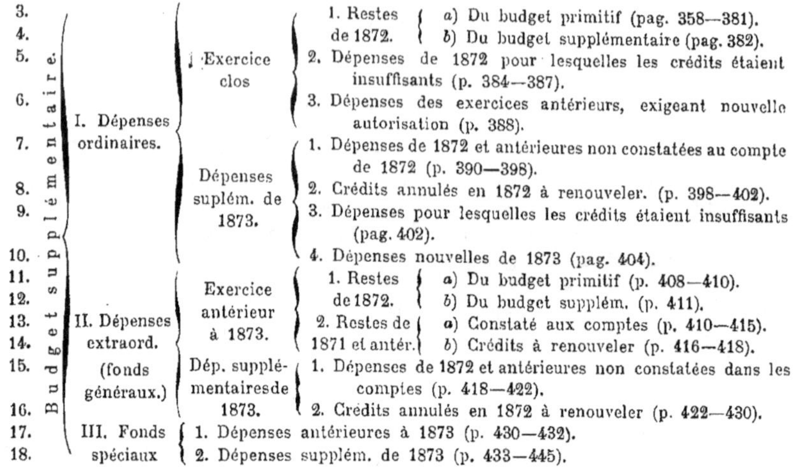

Budget supplémentaire.

3.
4.
5.
6.   I. Dépenses
7.   ordinaires.
8.
9.
10.
11.
12.
13.   II. Dépenses
14.   extraord.
15.   (fonds
16.   généraux.)
17.   III. Fonds
18.   spéciaux

Exercice clos
Dépenses suplém. de 1873.
Exercice antérieur à 1873.
Dép. supplémentairesde 1873.

1. Restes de 1872.
- a) Du budget primitif (pag. 358—381).
- b) Du budget supplémentaire (pag. 382).

2. Dépenses de 1872 pour lesquelles les crédits étaient insuffisants (p. 384—387).

3. Dépenses des exercices antérieurs, exigeant nouvelle autorisation (p. 388).

1. Dépenses de 1872 et antérieures non constatées au compte de 1872 (p. 390—398).

2. Crédits annulés en 1872 à renouveler. (p. 398—402).

3. Dépenses pour lesquelles les crédits étaient insuffisants (pag. 402).

4. Dépenses nouvelles de 1873 (pag. 404).

1. Restes de 1872.
- a) Du budget primitif (p. 408—410).
- b) Du budget supplém. (p. 411).

2. Restes de 1871 et antér.
- a) Constaté aux comptes (p. 410—415).
- b) Crédits à renouveler (p. 416—418).

1. Dépenses de 1872 et antérieures non constatées dans les comptes (p. 418—422).

2. Crédits annulés en 1872 à renouveler (p. 422—430).

1. Dépenses antérieures à 1873 (p. 430—432).

2. Dépenses supplém. de 1873 (p. 433—445).

Comme on le voit, nous avons d'après ce système budgétaire pas moins de 12 budgets pour les recettes et 18 pour les dépenses, dont chacun forme un organisme spécial et indépendant, et ce ne serait que par la réunion de toutes ces positions que nous pourrions présenter aux yeux le tableau t o t a l des finances de la ville de Paris (v. p. 324) ; mais comme chacun des 17 chapitres des comptes généraux ou certaines de leurs parties se répètent dans chacun des budgets dont nous venons de parler, on peut se faire approximativement une idée des difficultés que présente l'étude des comptes définitifs de la ville de Paris.*)

---

*) Il convient de faire remarquer ici que les données relatives aux finances de la ville de Paris qui arrivent à la publicité ne forment le plus souvent qu'une partie de ce budget si compliqué, c'est-à-dire que ce ne sont que celles qui figurent au budget primitif. Nous avons vu, que même dans une statistique présentée par l'organe le plus compétent, savoir la comptabilité, on donne des données du Budget p r i m i t i f (ordinaire) comme le résultat du Budget e n t i e r de la ville (Voir la note p. 320). Nous avons p. e. publié au tableau 3. un parallèle entre les recettes et les dépenses de 1847, de 1860 et de 1870. On n'hésiterait pas tirer des conclusions de ce tableau, en voyant qu'il est tiré de l'Annuaire de Paris, et néanmoins on ne peut pas établir des rapports ni risquer quelque opinion, vu que lesdites données ne représentent que la partie primitive du Budget ! — C'est ainsi qu'on lit par exemple dans les journaux et dans les manuels d'économie politique que les dépenses de la ville de Paris s'élèvent en 1873 pour ses dettes à 85 millions, tandis qu'en réalité, selon notre Tableau No. 1, elles vont à 117 millions ; les 85 million. ne se rapportant qu'à ce qu'indique le budget primitif. — Comme en 1873 le total des dépenses de la ville de Paris s'est élevé à 338.998,000 fr. tandis que le budget primitif ne donne que 188.131,000 fr., on peut voir combien peu le budget primitif est à lui seul capable de donner une idée juste de l'état des finances de cette ville. Les conclusions résultant de l'examen de ce budget sont d'un caractère encore plus douteux, si nous étudions les services, dont on ne peut apprécier l'importance, qu'en consultant et en compilant plusieurs chapitres différents. C'est ainsi par exemple que nous voyons assignée, au budget primitif, une somme de 10.410,000

Si l'on fait une récapitulation pour chaun des budgets établis, on arrive au résultat suivant :

I. Recettes.		II. Dépenses.	
Nr. d'ordre du budget		Nr. d'ordre du budget	
1.	186.230,916	1.	188.131,220
		2.	105.147,609
2.	141.057,163	3.	9.571,236
		4.	19,594
3.		5.	102,356
4.	4.401,298	6.	2.082,918
		7.	299,905
5.	1.846,586	8.	713,901
6.	1.554,145	9.	284,057
		10.	644,047
7.	3.142,709	11.	1.299,950
8.	6.257,259	12.	
		13.	556,016
9.	7.558,925	14.	1.707,682
10.	3.538,784	15.	9.542,322
		16.	4.038,216
11.	4.959,000	17.	122,610
12.		18.	9.733,739

Total des Recettes 360.626,814   Total des Dépenses 333.997,378

Un exemple nous donnera une idée du pénible travail auquel il faut s'astreindre, avec un pareil système, pour parvenir à découvrir les chiffres des sommes dépensées dans certains buts. Supposons qu'on veuille connaître la somme des dépenses pour halles et marchés ou pour cimetières, il nous faudra compiler de la manière suivante les données nécessaires en recourant à un compte général de 500 pages d'impression :

---

fr. pour l'enseignement (à savoir 667,000 pour Lycées et institutions spéciales et 9.743 000 fr. pour l'instruction primaire) ; mais nous sommes loin d'avoir ici un chiffre exact ; il nous faut encore y ajouter : en premier lieu pour frais de réparation et d'installation de bâtiments scolaires 1.925,000 fr. qui figurent au budget primitif sous le titre collectif de »Travaux de Paris« ; en second lieu les frais consignés aux N-os 2—18 du budget des dépenses sous le titre de Lycées et instruction publique ; en troisième lieu enfin le montant de 1.344,000 fr. inscrit à l'article des »Travaux« des mêmes budgets, bien qu'ils soient mentionnés comme devant servir au budget de l'enseignement ; de sorte que la ville de Paris n'a pas consacré à l'enseignement, en 1873, (y compris les constructions) 10.4 millions, mais bien 13 millions.

Halles et marchés.

Budg. Nr.*)

1. Chapitre 1. §. 3. art. 25 Terrain Rue Nicole   78,573
    » 4. §. 4. » 4 Éclairage des halles et marchés et des maisons communales 166,419 dont 2. éclairage des halles et marchés   126,564
    art. 25 Abonnement aux eaux par les services 303.184,95. Cet article se compose de 34 positions dont la 1. 28,300
    la 3—12-ème concernent les marchés 15,610   43,910
    Chap. 12. §. 2. art. 9. Travaux d'entretien dans les halles et marchés   175,000
2. » 19. » 5. Marché rue Nicole   16,583
3. » 20. §. 12. » 12.   46,663
5. » 21. §. 6. » 14.   38,195
7. » 22. §. 1. » 27. Entretien   11,014
18. » 29. §. 1. » 6. Cet article se compose de 61 positions dont les suivantes concernent les Halles et marchés :
    17. 14,135
    31. 20,100
    39. 4,133
    47. 11,863   50,231
                           Total . . .   586,733 fr.

Cimetières.

Budg. Nr.

1. Chap. 8.   903,453
  » » 12. §. 4. art. 14.   150,000
  » 27. Trente positions dont 10—12 concernent les Cimetières   3,792
3. » 20. §. 8.   7,208
  art. 17.   21,652
5. » 21. §. 4. » 12.   2,428
7. » 22. §. 1. » 11.   26,462
  » » 22. §. 1. » 31. Entretien   87
11. » 20. II.p. 20. » 3.   1,108
13. » 20. §. 24. » 2—3.   27,160
  » » » §. » » 6.   154
14. » 26. §. » 5.   2,314
  » » » » 6. . . . .   1.448,260
15. » 27. §. 1. » 7.   25,878
  » » » » 8.   46,917
16. » 28. » 1.   194,039
  » » » » 2. 160,315, cet article se compose de 61 positions dont la suivante concerne les cimetières : 49.   2,199
                           Total . .   2.863,111 fr.

On voit combien l'étude des finances de Paris serait facilitée si dans les comptes on laissait de côté les distinctions qui n'offrent d'ailleurs qu'un intérêt de comptabilité et non financier, pour ne les mentionner que par des annotations ou comme pièces justificatives.

---

*) Les numéros correspondent aux numéros d'ordre des budgets étables (V. p. 322).

1. Recettes de la ville de PARIS
en 1873.

Total des recettes	fr.	**357.617,000*)**
Spécification.		
1. Impôts directs (centimes communaux)		10.808,000
2. » indirects		
Octroi.	113.709,000	
Taxes sur les chiens	217,000	113.926,000
3. Produit de la fortune immobilière :		
Halles et marchés	12.978,000	
Loyers de propr. comm.	2.140,000	
Vente de matériaux	181,000	15.299,000
4. Produit de la fortune mobilière (Intérêts)		2.313,000
5. Excédant des entreprises indépendantes : *)		
Fourniture d'eaux	5.591,000	
Abattoirs	2.224,000	
Entrepôts	1.901,000	9.716,000
6. Recettes provenant de la location des places publiq. et des eaux		4.783,000
7. Recettes provenant de la vente d'actifs (Vente d'immeubles)		2.834,000
8. Recettes provenant d'emprunts		164.786,000
9. » » de subsides et de dons :		
Contrib. de l'état dans la reconstruction des actes de l'état civil	764,000	
Idem pour frais de police	6.929,000	
» » » » de pavage	4.834,000	
Donations en faveur des établissements d'instruction . .	76.000	
Contribution de l'État pour l'annuité de l'emprunt de 350 mill.	9.738,000	
Subvention du départ. pour construction du pont St. Germain	400,000	22.741,000
10. Amendes de police		175.000
11. Taxes administratives :		
Expédition d'actes	246,000	
Taxes funéraires	743,000	989,000
12. Recettes des établissements d'instruction		1.540,000
13. Remboursements :		
Rembours des théâtres de la prime d'assur. cont. incendie	52,000	
Cession à l'usine Cail du matériel installé pour moudre le blé pendant le siége	144,000	
Rembours par la comp. d'éclairage pour pavage . . .	121,000	
» par les particuliers pour pavage . . .	1.706,000	
» par les particuliers des frais de construct. d'égouts	358,000	
» des frais d'éclairage avancés aux théât. et kiosques	330,000	
Contrib. des riverains aux frais de balayage de la voie pub.	1.185,000	
» » » » » » curage des égouts . .	378,000	
» des théâtres, balles, etc. pour services des sapeurs pompiers	174,000	
Contrib. du dép. de la Seine dans l'achat du mobilier des écoles	150,000	
Recettes imprévues.	1.169,000	5.767,000
14. Concession de terrains dans les cimetières		1.736,000
15. Part de la ville dans les revenues de la comp. du gaz. .		5.100,000

*) Voir la remarque page 328.

2. Dépenses de la ville de PARIS en 1873.

Total des dépenses		fr.	**330.988,000*)**
Spécification.			
1. Police :	Préfecture de police	19.214,000	
	Garde républicaine	9.597,000	
	Police municipale	174,000	28.985,000
2. Nettoiement et arrosage des rues			3.008,000
3. Écoles (sans nouvelles constructions)*)			10.314,000
4. Voies de communication *)			8.900,000
5. Assistance publique et hôpitaux (sans nouvelles constructions)			
Subvention aux dép. ord. de l'Assist. publique		10.979,000	
Subvention au service des enf. assistés		568,000	
Service des aliénés		1.669,000	
Secours à divers établissements		120,000	13.336,000
6. Intérêts des dettes et amortissement			117.839,000
7. Éclairage public et privé (matériel)			4.100,000
8. Parcs :	Bois de Boulogne	436,000	
	» » Vincennes	269,000	
	Autres promenades	553,000	
	Pépinière	210,000	
	Autres dépenses	88,000	1.556,000
9. Corps des pompiers			155,000
10. Cultes (sans nouvelles construction)			224,000
11. Égouts :	Grosses réparations et constructions	484,000	
	Entretien de la Bièvre des égouts et des urinoirs publics	250,000	
	Curage	1.217,000	
	Vidange à La Villette	111,000	2.062,000
12. Dérivation de la Vanne			6.846,000
13. Payement aux sinistrés par le second siége			64.551,000
14. Frais et pertes dans l'emprunt de 140 millions			11.526,000
15. Dépenses de la guerre et de l'insurrection			574,000
16. Mairie centrale et Mairie d'Arrondissements :			
Centrale		2.933,000	
D'Arrondissements		2.299,000	5.232,000

*) Voir page 328.

Remarque concernant le total des recettes et des dépenses.

Les recettes et les dépenses totales, comme elles sont contenues dans le Compte Général, donnent pour les Dépenses 333.998,000
les Recettes 360.627,000

Mais vu que nous avons établi en principe de ne pas regarder comme recettes ou comme dépenses celles provenant des entreprises indépendantes, mais de n'en considérer que l'e x c é-d a n t soit comme recette soit comme dépense, nous avons été forcés de déduire

	des recettes	des dépenses	laissant comme excédant dans les recettes
Pour fourniture d'eaux . .	7.960,000 fr.	2.369,000 fr.	5.591,000 fr.
Abattoirs	2.362,000 »	138,000 »	2.224,000 »
Entrepôts	2.404,000 »	503,000 »	1.901,000 »
	12.726,000	3.010,000	9.716,000

Ainsi en déduisant des dépenses s'élevant à . . . 333.998,000 fr.
les frais des entreprises . . . . 3.010 000 »
il reste comme dépenses 330.988,000

et déduisant des revenus de 360.627,000
les recettes des entreprises 12.726,000
il reste comme recettes 347.901,000
et en ajoutant le revenu net des entreprises indépendantes 9.716.000
il reste comme recettes totales 357.617,000

Spécification des dépenses scolaires (sans constructions nouvelles.)

Lycées, colléges et institutions spéciales	639,000
Instruction primaire	6.410,000
Écoles supérieures	1.469,000
Instruction gratuite des enfants réf. prot. et isr. . . .	90,000
Subvention aux écoles de dessin	93,000
» à divers établissements d'instr. prim. . . .	98,000
Taxe des écoles de la ville de Paris	101,000
Écoles d'apprentissage	204,000
Réparation des établissements	224,000
Frais de mobilier	328,000
» » » (achat)	150,000
Bibliothèques scolaires	54,000
Autres dépenses.	66,000
Entretien des écoles	378,000
Total	10.304,000

Spécification des dépenses pour voies de communication :

Entretien du pavé	6.003,000
Nouveau pavage	566,000
Autres voies	50,000
Trottoirs à la charge de la ville	489,000
Entretien des trottoirs et aires bitumés	1.000,000
Entretien de la rue militaire	250,000
Consolidation des carrières sous la voie publ.. . . .	120,000
Contribution pour la construction de St. Germain . . .	400,000
Autres dépenses	52,000
Total	8.930,000

3. Recettes ordinaires et dépenses ordinaires de la ville de PARIS
en 1847, 1860 et 1870 *)

Recettes ordinaires	1847	1860	1870
Centimes communaux	1.061,000	2.565,500	5.440,373
Octroi.	30.800,000	67.344,000	110.076,000
Location des places dans les halles et marchés .	2.351,850	6.121,200	10.036,000
Poids publics et mesurage	260,300	572,000	1.172,000
Droits de voirie.	218,700	340,000	712,000
Produit das établissements hydrauliques . . .	1.070,000	1.950,000	7.868,800
Abattoirs	1.100,009	1.540,000	2.688,000
Entrepôts.	401,400	380,000	725,000
Location d'emplacement sur la voie publique. .	685,151	2.317,975	4.353,243
Loyers des propriétés communales	169,265	743,985	2.409,081
Expédition d'actes	103,000	114,500	198,000
Taxes funéraires	401,400	250,000	749,400
Concession de terrains dans les cimétières . .	685,480	1.350,300	1.751,500
Contributions, legs et donations.	1.996,903	8.287,154	11.718,544
Recettes diverses annuelles	1.902,543	2.786,768	10.530,904
Total des recettes ordinaires . .	43.566,692	69.663,382	171.530,904
Dépenses ordinaires	**1847**	**1860**	**1870**
Dette	4.589,304	8.103,240	46.472,127
Charges de la ville envers l'état	4.080,158	1.836,000	3.816,000
Préfecture, mairie centrale	751,150	1.341,900	2.583,240
Octroi et services de perception.	3.024,898	6.117,121	9.326,474
Mairies d'arrondissement	464,440	921,050	1.410,700
Garde nationale, garde de Paris, service militaire	951,352	2.953,331	3.046,874
Culte	84,325	125,071	163,786
Inhumations	422,750	629,150	780,751
Établissement de bienfaisance	5.439,297	8.605,794	12.582,448
Lycées, colléges, institutions spéciales	116,870	140,160	670,881
Instruction primaire	1.070,850	2.277,603	6.412,878
Travaux de Paris { Entretien des édifices communaux . . .	190,000	1.314,312	1.986,900
Voirie de Paris	862,000	10.491,798	781,400
Service municipal des travaux publics . .	3.091,652	3.709,400	25.277,100
Pensions et secours	11,810	169,877	95,842
Fétes et cérémonies publique.	277,500	681,000	810,000
Dépenses diverses	—	300,200	469,179
Préfecture de police	10.720,072	11.930,184	16.094,318
Dépenses imprévues	1.957,839	320,468	1.250,006
Total des dépenses ordinaires . .	29.775,434	63.572,959	134.030,904

*) V. Annuaire de Paris pag. 82, 83. Nous faisons remarquer que ces renseignements ne sont que les chiffres sommaires des récapitulations des comptes géneraux et ne comprendent que les recettes et dépenses o r d i n a i r e s. On est prié de consulter sur se point ce qui se trouve pag. 324.

42

Annexe aux comptes annuelles.

I. Impôts directs.

Tableau du produit des centimes communaux revenant à la ville de Paris pour l'année 1873.

(Tiré du compte général des recettes et des dépenses).

Désignation des produits	Quotité de centimes revenant à la ville	Foncière	Personelle et mobiliére	Portes et fenêtres	Patentes	Total
Principal.						
Centimes communaux.						
1. Centimes ordinaires . . .	5	644,199	412,366	—	—	1.056,565
Frais de perception (3°/o produit)		19,519	9,650	-	—	29,169
2. 8 cent. sur les patentes . .	8	—	—	—	1.563,432	1.563,432
3. Centimes spèciaux pour dépenses de l' instruct. primaire	7	901,878	577,312	355,200	1.478,701	3.313,091
Frais de perception (3°/o). .	—	27,327	13,510	10,976	46,579	98,392
4. Centimes extraordinaires (les du 5 février 1872.) sur fonc. mob. et fen.	10	1.288,397	824,732	507,428	—	2.620,557
Sur patentes	5	—	—	—	1.056,215	1.056,215
Frais der perception . . .	3	39,038	19,300	15,680	33,271	107,289
5. Attribution du 20. sur l'impôt des chevaux et voitures	—	—	—	—	—	36,581
						9.881,291

II. Octroi et consommation.

(Tiré de l'Annuaire de Paris.)

L'octroi constitue la source la plus abondante des revenus municipaux. En comparant les chiffres des recettes relatives aux trois époques 1847, 1868 et 1870 on est frappé de l'accroissement prodigieux de cette source de revenus; cela tient, pour une part, à l'accroissement correspondant de la population parisienne qui a doublé durant la même période. Mais cela n' explique pas tout, car tandis que la population doublait, les revenus d'octroi devenaient quatre fois plus considérables, les taxes perçues à l'entrée de Paris restant sensiblement les mêmes. La progression rapide des revenus tient surtout à ce fait, que le chiffre moyen de la consommation par habitant s'est considérablement accru.

L'octroi de Paris était primitivement une imposition que la ville accordait au profit du roi pour faire face à quelques nécessités urgentes et pour une durée de temps limitée.

Par la suite du temps, cet impôt essentiellement transitoire prit un caractère permanent, et, à partir de la fin du seizième siècle, toute marchandise ou denrée passant par les barrières de Paris fut frappée d'un droit d'entrée.

L'organisation et le mode de fonctionnement de l'octroi ont été réglés et sont encore (1872) régis par l'ordonnance royale du 22 juillet 1834, à laquelle il n'a été apporté que des modifications de détail. Aux termes de cette ordonnance, l'octroi de Paris, ainsi que les entrepôts et établissements qui en dépendent, sont régis et administrés, sous l'autorité immédiate du préfet de la Seine et sous la surveillance générale du directeur des contributions indirectes, par un directeur et trois régisseurs, formant un conseil d'administration présidé par le directeur.

En comparant les revenus des octrois des principales villes de France, (1868) et les frais respectifs de perception on trouve que les frais sont les moindres à Paris.

	Revenus de l'octroi	Frais de perception	Rapport centésimal des frais aux revenus
Paris	103.267,876 fr.	4.949,169	4.8 %
Marseille	8.428,565 «	843,808	10 »
Lyon	7.693,186 »	772.967	10 »
Bordeaux	3.697,659 »	622,660	16.8 »
Rouen	2.622,832 »	455,172	17.3 »
Lille	2.534,364 »	239,869	9.4 »
Toulouse	2.334,809 »	268,094	11.5 »
Nantes	2.016,904 »	262.780	13 »
Le Hâvre	1.853,750 »	219.110	11.8 »

A l'égard du chiffre de la consommation moyenne par habitant et des variations que ce chiffre subit avec le temps, nous comparerons la consommation actuelle des habitants de Paris à celle qui a été constatée en 1789 par Lavoisier, d'après les relevés de la Ferme générale.

Consommation moyenne par habitant :

	en 1789.	en 1869.
Vin	114 litres par an	196 litres par an
Alcool	3.6 » » »	7 » » »
Bière	9 » » »	18 » » »
Viande (bœuf, vache, veau, mouton)	151 gr. par jour	187 gr. par jour
Pain	460 » » »	397 » » »

Ainsi, si l'on excepte le pain, on voit que la consommation moyenne s'est notablement accrue depuis la Révolution, mais c'est surtout pour le vin et les liqueurs spiritueuses que cet accroissement a pris des proportions qui dépassent toute mesure.

La consommation de la viande s'est sensiblement accrue à Paris : cela tient non seulement aux facilités plus grandes du transport des bestiaux par les chemins de fer, mais encore et surtout aux arrivages de viandes dites à la main, c'est-à-dire expédiées en pièces à Paris par les bouchers de province. Ces viandes dépecées qui, d'après un état de 1818, formaient alors à peine un centième de la consommation de la viande à Paris, représentent aujourd'hui une proportion de 21 pour 100, c'est-à-dire de plus du quart.

La consommation de la viande à Paris s'est accrue depuis quelques années d'un nouveau contingent fourni par la viande de cheval. Le premier étal hippophagique a été ouvert le 9 juillet 1866. Dans l'espace d'une année, on a abattu 2312 chevaux, du rendement moyen de 260 kilogrammes de viande par tête. Pendant le siége, plus de 80,000 chevaux ont été abattus et consommés par la population parisienne.

En 1868 Paris a consommé pour 27 millions 785,769 fr. de volailles et gibier ; 31.836,265 fr. de beurre ; 17.045,013 fr. d'œufs ; 15.268,925 fr. de marée ; 1.869,166 fr. d'huîtres, et 2.138,956 fr. de poissons d'eau douce. Ces chiffres donnent une idée suffisante de l'industrie des marchands de comestibles. Le chiffre d'affaires des marchands de beurre dépasse aujourd'hui 32 millions.

Le tabac est l'objet d'une règlementation spéciale, indépendante de l'octroi. Paris posséde deux manufactures de tabac, quatre entrepôts et huit débits. Le tabac consommé dans le département de la Seine en 1868 a produit une recette de 39.938,760 fr. 74 c. ; pour toute la France, le montant de la recette réalisée dans la même année s'élèvait à 247.657,987 fr. 20 c.

La quantité de bois à brûler diminue chaque année à Paris, tandis que la consommation du charbon de terre devient de jour en jour plus considérable ; en 1849, il entrait à Paris 495,000 stères de bois à brûler et 2.650,000 hectolitres de charbon de terre. Aujourd'hui Paris consomme 429,000 stères de bois et 705 millions d'hectolitres de charbon ; la raison en est que les forêts des environs de Paris s'épuisent peu à peu, et sont remplacées par les mines de charbon du Nord. Il n'est pas hors de propos de faire remarquer ici qu'il existe une différence énorme entre les prix de revient du charbon de terre pris à la mine, et son prix marchand à Paris. Ainsi le charbon belge, qui représente les deux tiers de la totalité de ce combustible brûlé à Paris, coûte 11 fr. 50 les mille kilos au lieu d'extraction et à Paris il est livré à 50 fr. Cette augmentation de prix tient d'une part aux droits d'octroi exorbitants qui frappent le combustible, d'autre part aux prélèvements opérés par les compagnies sur les transports.

Sauf quelques objets, tels que les bières allemandes et les charbons belges, qui viennent de l'étranger, Paris tire sa consommation tout entière de la province.

III. Taxes.

Droit d'expédition et de timbre des actes de l'État civil. 1873.

Chiffre des expéditions: naissances 35,408, décès 29,775, reconnaissance d'enfants 81, certificats de libération du service militaire 6, mariages 16,341, adoptions 14, actes notariés 39, autres expéditions 2819, total 84,483.

Le montant des droits était de 74,424 fr. 45 c., le montant des timbres 146,982 fr. 60 c., total 221,407 fr. 05 c.

IV. Entreprises.

Abattoirs.*)

Quantités de viande sortie (en kilogrammes):

Viande de boucherie . . . . 98.122,770, dont pour Paris 93.105,735
Viande de porc . . . . 13.566,585 » » » 13.476,028
(Quantités de suif fondu sorties 1.329,889.)

Fourniture d'eau**) On a élevé le droit d'abonnement de 50 à 60 frcs pour les eaux d'Ourcq, et de 100 à 130 frcs pour les eaux de la Seine, de source ou de puits artésiens. Malgré les appels réitérés de l'autorité, le nombre des abonnements particuliers aux eaux de la ville de Paris n'était, au commencement de 1870, que de 34,538; nous croyons savoir que ce nombre a depuis lors un peu diminué, en sorte que, présentement, (1872) plus de la moitié des maisons de Paris sont privées du bienfait d'un réservoir d'eau.

V. Produit des droits sur les ventes en gros dans les halles.

(Tiré du compte général des recettes et des dépenses.)

Désignation des objets soumis aux droits	Montant des ventes	Taux des droits perçus	Quotité attribuée à la ville	Produit des droits	Totaux par nature de droit et par art. du budget
Poisson d'eau douce . . .	2.161,034	7, 11, 16 %	6, 10, 15%	223,479 [1]	227,924
Huîtres	1.567,389	10 %	10 %	156,739	156,739
Marée	18.271,057	6, 10, 15%	6, 10, 15%	1.699,730 [2]	1.699,730
Salines	122,160	3 %	3 %	3,666	3,666
Volaille et gibier	33.312,296	10, 13 %	9.05, 12.05	3.788,216	3,788,216
Grain et farines [3]	—	0.50, 0.80 par quintal	1/10	17,100	17,100
Beurres	31.144,342	7 %	6.10	1.899,811	2.485,286
Oeufs.	17.536,293	4 %	3.10	543,631	
Fromages	3.486,806	3 %	1.20	41,844	
Légumes et fruits	4.411,231	5 %	2.55	112,558	—
Remise sur les droits attribués aux facteurs pour la vente des bestiaux sur le marché de la Villette [4] .	—	1	1/8	1,425	1,425
				Total . .	8.492,644

*) (Tiré du Compte général des Rec. et Dép.) — **) Tiré de l'Annuaire de Paris. [1]) Dont contribution des facteurs 4,444 fr. 45 1/9, de fr. 40,000. — [2]) Dont contribution des facteurs 35,555 fr. 5/9 de fr. 40,000. — [3]) 237,848 quintaux. — [4]) Montant des ventes 1.139,825.

VI. Emprunts.

(Tiré du Rapport de Mr le préfet de la Seine.)

La loi du 7 avril 1873 a alloué à la ville la somme 140 millons de francs payable en 26 annuités de 9.680,849 frcs.

Moyennant cette allocation, l'obligation a été imposée à la ville de Paris de solder les indemnités restant dues pour la réparation des dommages matériels causés, à l'intérieur ou à l'entour de Paris, par le fait des opérations militaires du second siége, et de pourvoir à la réparation des dommages matériels soufferts par les propriétés mobilières et immobilières à la suite de l'insurrection du 18 mars 1871.

Dans la séance du 9 août 1873 le conseil municipal avait arrêté d'employer cette somme comme suit :

1. Indemnités à payer aux sinistrés	70.000,000
2. Bons de la Caisse des Travaux échus en 1873 .	14.004,600
3. Échéance de la dette immobilière en 1873 . . .	6.495,000
4. Subvention à l'Assistance publique pour la continuation de l'Hôtel-Dieu	2.500,000
5. Construction d'écoles	4.000,000
6. Travaux d'architecture	6.250,000
7. Opérations de voirie	5.500,000
8. Frais de négociation, escompte et commission, sur les 70 millions revenant à la ville, après payement des indemnités, frais de timbre, etc.	7.241,583
9. Réserve pour extinction des déficits de 1871 et 1872	10.318,840
10. Pour couvrir une prévision de recette de pareille somme inscrite au budget de 1873	9.738,000
11. Payement de bons de la caisse des Travaux et de la dette immobilière échus en 1874. . . .	3.951,977
Total . .	140.000,000

VII. Police.

(Tiré de l'Annuaire de Paris.)

Les dépenses nécessitées par le service de la préfecture de police en 1870 s'élèvent à 16.094,313 fr.

L'État intervient pour une certaine somme dans le payement des dépenses de la police de Paris. C'est ainsi que pour 1871 sa part contributive s'élève à 5.207,000 fr.

La force municipale proprement dite comprend la garde républicaine, les gardiens de la paix et les sapeurs-pompiers. Mentionnons pour mémoire la garde nationale, qu'un décret récent de l'Assemblée vient de dissoudre.[1]

---

[1] La garde nationale de Paris, d'après un état officiel que nous avons sous les yeux, présentait l'effectif suivant à la date du 2 mai 1871 : 24 légions de marche comprenant 3413 officiers et 84,976 gardes présents, auxquels il faut joindre 5445 artilleurs ; 25 légions sédentaires comprenant 3252 officiers et 77,605 gardes. Le même état constate la présence à l'hôpital ou dans les ambulances de 3821 gardes nationaux pour la plupart blessés.

L'ancienne garde de Paris a reçu une nouvelle organisation militaire sous le nom de garde républicaine. Elle se compose maintenant de deux légions; chaque légion comprenant deux bataillons à huit compagnies, et en outre quatre escadrons de cavalerie. Les deux légions présentent un effectif d'environ 8000 hommes, dont 6500 à pied et 1500 à cheval.

Les gardiens de la paix (ancien corps des sergents de ville) ont également reçu une organisation militaire, ils forment quatre bataillons de dix compagnies; l'effectif des gardiens de la paix est d'environ 6000 hommes.

VIII. Sapeurs-pompiers.

(Tiré de l'Annuaire de Paris.)

Le corps des sapeurs-pompiers, qui est plus spécialement affecté à la garde des propriétés contre les dangers d'incendie, est réparti dans 11 casernes et 45 postes. Le total des incendies constatés à Paris pendant les années 1867, 1868 et 1869 s'élève à 1978; c'est une moyenne annuelle de 659 incendies. Sur ces 1978 incendies, pour lesquels les pompiers sont intervenus, il y a eu: 520 dégâts sérieux et 1458 dégâts légers. Les estimations approximatives des dégâts portent les pertes subies, par ces 1978 inscendies à 13.150,315 fr. 35.

Le nombre des sauvetages de diverse nature opérés par le corps des sapeurs-pompiers durant les trois années 1867—68—69 s'élève à 171; dans le nombre on trouve 53 personnes retirées de puits, 16 personnes, dont deux malfaiteurs, saisies sur des toits et en danger imminent, 16 personnes retirées de fosses d'aisance, 27 personnes retirées des flammes, etc.

Le corps des sapeurs-pompiers rentre dans les attributions du ministre de la guerre, pour tout ce qui concerne son organisation, son recrutement, le commandement militaire, la police intérieure. Le ministre de l'intérieur intervient dans la fixation de l'ensemble des dépenses. Il est entretenu aux frais de la Ville.

Le service contre l'incendie s'exécute sous la direction et d'après les ordres du préfet de police.

Le corps des sapeurs-pompiers se recrute, comme la garde républicaine, par voie d'engagement volontaire, parmi les sous-officiers et soldats de l'armée munis de congés en bonne forme, et reconnus aptes à ce service spécial.

IX. Voies publiques et plantations.

(Tiré de l'Annuaire de Paris.)

Au commencement de 1868, les chaussées pavées occupaient à Paris, une superficie de 4.883,643 mètres carrés; les chaussées macadamisées, une superficie de 2.147,005; les chaussées asphaltées une superficie de 165,654 mètres; enfin les trottoirs représentaient en surface une étendue de 1.752,340: au total pour la voie publique 8.947,642 mètres carrés, c'est-à-dire un peu plus du dixième de la superficie totale de Paris.

On comptait, en 1868, dans l'ancien Paris 55,824 arbres d'alignement sur les quais, les boulevards et les places; on en comptait 39,753 dans la zone annexée. Ces plantations ont beaucoup souffert pendant le siège de Paris et sous la Commune ; aussi le conseil municipal a-t-il voté un crédit de 98,000 francs pour le remplacement des arbres détruits.

Dans les chiffres précédents ne sont pas compris les parcs et squares plantés, ouverts dans l'intérieur de Paris, ni les bois de Vincennes et de Boulogne, situés à sa périphérie. Le bois de Boulogne a une superficie de 847 hectares ; il présente un développement d'allées de 95 kilomètres et nécessite un volume de 1500 mètres cubes d'eau par jour pour l'arrosement, le lac ou les cascades. Le bois de Vincennes a une surface de 800 hectares, une longueur d'allées de 70 kilomètres, et une canalisation d'eau de 27,400 mètres ; son service d'eau emprunte chaque jour à la Marne, 15 killions de litres. Le parc Monceaux a 10 hectares de superficie, le parc de Montsouris 18, le parc des Buttes-Chaumont 25. Ces cinq parcs ou bois présentent une surface boisée de 1700 hectares ; les travaux de transformation ont coûté 26 millions et demi. A l'intérieure de Paris, nous trouvons encore 21 squares d'une superficie totale de 9 hectares.

X. ·Boues et résidus.

(Tiré de l'Annuaire de Paris.)

Le service de l'enlèvement des boues provenant de la voie publique est fait par les employés de l'administration.

Le service de l'enlèvement des détritus et immondices domestiques, est fait par des entrepreneurs, dont quelques-uns sont des cultivateurs de la banlieue : ils recueillent les débris dans leurs tombereaux tous les matins et les transportent hors Paris, ou ils en forment des dépôts qu'ils vendent comme engrais.

X. Instruction publique.

(Tiré de l'Annuaire de Paris.)

L'enseignement primaire est donné par la salle d'asile pour les enfants au-dessous de sept ans, par les écoles élémentaires pour les enfants âgés de plus de sept ans. Au 1-er juillet 1871 le nombre des salles d'asiles ouvertes à Paris était de 94, réunissant 17,222 enfants ; de ces salles, 65 étaient dirigées par des laïques, 29 par des congréganistes : les premières comptaient 11.022 enfants, les secondes 6220.

Au 1-er juillet on comptait 124 écoles primaires de garçons et 123 de filles ; 136 étaient tenues par des laïques, 111 par des congréganistes : les écoles laïques renfermaient une population de 19,689 garçons et 14,737 filles, les écoles congréganistes étaient suivies par 18,037 garçons et 18,934 filles.

La ville de Paris ne peut offrir dans ses établissements primaires que 88,619 places. Or, le recensement de la population constate la présence à Paris de 259,517 enfants d'âge à fréquenter l'asile ou l'école.*)

---

*) L'enseignement primaire comprend l'instruction religieuse, la lecture, l'écriture, la langue française, le calcul et le système métrique, l'histoire de France, la géographie, le dessin, le chant et la couture.

L'ensemble des cours dans les établissements d'enseignement secondaire est reparti sur une durée moyenne de huit années. Cet enseignement conduit aux carrières dites libérales.

A ces établissements, il faut ajouter le collège municipal Rollin, qui est une propriété de la ville.

De ces sept établissements d'instruction secondaire, cinq reçoivent des internes et des externes et entre ceux-ci se trouve aussi le collège Rollin.

Le prix de la pension est de 1000—1400 francs, et pour l'externat 150—250 francs, 216 bourses sont affectées aux lycées de Paris.

En dehors de ces établissements, on comptait à Paris 166 établissements libres pour l'instruction secondaire (en 1868.) [1])

L'enseignement professionnel sert de préparation aux carrières industrielles et commerciales. Cette forme d'enseignement, qui a pris à Paris depuis vingt ans un développement considérable, ne comprend pas moins de 14 cours publics et gratuits et 16 écoles non gratuites, qui distribuent l'instruction à 18,000 adultes.

A côté des cours libres et gratuits, l'administration municipale a eu l'idée d'inaugurer un enseignement primaire supérieur dans des écoles non gratuites; trois de ces établissements sont actuellement en pleine prospérité: le Collège Chaptal, l'École Turgot, et l'École Colbert. Ces établissements municipaux s'adressent à la partie de la jeunesse qui se destine au commerce ou à la banque, à l'industrie, aux administrations publiques ou privées.*)

Les écoles Turgot et Colbert ne reçoivent que des externes. La taxe scolaire est de 15 francs par mois. Le collège Chaptal reçoit des internes. Dans ces deux écoles la durée de l'enseignement est de trois années. A Chaptal la durée est de six ans,**) il y a des demi-pensionnaires et des externes: le prix de la pension varie de 1,050 à 1200 francs, suivant l'âge; la demi-pension de 500 à 900 francs; l'externat de 250 à 350 francs.

La population scolaire est répartie comme suit dans ces établissements: au collège Chaptal: 1100 élèves dont 600 externes; à l'école Turgot: 960; à l'école Colbert 400.

Ces écoles grèvent le budget de la ville d'une charge minime; elles rendent à la population des quartiers où elles sont situées des services inappréciables; aussi l'administration a-t-elle mis à l'étude un projet d'augmentation du nombre de ces écoles.

---

[1]) L'enseignement secondaire comprend l'étude des langues mortes (grecque et latine), des langues vivantes (française, anglaise, allemande, italienne, espagnole), des mathématiques élémentaires, de la physique, de la chimie, de l'histoire naturelle, de l'histoire et de la géographie, de la littérature et de la philosophie.

*) Le programme de l'enseignement comprend : les langues française, anglaise et allemande, l'arithmétique, la géométrie et l'algèbre, l'histoire naturelle, la chimie, la physique, la mécanique et la géographie, la comptabilité, la calligraphie, le dessin géométrique et à main levée, le chant.

**) L'enseignement comprend dans cette école: l'étude de la langue latine, les langues italienne et espagnole, la littérature, les mathématiques appliquées, la comptabilité et la législation commerciale, enfin l'économie politique.

43

Les trois écoles municipales actuellement existantes ne reçoivent que des garçons.

L'autorité a créé récemment une école supérieure de jeunes filles sur le même plan que les écoles de garçons.

Écoles de dessin. — L'art du dessin est enseigné à Paris dans toutes les écoles primaires et dans les écoles municipales et commerciales. Mais il existe en outre deux écoles spéciales : l'une pour le dessin et les mathématiques appliqués aux beaux arts et à l'industrie, destinée aux garçons ; l'autre pour le dessin, ouverte seulement aux jeunes personnes. Il existe en outre, dans un grand nombre d'arrondissements, sinon dans tous, des cours de dessin appliqué aux arts. Le nombre des élèves des deux sexes qui fréquentent les écoles de dessin de tout ordre ne s'élève pas à moins de 10,000. Signalons encore l'école de Notre-Dame des arts de Neuilly, destinée à former des artistes femmes pour l'enseignement du dessin. Cette école compte une centaine d'élèves.

XII. Assistance publique.

Le service de l'Assistance publique constitue à Paris une des branches les plus importantes de l'administration de la ville : il n'en peut être autrement. quand on songe qu'il s'y trouve 280,000 personnes qui y sont chaque année assistées à l'aide d'un budget spécial qui dépasse vingt millions.

I. Hôpitaux et hospices.

Les établissements hospitaliers sont au nombre de 32, savoir : 9 hôpitaux généraux affectés aux maladies courantes aiguës et aux affections chirurgicales ; 11 hôpitaux spéciaux, dont 3 situés hors Paris ; 5 hospices généraux ; 4 maisons de retraite et 3 hospices fondés pour la vieillesse et les infirmes.

Le service médical des établissements hospitaliers de l'Assistance publique est fait par 78 médecins, 15 chirurgiens, 23 médecins et chirurgiens du bureau central, 17 pharmaciens, 2 prosecteurs, 137 internes en médecine, 97 internes en pharmacie, 7 sages-femmes, 355 externes et 458 élèves stagiaires donnant leurs soins aux malades.

Les médecins, chirurgiens et pharmaciens des hôpitaux et hospices sont nommés au concours ; ils sont secondés par des internes et des externes nommés également au concours. Les internes de première et de deuxième année ont un traitement de 400 et 500 francs, ceux de quatrième année de 700 francs.

Le régime alimentaire des malades dans les hôpitaux de Paris comprend huit degrés. La ration maximum comprend 600 grammes de pain, un demi litre de vin, un demi litre de bouillon, 250 grammes de viande, et 50 centilitres de légumes.

Le nombre des malades, indigents ou infirmes secourus dans les établissements hospitaliers de Paris, dépasse 100,000 par an. En 1867, 96,704 malades ont été admis dans les hôpitaux ; 12,465 vieillards ou infirmes ou aliénés ont été traités dans les hospices ; total : 109,169 personnes.

Tableau des hôpitaux et hospices.*)

	Lits de médecine	Lits de chirurgie	Berceaux	Total des lits	Moyenne annuelle des malades traités	Mortalité	
1. Hôpitaux généraux							
Hôtel-Dieu	506	254	64	834	12000	12%	
La Pitié	434	168	31	633	8900	12%	
La Charité . . .	313	106	21	440	7500	$10^1/_2$%	
Saint-Antoine . . .	445	113	30	588	6500	$12^1/_2$%	
Necker	305	109	30	444	6050	$12^1/_2$%	
Cochin	50	51	30	193	1600	12%	
Beaujou	220	178	18	416	6400	$11^1/_2$%	
Lariboisière. . . .	402	204	28	634	9500	$13^1/_2$%	
Hospice Dubois (non gratuit)	—	—	—	300	1500	22%	
2. Hôpitaux spéciaux.							
Saint-Louis (ma'adies de la peau)	636	156	30	822	4400	4%	
Hôpital du midi (affections vénériennes . . .	—	—	—	290	3750	4%	hommes
Lourcine (affections vénériennes)	—	—	24	276	1300	2%	femmes
Hôpital des enfants malad.	—	—	—	598	3250	17%	
Ste Eugénie (enfants) . .	—	—	—	405	2900	15%	
Hôpital des cliniques . .	86 *)	62	37	185	2250	7%	*) pour accouchements
Maison d'accouchement .	—	—	—	214	4800	7%	école pratique pour les sages-femmes
Hors Paris :							
Roche-Guyon (enf. scroful.)							
Forges (enfants scrofuleux)							
Berck » »							
3. Hospices.							
Bicêtre, (vieillards hommes)	—	—	—	2611 *)	—	—	*) dont 1705 pour indigents. 166 pour infirmes, 740 pour aliénés
Salpêtrière » femmes	—	—	—	4422 *)	—	—	*) dont 2790 p. ind., 291 inf. 1311 al.
Hosp. des Incurables à Issy	—	—	—	2029	—	—	
» » enfants assistés	—	—	85	542	5500 *)	8%	*) dont 69 enf. trouvés, 4 13 abandonnés, 287 orphelins
Boulard	—	—	—	15	—	—	pour 15 pauvres honteux au-dessus de 70 ans
Brézin	—	—	—	258	—	—	pour ouvr. pauvr. au dessus de 60 ans
Devillas	—	—	—	35	—	—	
Chardon-Lagache .	—	—	—	104	—	—	Pauvres du culte protestant
Lambrecht . . .	—	—	—	—	—	—	
Maison des ménages	—	—	—	1337	—	—	Pour pensionnaires veufs ou veuves qui payent en entrant 1000-3200 fr.
Hospice de Larochefoucauld . . .	—	—	—	246	—	—	Pension 250—312 fr. par an
Institution Sainte Périne . . .	—	—	—	293	—	—	Pension sexagénaires à 700 fr. par an.

(Brace label at Boulard–Lambrecht: *fondations particulières*; at Maison des ménages–Institution Sainte Périne: *maisons de retraite*.)

*) V. l'Annuaire de Paris.

43*

II. Secours à domicile.

Les secours à domicile sont distribués par l'intermédiaire des bureaux de bienfaisance, institués dans chacun des vingt arrondissements.

Les personnes qui reçoivent des secours du bureau de bienfaisance forment deux catégories bien distinctes : 1-o les indigents proprement dits qui sont inscrits sur les contrôles du bureau et en représentent l'élément fixe ; 2-o les nécessiteux qui réclament l'assistance à raison d'une gêne momentanée.

Les secours distribués aux indigents inscrits sont : 1-o les secours généraux en aliments, combustible, lingerie, habillement et argent ; le chiffre de ces secours par ménage varie de 45 à 115 francs ; 2-o les secours spéciaux distribués aux aveugles, paralytiques et septuagénaires, lesquels reçoivent une somme mensuelle de 5—12 fr. ; le chiffre de ces secours s'est élevé à 6752 francs en 1867 ; 3-o les secours dits d'hospice destinés à remplacer le placement dans un hospice : ils sont fixés à 253 francs par homme et à 195 par femme ; 1137 individus ont pris part à cette distribution de secours de 1860 à 1867.

Les dépenses pour secours à domicile varient d'une année à l'autre ; elles étaient de 3.457,560 fr. en 1866 ; elles se sont élevées à 4.857,023 fr. en 1867.

Le service médical des bureaux de bienfaisance est fait par 205 médecins et 111 sages-femmes, chacune d'elles faisant en moyenne de 76 à 80 accouchements par an, et recevant une indemnité de 3 francs par accouchement.

Les médecins attachés au service des secours à domicile reçoivent une allocation, qui est de 600 francs pour ceux qui pratiquent dans les quartiers du centre, et de 1000 francs pour ceux qui exercent dans les quartiers hors du centre,

Le recensement fait par les employés de l'administration en 1866 a établi que le nombre des individus assistés est de 105,119, appartenant à 40,644 ménages ; en cinq ans, de 1861 à 1866, le nombre des indigents secourus à Paris s'est accru de 14,832 personnes.

Le nombre des malades traités chez eux était en 1867 de 55,634, non compris les accouchements à domicile qui s'élèvent à plus de 8000. Les 55,634 malades se décomposent de 24,987 indigents et de 30,647 nécessiteux.

Budget de l'Assistance publique.

Les revenus immobiliers constituaient autre fois une des principales branches de la recette des hôpitaux. Ainsi en 1789, au moment où éclata la Révolution, le loyer seul des maisons de Paris appartenant aux hôpitaux rapportait 1.092,000 livres. Après la crise révolutionnaire, les hospices de Paris possédaient encore en 1804, dans l'intérieur de la capitale, 731 maisons donnant un revenu annuel de 923,960 fr.

Sous l'Empire on vendit beaucoup : en sept ans, on aliéna pour 10.857,430 fr. de propriétés foncières appartenant aux hôpitaux.

La Restauration et le gouvernement de juillet ne touchèrent pas au patrimoine des hôpitaux ; mais avec le second Empire les ventes recommencèrent. Nous ignorons quel est le chiffre total des aliénations ; ce que nous savons, c'est que dans la seule année de 1865 il s'est élevé à 5.362,031 fr., et que les loyers de ces maisons et terrains ne figuraient plus au budget de 1866 que pour le chiffre de 526,805 fr.

Les rentes sur l'État, qui consistent en grande partie en inscriptions de 3 p. 100, donnaient en 1866 un revenu annuel de 1.316,370 fr. La fortune mobilière des hôpitaux a éprouvé des pertes sensibles, par le fait de réductions opérées à différentes époques. En 1722, après le désastre financier de Law, les rentes des hôpitaux furent réduites de moitié ; malgré cette réduction de 50 p. 100, elles représentaient encore un chiffre de 1.950,000 fr. au moment de la Révolution ; la liquidation Ramel (1798) les réduisit au tiers (tiers consolidé) ; ce tiers fut lui-même réduit aux $^9/_{10}$ par la conversion de 1852, en sorte qu'une rente de 100 frcs en 1720 ne représente plus aujourd'hui que 15 fr.

L'Assistance publique tire un revenu important de la perception des droits attribués, tels que le dixième des billets d'entrée dans les spectacles et concerts (loi du 7 frimaire an V.), concession de terrains dans les cimetières, etc. L'impôt sur les spectacles rapporte une somme annuelle qui dépasse un million et demi ; en 1866, cette perception a donné 1.836,564 fr.

Par arrêté en date du 8 décembre 1829, les hôpitaux de Paris prélèvent un cinquième sur le prix des concessions de terrains dans les cimetières : c'est un revenu annuel qui dépasse aujourd'hui 200,000 fr.

Les journées de malades payants dans les hôpitaux ont fourni une recette de 566,636 fr. en 1866.

La subvention de la Ville pour les dépenses ordinaires était de 9.374,727 fr. en 1866, et pour les dépenses extraordinaires, telles que travaux de construction d'hôpitaux, de 1.110,000 fr. ; la subvention du département pour les aliénés a été pour la même année de 1,140,149 fr.

Les recettes provenant de la vente d'immeubles et de capitalisation de fonds ont donné en 1866 une somme de 6.313,559 fr.

Dépenses. Pour 1868 : 6.783,482 fr. 52 pour des hôpitaux ; 6.159,061 fr. 3 c. pour les hospices et maisons de retraite ; 4.487,368 fr. 56 c. pour secours à domicile ; 928,296 fr. 12 c. pour enfants assistés ; les charges foncières s'élèvent à 379,692 fr., les frais d'administration à 901,954 fr. 12 c.

On trouve que les dépenses d'alimentation représentent le tiers de la dépense totale.

Le total des dépenses ordinaires de l'Assistance publique oscille entre dix et vingt et un millions ; il faut ajouter à ce chiffre les dépenses extraordinaires qui s'élevaient chaque année sous l'Empire à sept ou huit millions. Les dépenses d'architecture figuraient pour le plus gros chiffre dans ce budget supplémentaire.

4. Recettes et dépenses de l'administration de l'assistance publique en 1869.

Recettes ordinaires :			Dépenses ordinaires :		
Revenus immobiliers		1.661,323	Personnel administratif	} Personnel	1.789,176
Revenus mobiliers *)		2.425,457	Service de santé		390,923
Impôt en faveur des indigents sur les billets d'entrée des spectacles, etc.	droits attribués	1.827,028	Dépenses accessoires		205,603
			Frais de bureau		173,943
Mont-de-Piété. — Bonis de prescriptions et bénéfices d'exploitation		655,127	Frais d'actes et de procédure		8,609
			Rentes et fondations		509,511
Part dans le produit des concessions de terrains dans les cimetières		211,312	Entretien des bâtiments	} Bâtiments	740,038
			Contributions		73,447
Frais de séjour dans divers établissements		923,999	Nourriture et traitement des malades et des indigents		8.825,632
Produits d'établissements de service général		2.687,179	Dépenses accessoires et matériel		1.777,292
Produits des hôpitaux et hospices		169,244	Dépenses diverses		943,435
Exploitations diverses		245,644	Enfants-Assistés	} dépenses des enfants placés à la campagne	158,570
Remboursement de frais d'adjudication, de fournitures et travaux		23,547	Direction des nourrices		262,608
			Secours à domicile		3.845,525
Recettes diverses		52,453	Magasin central		2.661,903
Prix de journée des aliénés traités dans les deux hospices de la vieillesse		1.067,369	Fondation Brezin		19,303
Fondations		42,052	Total des dépenses		22.385,518
Total des revenus hospitaliers		11.991,734			
Subvention municipale pour dépenses ordinaires		10.413,880			
Total des recettes		22.405,614			

*) Dont rentes sur l'État 1.857,607 francs.

**) Dans le tableau F. du compte moral de l'administration de l'assistance publique nous trouvons la seule spécification des dépenses extraordinaires (nous ne saurions indiquer un tableau où se trouveraient les recettes extraordinaires) Suivant ce tableau les dépenses ordinaires montent à . . . . 19.589,052 fr.
les dépenses extraordinaires à . . . . 6.468,122 »

Total . . 26.357,177 fr.

Tiré du compte moral de l'administration de l'assistance publique pour 1869.

5. Mouvement des enfants-assistés en 1869.*)

Mouvement du 1-er janvier au 31. décembre 1868. au soir	Enfants-assistés				Enfants en dépôt	Total des enfants assistés et en depôt	Nourrices sédentaires	Service de la campagne		Total	Total Général
	Trouvés	Abandonnés	Orphelins	Total				Nourrices	Surveillantes		
Existants le 1-er janv. 1869 au matin	8	119	27	154	163	317	29	—	—	29	346
Admissions	49	3,863	348	4,260	6,009	10,269	82	2,752	385	3,219	13,488
Réintégrations	14	744	56	814	3	817	2	1	—	3	820
Total des Entrées	71	4.726	431	5,228	6.175	11,403	113	2,753	385	3,251	14,654
Sorties définitives.											
Placés à la campagne	51	3,604	305	3,960	—	3,960	85	2,753	385	3,223	7,183
Remis à leurs parents	2	536	25	563	1,584	2,147	—	—	—	—	2,147
Passés aux enfants abandonnés	—	—	—	—	4,260	4,260	—	—	—	—	4,260
Renvoyés dans leur département	—	77	4	81	—	81	—	—	—	—	81
Admis dans les hospices	1	1	—	2	—	2	—	—	—	—	2
Sorties pour ordre.											
Envoyés dans les hôpitaux	—	25	2	27	—	27	—	—	—	—	27
Placés à Paris	6	37	24	67	—	67	—	—	—	—	67
Évadés de l'hopice	—	—	—	—	1	1	—	—	—	—	1
Sortis pour causes diverses	4	23	4	31	1	32	—	—	—	—	32
Total	64	4,303	364	4,731	5,846	10,577	85	2,753	385	3,223	13,800
Décédés	4	312	41	357	137	494	1	—	—	1	495
Total des sortis	68	4,615	405	5,088	5,983	11,071	86	2,753	385	3,224	14,295
Restant le 31. déc. 1869. au soir	3	111	26	140	192	332	27	—	—	27	359
Journées	1,254	35,994	10,738	47,987	63,168	111,155	10,573	4,234	562	15,369	126,524
Journ. d'employés nourris	—	—	—	—	—	—	—	—	—	—	37,389
»　　　　» à l'extraord.	—	—	—	—	—	—	—	—	—	—	1,406
Employés logés	—	—	—	—	—	—	—	—	—	—	2,190
»　non logés	—	—	—	—	—	—	—	—	—	—	4,015

Mortalité moyenne (calculée d'après le nombre des sortis et des morts divisé par le nombre des morts).

Enfants-assistés :		Garçons	Filles
» »	Trouvés	—	1 sur 10.—
» »	Abandonnés	1 sur 15.22	1 » 14.35
» »	Orphelins	1 » 8.87	1 » 11.16
	Total		1 sur 14.25

Enfants en dépôt. Garçon 1 sur 46.07 Fille 1 sur 41.30.

*) Tiré du compte moral de l'administration de l'assistance publique pour 1869.

A l'administration de l'Assistance publique se rattache un établissement mixte, la direction municipale des nourrices. Cet établissement a pour but de procurer aux familles des nourrices.

En terminant cette revue, il nous faut encore consacrer quelques lignes à d'autres établissements qui ne relèvent pas de la direction municipale et à diverses institutions de charité, dues à l'initiative privée.

Les asiles de convalescence de Vincennes et du Vésinet, dépendent du ministère de l'intérieur et sont en relation avec l'Assistance municipale de Paris dont ils reçoivent chaque jour les convalescents évacués des hôpitaux et des bureaux de bienfaisance. En 1868, le nombre des convalescents entrés à l'asile de Vincennes a été de 11,640 ayant fourni 188,059 journées de présence. Au Vésinet, il a été admis 6602 convalescens qui ont fourni 123,059 journées de présence.

Le ministère de l'intérieur a encore sous sa dépendance l'hospice des Quinze-Vingts, la maison de Charenton, et avait autrefois d'autres établissements d'aliénés dépendant aujourd'hui de l'Assistance publique.

XII. Éclairage.

(Tiré de l'Annuaire de Paris.)

Il y a un siècle, en 1771, les 980 rues de Paris étaient éclairées par 6200 lanternes publiques, dont les frais de luminaire s'élevaient par an à 135,000 livres. Aujourd'hui les 3000 rues de Paris sont éclairées par 33,850 appareils, dont 32,320 au gaz et 1539 à l'huile. L'éclairage public au gaz absorbe annuellement 400,000 tonnes de houille, et nécessite une dépense annuelle de 3.013,000 francs, ce qui élève à 93 francs le montant de la dépense par bec de gaz; la dépense municipale par bec d'huile, brûlant dans les mêmes conditions, s'élève à 220.

Le volume de gaz consommé s'est élevé en 1869 à 145.109,424 mètres cubes et a produit une recette de 36.018,041 fr. 78 c. Le nombre des abonnés au 1-er janvier 1870 était de 86,541. La consommation annuelle du gaz en 1855 n'était que de 47.744,400; on voit qu'elle a triplé en quinze ans. Rappelons que le premier bec de gaz fut établi, rue de la Paix, dans la nuit du 31 déc. 1829.

Le développement total de la canalisation du gaz, au 1-er janvier 1870, était de 1.467,975 mètres courants de conduites, savoir: 661,936 pour l'ancien Paris, 432,405 pour la zone annexée et 373,374 pour la banlieue extra muros. On voit par ces chiffres combien la zone annexée se trouve déshéritée, si on la compare à l'ancien Paris: la superficie de la zone annexée est de 4365 hectares, tandis que l'ancien Paris n'a qu'une superficie de 3747 hectares.

XIV. Égouts.

(Tiré de l'Annuaire de Paris.)

Les grandes lignes de canalisation souterraine de Paris sont exécutées.

Le réseau des égouts de Paris comprend sept grandes galeries ou artères principales, dont quatre sont sur la rive droite et trois sur la rive gauche.

Le collecteur général, qui reçoit ainsi les liquides d'écoulement des deux rives, part de la place de la Concorde, traverse le faubourg Saint-Honoré, se dirige vers Asnières, et débouche en Seine en un point situé à vingt kilomètres à l'aval de Paris.

La longueur des égouts existants dans Paris au 1-er janvier 1871 était de 575,691 mètres courants, dont plus de 180,000 de grand type, c'est-à-dire munis de rails ou portant des bateaux-vannes. La répartition des égouts entre les différents quartiers de Paris est fort inégale; en général les quartiers de la zone suburbaine annexée sont beaucoup moins favorisés que ceux de l'ancien Paris.

Le collecteur général et le collecteur départemental versent chaque jour dans la Seine 260,000 mètres cubes d'eau impure: c'est presque le vingtième du débit total de la Seine en temps d'étiage.

Le système des égouts de Paris, si remarquable au point de vue de l'harmonie du plan et de la simplicité des détails, présente une lacune; ils ne reçoivent pas la partie la plus rebutante des souillures de la population; les matières fécales, les détritus domestiques, le fumier des rues, toutes ces immondices enfin qui sont l'opprobre des cités civilisées n'ont pas encore trouvé place dans les voies souterraines. Il est donc permis de dire que l'admirable instrument qu'on a entre les mains n'est qu'en partie utilisé, et que cette magnifique canalisation est à certains égards un objet de luxe. Pour qu'elle devienne un objet d'utilité générale et réponde à tous les besoins, il reste un dernier progrès à réaliser, c'est la vidange de la fosse à l'égout: la salubrité publique et privée est à ce prix.

La quantité moyenne de matières liquides ou solides, excrétées par la population s'élève à 751,900 mètres cubes par an. Le prix de l'extraction est de 7 à 8 fr. le mètre cube, soit 4.560,000 fr. pour le nettoyage annuel des 60,000 maisons qui en sont pourvues; cela fait ressortir à 76 fr. par maison, la taxe annuelle de la vidange, soit à 2 fr. 45 la redevance payée de ce chef aux compagnies, par le propriétaire pour chacun de ses locataires.

XV. Travaux de Paris en 1873.

Le Compte Général de la ville de Paris réunit une série de dépenses sous le nom de »Travaux de Paris«. Nous en donnons la spécification suivante (en milliers de francs):

I. §. Direction 100

II. §. Traitement d'employés 480

Travaux d'entretien (dont palais du Luxembourg 112, églises 557, écoles 378, halles et marchés 301, entrepôts 254, abattoirs 158, cimetières 133, maisons communales 337, autres dépenses d'entretien des édifices 773 3,003

Grosses réparations et nouvelles constructions (dont églises 1,831, édifices municipaux 1,377, écoles 2,796, entrepôts 319, abattoirs 641, hôtel de ville 375, halles et marchés 14, autres dépenses 358) 7,711

Beaux-arts (dont travaux de peinture et de sculpture 200) 290

III. §. Voirie de Paris

Traitement 534

Travaux : Plan de Paris 93
Retranchement de travaux 3,653
Indemnités pour dommages 257
Réserves pour instances pendantes 265
Autres dépenses 2,219   7,021

IV. §. Voies publiques

Traitement 1,130

Travaux : Entretien du pavé 6,003
Nouveau pavage 566
Autres voies 50
Trottoirs à la charge de la ville 489
Entretien des trottoirs et des aires bitumés 1,000
Nettoiement des chaussées, arrosage gén 3,808
Entretien de la rue militaire 250
Éclairage public et privé (matériel) 4,100
Consolidation dans les carrières sous la voie publique . 120
Contribution pour la construction du pont St. Germain 400
Autres dépenses 52   17,968

V. §. Promenades de plantations

Traitement 335

Travaux : Bois de Boulogne 436
»   Vincennes 269
Autres promenades 553
Pépinières (dont trait 112, chauff. 25) 210
Autres dépenses 88   1,891

VI. §. Eaux et égouts

Traitement 949

Travaux : Distribution générale des eaux 477
Dépenses ordinaires de la distribution des eaux . . . 700
Grosses réparations et constructions d'égouts 484
Entretien de la Bièvre, des égouts et des urinoirs publics 250
Curage 1,217
Vidange à La Villette 111
Construction des puits artésiens 263
Autres dépenses 211   4,662

Réserve pour travaux et dépenses extraordinaires 137

43,263

Récapitulation:

	Entretien	Grosses réparations et nouvelles constructions	Total
§. 1. Direction et traitement d'employés	—	—	580,000
§. 2. Églises	557,000	1.831,000	2.388,000
Écoles	378,000	2.796,000	3.174,000
Halles et marchés	301,000	14,000	315,000
Abattoirs	158,000	641,000	799,000
Entrepôts	254,000	319,000	573,000
Cimetières	133,000	—	133,000
Édifices municipaux	449,000	1.752,000	2.201,000
Autres dépenses	773,000	648,000	1.421,000
	3.003,000	8.701,000	11.004,000
§. 3. Voirie de Paris			
Traitement			534,000
Plan de Paris			93,000
Retranchement de travaux			3.653,000
Indemnité pour dommages			257,000
Réserves pour instances pendantes			265,000
Autres dépenses			2.219,000
§. 4. Voies publiques, carrières et éclairage			7.021,000
§. 5. Promenades de plantations			17.968,000
§. 6. Eaux et Égouts			1.891,000
			4.662,000
Réserves pour travaux et dépenses extraordinaires . . .			137,000
Total des travaux de Paris . .			43.263,000

6. État général des produits d'octroi pendant l'année 1873.

(Tiré du Compte général des recettes et des dépenses).

Objets soumis aux droits	Unité de perception	Taxe en principal	Quantités soumises aux droits	Montant des droits constatés (décime compris)
Boissons.				
Vin en cercles	hectolitre	10.—	4.078,685	44.865,530
Vin en bouteilles	»	17.—	17,049	347,859
Alcool pur et liqueurs [1].	»	23.50	313	8,819
Idem (nouveau tarif)	»	66.50	90,031	7.184,898
Cidres, poirés et hydromels à l'entrée de Paris	»	3.80	35,470	148,299
Idem à la fabrication	»	3.80	627	2,619
Total	—	—	—	52.558,024
Alcools dénaturés.				
De 2 à 3 dixièmes	hectolitre	7.—	6,360	53,431
De 3 à 4 »	»	6.10	110	803
Au-dessus de 5 dixièmes	»	4.30	1	3
Total	—	—	—	54,237
Liquides.				
Vinaigre, vin gâté, lie, verjus, sureau, etc.	hectolitre	10.—	43,494	521,925
Bière à l'entrée [1]	»	3.80	315	1,437
» (nouveau tarif)	»	12.50	203,269	3.049,032
» à la fabrication [1]	»	11.30	16,890	190,863
Idem (nouveau tarif)	»	12.50	5,121	76,817
Chasselas, muscats et autres raisins	100 kgr.	4.80	6.724,926	387,995
Huile d'olive	hectolitre	38.—	11,683	532,776
Huiles de toute autre espèce	»	21.—	169,058	4.260,348
Huile animale sortant des abattoirs	»	21.—	524	13,210
Huile et essence minérales	»	15.—	61,451	1.106,122
Verni gras	»	9.50	12,860	146,625
Essence et liquides assimilable à l'essence	»	8.50	19,403	197,931
Goudrons liquides à l'état brut	100 kgr.	0.60	1.484,396	10,690
Éther et chloroforme [1]	hectolitre	23.50	1	16
Idem (nouveau tarif)	»	66.50	874	69,785
Total	—	—	—	10.565,571
Comestibles.				
Enlèvements des abattoirs.				
Viande de boeuf, vache, veau, mouton, bouc et chèvre	100 kgr.	8.85	93.105,735	9.064,147
Abats et issues de veau	»	7.55	2.160,816	179,498

[1] Application de l'ancien tarif à des droits en litige pour introductions antérieures à l'année 1873.

Objets soumis aux droits	Unité de perception	Taxe en principal	Quantités soumises aux droits	Montant des droits constatés (décime compris)
Viande de porc et graisse	100 kgr.	8.85	13.476,028	1.312,043
Abats et issues de porc	»	3.80	2.230,887	93,426
Provenance de l'extérieur.				
Viande de boeuf, vache, veau, mouton, bouc et chèvre	»	10.55	18.884,752	2.191,894
Abats et issues de veau	»	7.55	422,124	35,091
Viande fraîche de porc et graisse . . .	»	10.55	5.838,797	677,666
Charcuterie de toute espèce	»	20.70	1 677,747	382,075
Abats et issues de porc	»	3.80	295,226	12,359
Truffes, pâtés, volailles et gibiers truffés .	»	120.—	96,339	138,730
Volaille et gibier non truffés	»	40.—	951,664	456,799
Pâtés non truffés, viande confite, poisson mariné ou à l'huile	»	30.—	773,684	278,526
Chevreaux, oies et lapins domestiques . .	»	15.—	431,358	77,644
Saumons, turbots, homards, etc. [1] . . .	»	60.—	222	160
Idem (nouveau tarif)	»	65.—	15,903	12,405
Anguilles, aloses, brochets, etc.	»	30.—	14,578	5,248
Tous autres poissons de mer ou d'eau douce	»	15.—	28,998	5,094
Huîtres ordinaires et de Marennes . . .	»	5.—	146,172	26,770
Huîtres marinées	»	10.—	9,718	1,166
Huîtres d'Ostende	»	15.—	60,803	10,945
Beurres de toute espèce [1]	»	10.—	44,416	5,330
Idem (nouveau tarif)	»	17.—	3.973,626	810,749
Oeufs [1]	»	2.50	45,238	1,357
Idem (nouveau tarif)	»	4.—	2.978,476	143,037
Total . .	—	—	—	15.922,161
Droit fixe sur les bestiaux.				
Boeufs	partête	53.—	12	636
Vaches	»	35.—	31	1,085
Veaux	»	11.—	88	968
Moutons, boucs et chèvres	»	4.—	1,189	4,756
Porcs	»	14.—	476	6,664
Total . .	—	—	—	14,109
Combustibles. [2]				
Bois dur neuf ou flotté	stère	2.50	431,695	1.295,084
Bois blanc idem	»	1.85	277,624	616,409
Cotrets de bois dur	»	1.50	26,104	46,987

[1] Application de l'ancien tarif à des droits en litige pour introductions antérieures à l'année 1873.

[2] Le chiffre des recettes sur combustibles en 1873 a été sensiblement accru par le règlement de comptes arriérés avec la compagnie du gaz.

Objets soumis aux droits.	Unité de perception	Taxe en principal	Quantités soumises aux droits	Montant des droits constatés (décime compris)
Menuise et fagots	stère	0.90	67,451	72,886
Charbon de bois, charbon artificiel, etc. .	hectolitre	0.50	5.551.854	3.331,107
Pouissier de charb. de bois, tan carbonisé, etc.	»	0.25	83,785	25,136
Anthracite, houille, coke, etc.	100 kgr.	0.60	1.105.144,348	7.957,181
Total . .	—	—	—	13.344,790
Matériaux.				
Chaux et ciments	100 kgr.	1.—	59.486,850	713,858
Plâtre	hectolitre	0.35	2.874,238	1.207,610
Moellons de toute espèce	mèt. cub.	0.50	193,768	116,261
Pierres de taille	»	2.—	91,245	218,988
Marbre et granit	»	15.—	4,181	75,264
Fers employés dans la construction . . .	100 kgr.	3.—	13.533,319	487,215
Fonte idem	»	2.—	11.825,881	283,842
Ardoises de grande dimension.	millier	4.—	8.199,904	39,363
Idem de petite dimension	»	2.50	194,984	585
Briques de dimension ordinaire	»	5.75	14.027,104	96,791
Tuiles idem	»	7.—	2.165,044	18,189
Carreaux idem	»	4.75	3.006,970	20,562
Poterie, pots creux, etc.	100 kgr.	0.25	15.227,566	45,685
Argile, terre glaise et sable gras	mèt. cub.	0.60	93,520	67,375
Total . .	—	—	—	3.391,587
Bois à ouvrer, bateaux, etc.				
Chêne et autres bois durs	stère	9.40	153,613	1.732,973
Sapin et autres bois blancs	»	7.50	269,392	2.424,532
Lattes et treillages	100 bott.	9.40	219,680	24,787
Bateaux en chêne	par bateau	24.—	42	1,210
Idem sapin	»	12.—	106	1,526
Bois de déchirage en chêne	mèt. car.	0.18	6,064	1,310
Idem sapin	»	0.10	16.238	1,949
Total . .	—	—	—	4.188,286
Fourrages.				
Foin	100 bot. de 5 k.	5.—	17.698,047	1.061,883
Paille	»	2.—	26.686,607	640,799
Avoine	100 kgr.	1.25	147.215,962	2.208,288
Orge	»	1.60	4.170,570	80,084
Total . .	—	—	—	3.991,053
Objets divers.				
Fromages secs	100 krg.	9.50	4.126,718	470,479
Sel gris ou blanc	»	5.—	21.085,433	1.265,126

Objets soumis aux droits.	Unité de perception	Taxe en princi-pal	Quantités soumises aux droits	Montant des droits constatés (décime compris)
Cire blanche et spermacéti raffiné . . .	100 kgr.	28.—	74,969	25,193
Cire jaune et spermacéti brut.	»	19.—	118,508	27,023
Acide et bougies stéariques	»	16.—	3.971,846	762,621
Suifs et graisses non comestibles. . . .	»	6.—	1.864,229	134,249
Suifs bruts ou fondus sortant des abattoirs	»	6.—	245,698	17,695
Glace à rafraîchir	»	2.50	8.528,378	255,851
Asphalte, bitume, etc.	»	0.60	18.843,810	135,685
Verres à vitres	»	1.50	3.888,236	69,994
Glaces, miroirs	»	12.—	1.019,477	146,807
Bouteilles, demi-bouteilles, etc.	»	0.96	10.180,406	117,334
Total . .	—	—	—	3.428,058
Timbre des bulletins de sortie.	par timbre	0.50	70,064	35,032
Forts centimes provenant du petit comptant	»	—	—	4,242
Droits d'administration à la faculté d'entrepôt	»	—	—	152,580
Abonnement sur les combustibles. . . .	»	—	—	284,909
Droits constatés sur manquants dans les entrepôts fictifs	»	—	—	31,031
Total des droits et produits de l'exercice 1873 . . .	—	—	—	107.969,667

Récapitulation.

	Chiffre de la consommation		Produit de l'impôt
	Mesure métrique		
a) Boissons.			
1. Vin, moût	hectolitre	4.095,734	45.213,388
2. Cidre	»	36,097	150,918
3. Bière	»	225,595	3.318,148
4. Eau-de-vie, alcool et liqueurs	»	90,343	7.193,717
b) Comestibles.			
5. Animaux	pièces 100 kilogramm	1,796	14,109
6. Viande, viande préparée, poissons et coquillages	»	147.663,308	15.922,161
7. Céréales et légumes secs	»	151.386,532	2.288,372
8. Sel	»	21.085,433	1.265,126
c) Autres objets.			
9. Servant à l'éclairage	hectolitre	242,590	5.912,457
10. Houille	100 kilogr.	1.105,144,348	7.957,181
11. Bois de construction	—	—	4.188,286
12. Bois de chauffage	stère	802,874	2.031,366
13. Pierres	—	—	2.331,931

7. Exposé de la dette existante

d'après les comptes définitifs.

Année de l'émis-sion	Mode d'emprunt	Valeur nominale de l'emprunt	Montant versé après déduction de tous les frais	Interêt et amortissement annuel	Durée de l'amortisse-ment	État de la dette à la clôture de l'année 1873
1855—60	Souscription publique . . .	218.800,000	200.000,000	10.500,000	40 ans	164 mill.
1865	» »	300.000,000	250.000,000	14.362,000	60 »	293 »
1869	» »	300.000,000	250.000,000	14.322,515	40 »	291 »
1871	» »	508.000,000	350.000,000	18.772,000	75 »	504 »
1867	Traité avec le Crédit foncier	313.000,000	313.000,000	19.062,000	37 »	à payer en 34 annuités

STATISTIQUE INTERNATIONALE

DES

GRANDES VILLES.

PREMIÈRE SECTION: MOUVEMENT DE LA POPULATION.
Rédigé par **JOSEPH KŐRÖSI**.

Tome I. Contenant le mouvement de la Population des villes suivantes: BUDAPEST, VIENNE, PRAGUE, TRIESTE, MUNICH, FRANCFORT SUR LE MEIN, LEIPSIC, STUTTGARD, HAMBOURG, ROME, TURIN, PALERME, VENISE, MILAN, NEW-ORLEANS, BOSTON, SAN-FRANCISCO, ST. LOUIS, STOCKHOLM, CHRISTIANIA, COPENHAGUE, ST. PÉTERSBOURG, MOSCOU, ODESSA, BOUCAREST, GAND, LIÈGE, ANVERS, LA HAYE, ROTTERDAM, BERLIN, DRESDE, COLOGNE, BRESLAU, PARIS, LONDRES.

Le deuxième tome paraîtra aussitôt que les matériaux nécessaires auront été réunis.

DEUXIÈME SECTION: STATISTIQUE DES FINANCES.
Rédigé par **JOSEPH KŐRÖSI**.

Tome I. Contenant les finances des villes suivantes: BUDAPEST, VIENNE, TRIESTE, MUNICH, LEIPSIC, STUTTGARD, FRANCFORT SUR LE MEIN, VENISE, PALERME, LIÈGE, ANVERS, ROME, TURIN, STOCKHOLM, CHRISTIANIA, BOUCAREST, BRESLAU, GÊNES, FLORENCE, BOSTON, ST. LOUIS, SAN FRANCISCO, BERLIN, LONDRES, PARIS.

TROISIÈME SECTION: ÉTAT DE LA POPULATION.
Rédigé par **JOSEPH KŐRÖSI**.

(En préparation.)

QUATRIÈME SECTION: PROPRIÉTÉ FONCIÈRE. BÂTIMENTS. HABITATIONS.
Rédigé par **RICHARD BŒCKH**.

(En préparation.)

Le premier cahier de cette Statistique internationale, qui a été présenté au IX-e Congrès international de statistique se composait des 20 premières feuilles de ce volume; mais plus tard on a préféré à cette publication par cahiers celle du premier volume en entier.

IMPRIMERIE SOCIÉTAIRE D'ACTIONS À BUDAPEST.

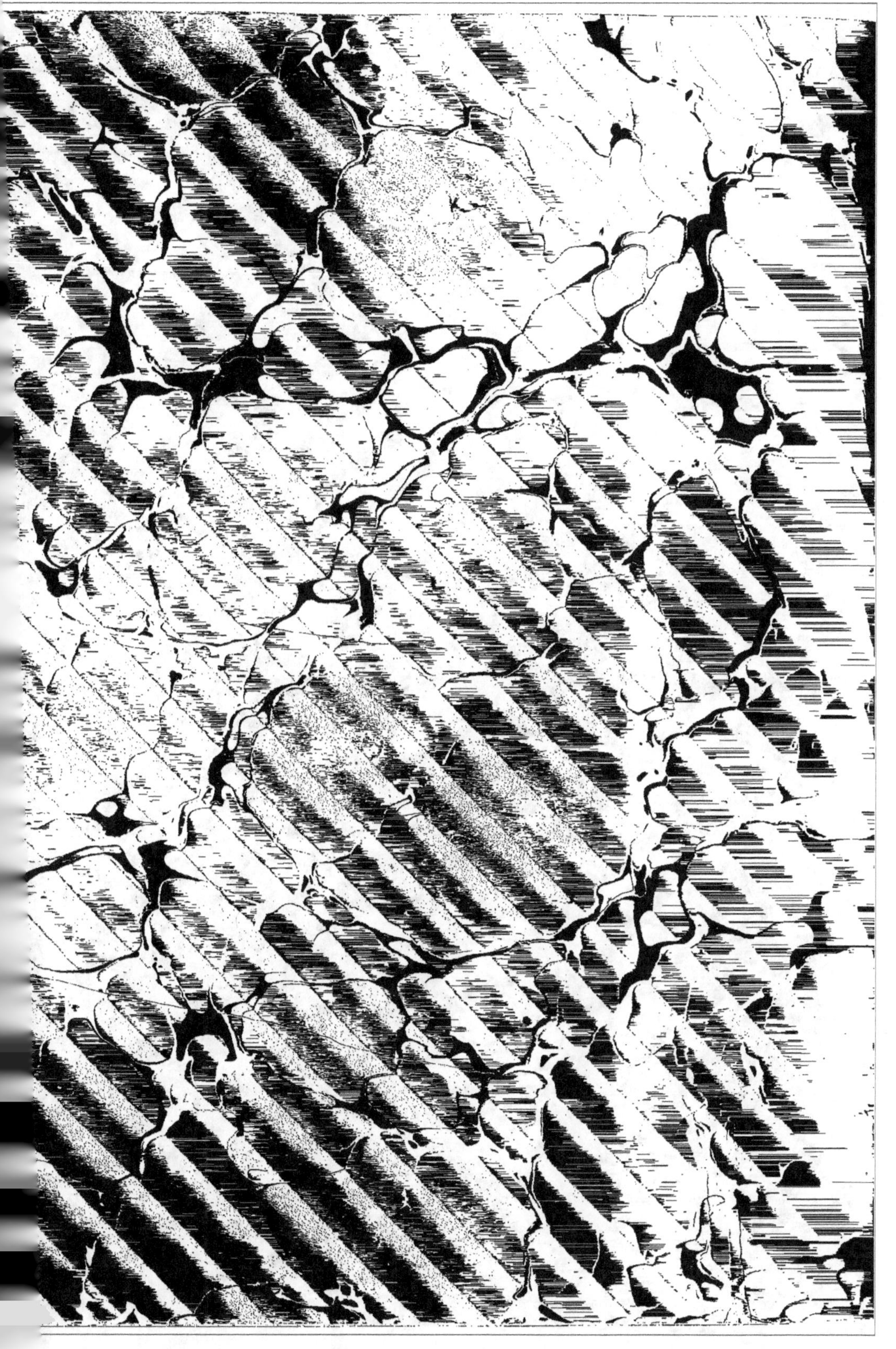

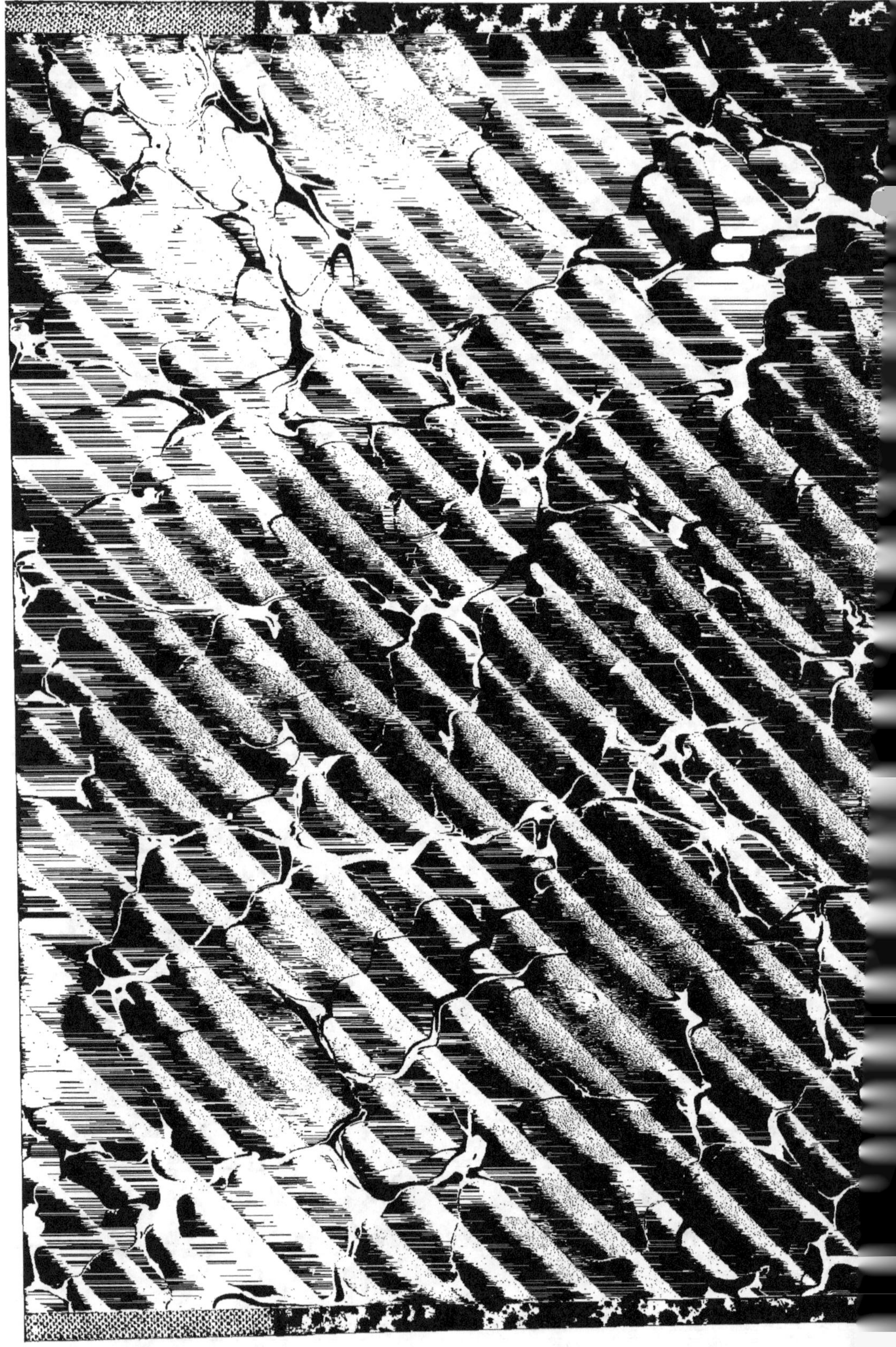

BIBLIOTHEQUE NATIONALE DE FRANCE
3 7502 00529511 0